Introduction à la biostatistique

Julie Lamoureux

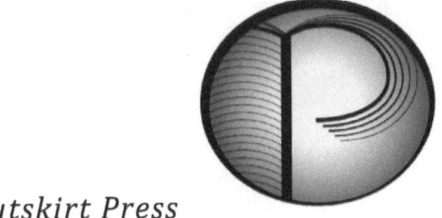

Outskirt Press

Introduction a la biostatistique
All Rights Reserved.
Copyright © 2011 Julie Lamoureux
V5.0

Outskirts Press, Inc.
http://www.outskirtspress.com

ISBN: 978-1-4327-6317-6

Outskirts Press and the "OP" logo are trademarks belonging to Outskirts Press, Inc.

PRINTED IN THE UNITED STATES OF AMERICA

Remerciements

La conception de ce livre n'aurait pas été possible sans la précieuse collaboration de Docteur Jean Lambert, mon ami et supporter de longue date. Je tiens aussi à remercier Catherine Lapointe, ma réviseure attitrée. Évidemment, je n'oublie pas le support inconditionnel d'Avi, Samuel et Sara. Sans eux, je n'aurais jamais mené à terme ce projet d'envergure. Mille excuses si des erreurs se sont glissées dans la version finale de ce bouquin. Ces erreurs sont entièrement ma faute.

Table des matières

Chapitre 1 : Introduction

1.1 Présentation du chapitre

Dans la plupart des domaines médicaux et paramédicaux, l'acquisition des connaissances se fait par l'intermédiaire d'études cliniques. La biostatistique voit son utilité dans la comparaison entre les groupes et l'estimation de paramètres. Qu'il collabore avec des chercheurs ou qu'il soit consommateur de documentation scientifique, le clinicien se doit de comprendre les procédures de recherche et les méthodes statistiques afin d'être capable de porter un jugement sur une nouvelle thérapie, de mieux comprendre un test diagnostic qu'il utilise ou de mieux cibler la population à laquelle sa profession s'adresse. Les statistiques ont une mauvaise réputation auprès des cliniciens parce que beaucoup d'entre eux croient qu'on peut faire « mentir » les chiffres. Les statistiques ne peuvent mentir qu'à ceux qui n'en connaissent pas les fondements. Les statistiques mentent lorsqu'elles sont mal appliquées ou mal interprétées.

1.2 Qu'est-ce que la biostatistique ?

La **statistique** est une science par laquelle des inférences sont faites concernant un phénomène inconnu à partir de l'information limitée donnée par un échantillon. On peut reconnaître deux grands embranchements en statistique :

les statistiques mathématiques et les statistiques appliquées. Les statistiques mathématiques concernent le développement de méthodes statistiques en se basant sur des concepts mathématiques et sont donc abstraites. Les statistiques appliquées concernent l'application des méthodes développées en statistique mathématique à des domaines spécifiques comme l'économie, la psychologie, la santé, etc. La **biostatistique** est la branche des statistiques appliquées dont l'objet est la collecte, l'analyse et l'interprétation de données biologiques et médicales. La biostatistique a deux fonctions principales :

1. décrire et résumer l'information observée dans un échantillon étudié, et

2. généraliser ces observations à une population à partir de méthodes statistiques.

L'exemple suivant illustre ces deux fonctions de la biostatistique. Vous êtes-vous déjà demandé quel était votre poids réel ? À cette question simple devrait correspondre une réponse simple. Si vous voulez connaître votre poids, pesez-vous ! Cette réponse simpliste engendre une autre question : quel pèse-personne allez-vous utiliser ? Selon le pèse-personne utilisé, votre poids peut varier de plusieurs kilogrammes. Les optimistes diront de vous peser dans plusieurs endroits et de prendre la mesure la plus basse. Mais est-ce votre poids réel ? Les réalistes diront plutôt de vous peser dans plusieurs endroits et de calculer une mesure centrale comme la moyenne pour avoir une idée de votre poids réel. Cette réponse se rapproche de l'idéologie de la biostatistique. En fait, la biostatistique peut vous aider à déterminer votre poids réel avec une certaine précision mais il faut pouvoir répondre à quelques questions au préalable. Ces questions concernent la méthodologie de l'étude et leurs réponses sont indispensables à l'obtention de résultats qui ont un sens.

1. Quel instrument de mesure allez-vous utiliser ? Nous sommes tous d'accord que pour déterminer votre poids, l'instrument de mesure de choix est un pèse-personne. Cependant, les pèse-personnes à ressort et les pèse-personnes à pesée sont très différents et peuvent donner des résultats forts divergents.

2. Combien de mesures allez-vous prendre par instrument ? Si vous vous pesez plusieurs fois sur le même pèse-personne, les probabilités sont que vous aurez des résultats qui varieront d'une fois à l'autre.

3. En combien de temps accumulerez-vous toutes les mesures ? Si les différentes mesures de poids sont prises sur un intervalle de temps de plusieurs semaines, votre poids peut changer de façon non négligeable.

4. Comment devrez-vous enregistrer les mesures de façon à ce qu'elles soient faciles à analyser ?

5. Comment allez-vous vous assurer de la précision de vos mesures ?

Pour répondre aux trois premières questions, on devrait utiliser au moins un pèse-personne à ressort et un pèse-personne à pesée et prendre quelques mesures par instrument dans un laps de temps assez court pour avoir une idée de votre poids réel. À titre d'exemple, on choisira au hasard deux pèse-personnes de chaque type et on prendra cinq mesures par instrument. Toutes les mesures seront prises dans un intervalle de quelques minutes de façon à ce que le poids mesuré ne varie pas naturellement.

Pour répondre aux questions 4 et 5, on devra prendre quelques précautions. Chaque mesure sera inscrite dans un tableau qui indiquera de quel instrument de mesure elle provient. Les données seront ensuite tabulées à l'aide d'un ordinateur et on tentera de s'assurer qu'il n'y a pas d'erreur grossière d'entrée de donnée. Par exemple, si le poids mesuré devrait tourner autour de 55 kg et qu'une des mesures est de 25 kg, il est possible qu'il se soit introduit une faute de frappe ou de transcription. Le tableau 1.1 donne les **statistiques descriptives** d'une telle étude pour une personne inconnue. Ce tableau est un exemple de la première fonction de la biostatistique, la description des résultats d'un échantillon de données.

	Ressort			Pesée		
	n	Moyenne	Étendue	n	Moyenne	Étendue
Pèse-personne 1	5	52,0	51 à 54	4	54,2	53 à 55
Pèse-personne 2	5	54,4	51 à 56	5	55,0	54 à 56
Général	10	53,2	51 à 56	9	54,6	53 à 56

n : nombre de mesures sur chaque pèse-personne

Regardons d'abord les statistiques descriptives des pèse-personnes à ressort. Sur le premier pèse-personne à ressort, la moyenne des cinq mesures est de 52 kg alors que sur le deuxième, elle est de 54,4 kg. Les moyennes diffèrent d'un pèse-personne à l'autre mais est-ce que cette différence est due à la variation naturelle des mesures ou est-ce une différence réelle entre les deux instruments de mesure ? Au chapitre 7, vous découvrirez que la biostatistique fournit les outils pour comparer deux moyennes de ce type. Pour l'instant, on comparera qualitativement les deux ensembles de **données**. Les cinq données individuelles prises sur le premier pèse-personne à ressort varient entre 51 et 54 kg alors que celles prises à l'aide du deuxième pèse-personne varient entre 51 et 56 kg. Les mesures individuelles semblent couvrir une étendue semblable. Considérons qu'à toutes fins pratiques les deux moyennes sont comparables.

On pourrait tirer la même conclusion concernant les moyennes des pèse-personnes à pesée. Remarquez que pour le premier pèse-personne balance à pesée, on n'a que quatre des cinq mesures prises qui étaient disponibles pour calculer la moyenne. Dans le cas présent, une des données était erronée et la personne pesée n'était plus disponible. Les données manquantes sont monnaie courante en recherche et peuvent occasionner des maux de tête.

Vous pouvez remarquer que les mesures répétées prises sur les pèse-personnes à ressort montrent une plus grande variabilité que celles des pèse-personnes à pesée. Les pèse-personnes à pesée semblent montrer une plus grande **précision,** c'est-à-dire que d'une fois à l'autre la mesure varie moins que sur les pèse-personnes à ressort. La biostatistique pourrait vous aider à déterminer quel type de pèse-personne est plus précis afin que vous sachiez quel pèse-personne utiliser pour mesurer votre poids réel. Pour estimer votre poids réel, vous seriez donc mieux d'utiliser une pèse-personne à pesée. À la suite de cette étude, vous auriez tendance à croire que le poids de la personne inconnue tourne aux alentours de 54,6 kg, la moyenne générale obtenue à partir des neuf données prises sur les pèse-personnes à pesée (voir tableau 1.1). Mais en êtes-vous certain à 100 % ? Si on avait pris sept mesures par pèse-personne au lieu de quatre ou cinq, est-ce qu'on serait arrivé au même résultat ? Il faut garder en mémoire que le poids réel de cette personne au moment où elle a été pesée **existe mais restera inconnu**. C'est un **paramètre** à estimer. La biostatistique peut, par des méthodes variées, calculer une **estimation** d'un paramètre et indiquer le pourcentage de certitude de cette estimation. Les prochaines sections concernent la planification des études, de la théorie à la pratique.

1.3 Théorie, problèmes et hypothèses

Selon Pedhazur (Pedhazur EJ, 1991, p. 180), malgré une quantité importante de définitions du terme théorie, toutes ces définitions ont un point en commun. Une **théorie** est une abstraction ayant pour but d'organiser des faits et d'expliquer les phénomènes qui nous entourent. La théorie scientifique, en contraste avec une théorie générale, peut être testée ou mise à l'épreuve. Une théorie scientifique organise des faits observables. On peut toujours théoriser sur l'existence d'anges protecteurs mais il serait scientifiquement difficile de tester cette théorie par des faits observables. Cependant, on peut mettre à l'épreuve la théorie de la relativité en observant des faits qui la supportent (ou la contredisent). La théorie scientifique et les faits observables sont entrelacés dans un réseau complexe.

La théorie joue le rôle de **cadre de référence**. Elle sert de point de départ pour avancer des hypothèses et oriente les observations des faits de façon à aider le chercheur à déterminer ce qui est important et ce qui ne l'est pas. Évidemment, la théorie sert aussi de point d'arrivée pour expliquer les résultats obtenus dans le cadre des études.

De la théorie peuvent naître des **problèmes** ou des questionnements. L'intérêt de répondre à ces questions et l'existence d'une réponse sont deux aspects qui motivent les individus à faire de la recherche. À la lumière de la théorie, le chercheur affine sa question en une ou plusieurs hypothèses qu'il tentera de tester. Une **hypothèse** est un énoncé concernant la relation entre des variables (Pedhazur EJ, 1991, p. 194). La biostatistique servira d'outil pour tester ces hypothèses.

On teste une hypothèse en examinant des faits qui s'y rapportent. Une hypothèse ne peut être confirmée, peu importe la quantité de faits observables qui la supportent. Par contre, elle peut être rejetée ou invalidée. Il faut donc être prudent lorsqu'on teste une hypothèse pour ne pas tirer de mauvaise conclusion. La démarche se résume ainsi :

1. **Formulation d'une hypothèse.** Par exemple, on pourrait avancer l'hypothèse que les jeunes femmes qui consomment beaucoup d'acide folique dans leur alimentation ont une plus faible probabilité d'avoir des enfants avec une ou des malformations congénitales.

2. **Recueil des données concernant cette hypothèse.** Ces données sont des faits observables concernant les différentes **variables** de cette étude. À cette étape, il faut s'assurer d'utiliser la meilleure méthodologie possible pour tester l'hypothèse.

3. **Conclusion face à l'hypothèse.** Si les résultats contredisent l'hypothèse, par exemple, si les données indiquent que la probabilité d'avoir un enfant avec une malformation congénitale est inférieure chez les femmes qui ne consomment pas d'acide folique, on dira que l'hypothèse était erronée. Si, par contre, les résultats observés vont dans le sens de l'hypothèse, on dira qu'ils supportent l'hypothèse.

Les tests statistiques sont un outil de choix pour vérifier si les données observées contredisent ou vont dans le sens de l'hypothèse. Cependant, il faut savoir quel(s) test(s) utiliser. Le type de test est dicté par l'hypothèse testée, la nature des variables utilisées et la façon dont l'étude a été planifiée. La prochaine section concernera les variables utilisées dans le cadre d'une étude.

1.4 Les variables et leur mesure

1.4.1 Les variables

Une **variable** est une caractéristique qui varie d'un sujet à l'autre. Le sexe, la taille, le poids, l'affiliation politique sont autant d'exemples de variables chez les humains. Pour être une variable, une caractéristique étudiée doit varier dans le contexte de l'étude. Le sexe n'est pas une variable dans une étude sur le pronostic du cancer des ovaires parce que tous les sujets étudiés seront des femmes.

Les variables choisies dans le cadre d'une étude peuvent être classifiées selon leurs interrelations. Dans certaines études, les chercheurs ne sont pas intéressés à établir de lien de causalité entre les variables mais plutôt à étudier leur association. Par exemple, imaginons que nous voulions étudier la relation entre la circonférence de la cuisse et celle de la taille chez des adultes humains. Si on faisait une telle étude, on verrait qu'à mesure qu'une des deux variables augmente, l'autre montre une tendance à augmenter. Cependant, il n'y a pas de lien de causalité entre ces deux variables, c'est-à-dire l'une n'est pas la cause de l'autre. Ces variables sont simplement des variables **associées**.

D'autres situations visent à faire ressortir les liens de causalité entre les variables. Une variable **indépendante** (aussi appelée facteur de risque ou variable antécédente dans certaines études) est une variable dont le changement de valeur **affecte** théoriquement la valeur d'autres variables. Une variable **dépendante** (aussi appelée critère d'intérêt, *outcome* ou résultat) a une valeur qui théoriquement fluctue en fonction du changement des variables indépendantes.

Une variable **intermédiaire** ou **médiatrice** précise la relation causale entre les variables indépendantes et dépendantes. Elle éclaircit le mécanisme d'action. Par exemple, on sait que la consommation d'alcool augmente le risque d'accident de voiture chez ceux qui prennent le volant. On peut davantage préciser la relation entre l'alcool et le risque d'accident par la variable « attention du conducteur ». La boisson affecte l'attention du conducteur et une baisse de l'attention augmente le risque d'accident. La figure 1.1 illustre cet exemple.

Une variable **confondante** est une variable qui est susceptible d'affecter la relation entre les variables indépendantes et dépendantes. Les variables confondantes sont aussi appelées variables d'**appariement** ou de **contrôle** dans les études. Elles sont à la fois associées aux variables indépendantes et dépendantes et peuvent invalider les conclusions de l'étude.

FIGURE 1.1 – EXEMPLE DE VARIABLES INDÉPENDANTE, DÉPENDANTE ET INTERMÉDIAIRE.

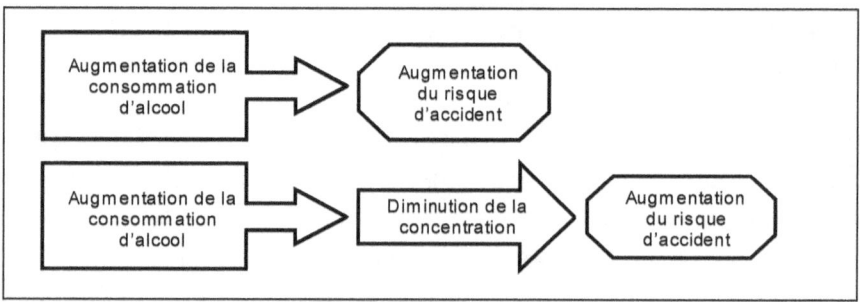

Par exemple, on observe que dans certains quartiers d'une ville, le nombre d'infirmières à domicile est plus élevé qu'ailleurs. Si on calcule le taux de mortalité dans les différents quartiers de la ville, on se rend compte qu'il est plus élevé dans les quartiers où le nombre d'infirmières à domicile est plus élevé. Si on ne fait pas preuve de prudence, conclure qu'il y a une relation de causalité directe entre ces deux événements serait erroné. Cependant, l'identification d'une variable confondante comme l'âge des personnes dans les quartiers jette une lumière sur la relation. Dans les quartiers où les gens sont plus âgés, les services d'infirmières à domicile sont plus populaires et l'âge avancé de ces résidents est positivement associé à la hausse du taux de mortalité. Si on contrôle l'âge des résidents, la relation entre le nombre d'infirmières par quartier et le taux de mortalité disparaît. La figure 1.2 illustre cet exemple.

Il est primordial de bien identifier les variables qui seront étudiées dans le cadre d'une étude. Ainsi, parmi ceux qui désirent étudier le pronostic du cancer des ovaires, certains seront intéressés par la durée de vie, d'autres par le taux de mortalité et d'autres encore par la morbidité associée à la maladie. Les variables ne voient leur importance que dans un contexte bien défini selon le cadre conceptuel et l'hypothèse de recherche. Elles doivent être opérationnalisées, c'est-à-dire qu'elles doivent avoir un équivalent empirique mesurable. L'**opérationnalisation** de variables consiste à les traduire en langage d'observation, la **mesure**.

FIGURE 1.2 – EXEMPLE DE VARIABLE CONFONDANTE

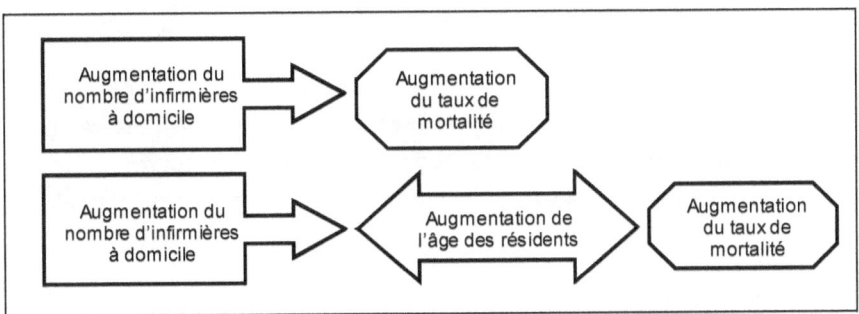

Certaines variables (comme l'âge et le lieu de naissance) sont facilement mesurées. D'autres variables peuvent être mesurées par de multiples indicateurs (outils de mesure). Tous les indicateurs ne mènent pas nécessairement à des résultats équivalents. Un exemple simple est celui du poids d'un objet. Le poids peut être mesuré à l'aide d'un instrument gradué en livres ou en kilogrammes. Le résultat numérique sera différent pour un même objet pesé selon l'unité de mesure choisie. Cependant, l'opérationnalisation des variables peut devenir très complexe. Le concept de la santé, par exemple, peut être opérationnalisé par plusieurs variables qui, à leur tour, peuvent être mesurées par une multitude d'indicateurs. La prochaine section portera sur la mesure des variables.

1.4.2 La mesure

La **mesure** est le processus d'attribution d'une valeur à une observation. On sait qu'une variable peut être simple à opérationnaliser (comme l'âge, le sexe, le poids, etc.) ou doit être mesurée par un indicateur complexe (comme le stress, la perception visuelle, la qualité de vie, etc.). La **mesure** correspond à la « quantification » d'une variable. L'**indicateur,** c'est l'instrument qu'on utilise pour la mesurer.

On peut déterminer la qualité d'un outil de mesure par sa **fidélité** et sa **validité**. Mentionnons seulement à ce point-ci que la fidélité équivaut à la capacité d'un instrument à mesurer précisément à plusieurs reprises ou dans des conditions différentes un phénomène alors que la validité correspond à sa capacité à mesurer exclusivement le phénomène à l'étude et en totalité. Les qualités métrologiques seront présentées plus en détails à la section 1.4.3.

Les règles qui définissent l'attribution d'une valeur à une observation déterminent le niveau ou l'**échelle de mesure**. L'échelle de mesure d'une variable déterminera en partie la méthode statistique qu'on pourra utiliser. Il existe quatre échelles de mesure principales : nominale, ordinale, intervalle et ratio.

Échelle nominale

C'est l'échelle de mesure la plus simple. C'est une échelle catégorielle (comportant des catégories) dont les valeurs ne présentent pas un ordre particulier. L'échelle nominale attribue un nombre ou une lettre à des objets classés en catégories. Les catégories d'une échelle nominale doivent être collectivement exhaustives et mutuellement exclusives. Une échelle nominale à deux catégories est aussi appelée échelle dichotomique ou échelle binaire. Il n'est pas approprié de faire des opérations mathématiques sur les valeurs de cette variable (moyenne, écart-type, etc.). On les présente sous forme de fréquences ou de pourcentages, c'est-à-dire que l'on compte le nombre d'occurrences dans chaque catégorie pour ensuite tabuler les résultats de façon concise. Le tableau 1.2 donne des exemples de variables nominales.

TABLEAU 1.2 – EXEMPLES DE VARIABLES NOMINALES

Quel est votre état matrimonial ?

☐ Célibataire   ☐ Marié(e)   ☐ Divorcé(e)   ☐ Veuf(ve)   ☐ Autre

Avez-vous des enfants ? (1) Oui   (0) Non

Sexe   (a) Homme   (b) Femme

Échelle ordinale

L'échelle ordinale est une échelle catégorielle dont les catégories présentent un ordre logique. Cependant, la différence entre deux catégories adjacentes n'est pas la même (ou n'est pas calculable) sur toute l'échelle. Le tableau 1.3 donne des exemples de variables ordinales.

TABLEAU 1.3 – EXEMPLES DE VARIABLES ORDINALES

Êtes-vous d'accord avec l'énoncé : Le cours d'introduction à la biostatistique répond à vos attentes ?

(0) Pas en accord   (1) Peu en accord   (2) En accord

(3) Entièrement en accord

À quelle fréquence faites-vous usage du transport en commun ?

(0) Jamais   (5) Parfois   (10) Souvent   (15) Toujours

Échelle de mobilité

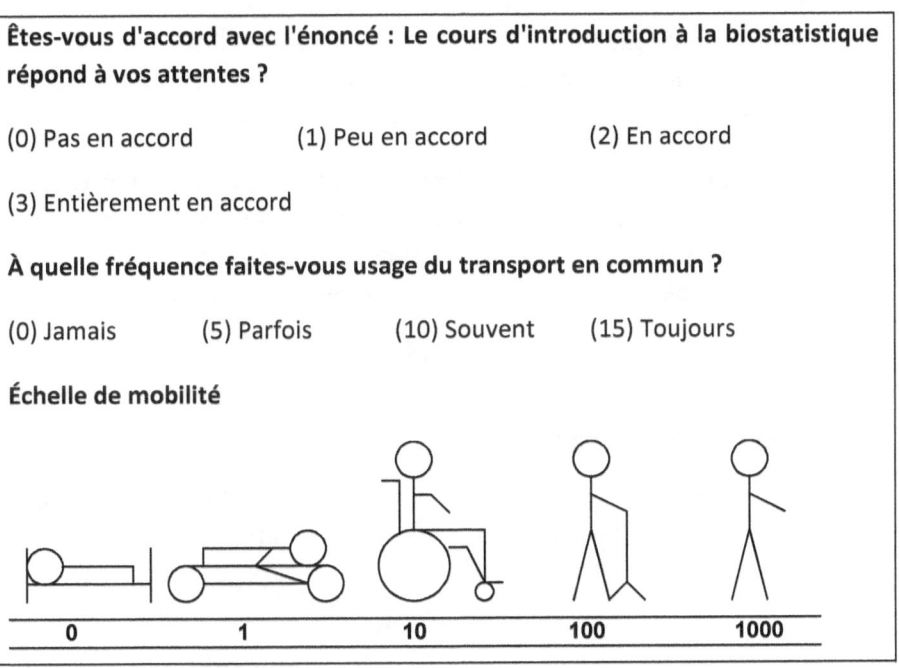

Échelle intervalle

Cette échelle est aussi appelée échelle numérique ou quantitative; l'échelle intervalle est une échelle dont les valeurs présentent un ordre et dont les intervalles entre les unités de mesure sont connus et égaux. Le zéro est arbitraire et dépend de l'outil de mesure. La mesure de la température en Celsius ou en Fahrenheit constitue un exemple de variable mesurée par une échelle intervalle.

Échelle ratio (de rapport ou proportionnelle)

L'échelle ratio est une échelle intervalle présentant un zéro absolu. Elle présente toutes les caractéristiques de l'échelle intervalle. De plus, la valeur « 0 » représente réellement l'absence de la caractéristique à mesurer. Par cette particularité, le rapport entre deux catégories représente une réalité logique interprétable. L'âge, le poids, la taille, l'amplitude articulaire sont toutes des exemples de variables de type ratio.

L'échelle proportionnelle est la plus polyvalente des échelles de mesure et celle qui offre la possibilité de tests statistiques les plus puissants. Avec une échelle intervalle ou proportionnelle, on peut avoir deux sous-types :

1. L'échelle **continue,** dont les valeurs sont sur un continuum comme l'âge ou le poids. La précision de la mesure ne dépend que de l'instrument de mesure utilisé. Si l'instrument le permettait, il serait possible de mesurer le poids d'une personne à un million de décimales près.

2. L'échelle **discrète** qui, entre deux valeurs adjacentes, ne peut prendre d'autre valeur comme le nombre d'articulations douloureuses.

Une variable peut passer d'un niveau de mesure sophistiqué (par exemple ratio) à un niveau moins sophistiqué (par exemple ordinal). L'inverse n'est pas vrai.

1.4.3 Qualités métrologiques des outils de mesure

Comme nous l'avons mentionné à la section 1.4.2, un instrument de mesure doit être valide et fidèle. Les paragraphes suivants font un survol de ces deux concepts. Pour une discussion plus détaillée de ces deux concepts, vous pouvez consulter les ouvrages de Pedhazur (Pedhazur EJ, 1991) ou de Allen et Yen (Allen MJ, 1979).

Validité d'un instrument de mesure

Un instrument de mesure a une bonne validité lorsqu'il mesure bien le concept qu'il doit mesurer. Le processus de validation d'un outil est complexe. Pour avoir une idée de ce que représente la validité, disons que, pour mesurer le poids d'un objet, une balance est un outil valide alors qu'un mètre à mesurer ne l'est pas. De même, pour mesurer l'intensité d'une douleur, un questionnaire peut être un outil valide chez l'adulte mais pas chez l'enfant. En outre, ce même questionnaire peut être valide pour une douleur chronique mais pas pour une douleur aiguë. Ainsi, la validité d'un outil de mesure dépend de l'outil lui-même, des sujets considérés et de ce qui est mesuré. Elle varie d'une situation à l'autre et la validation d'un outil est continuellement à refaire.

Fidélité d'un instrument de mesure

La fidélité est une propriété essentielle des instruments de mesure. Elle désigne la précision et la constance des résultats. Si deux observateurs recueillent des données sur le même événement et enregistrent leurs observations dans une grille, on peut s'attendre à ce que les grilles soient semblables. Cependant, elles seront extrêmement rarement identiques. De même, comme nous l'avons souligné à la section 1.2, si une personne est pesée à plusieurs reprises à l'aide d'un pèse-personne, les pesées varieront naturellement d'un essai à l'autre.

La fidélité d'un instrument de mesure dépend de l'erreur de mesure. Nous avons abordé le principe d'erreur de mesure dans l'exemple sur le poids tel que mesuré par un pèse-personne (section 1.2). La mesure est un mélange de deux composantes : un score vrai (le poids réel), qui correspond à la valeur réelle et inconnue de la variable d'intérêt, et l'erreur de mesure attribuable à l'influence de facteurs externes. Cette erreur de mesure est le résultat de l'influence de facteurs connus et inconnus. Elle se divise en erreur aléatoire et erreur systématique. L'erreur systématique est plutôt un aspect de la validité d'un instrument de mesure. L'erreur aléatoire dépend de facteurs personnels (comme la position du sujet sur le pèse-personne, les mouvements involontaires du sujet), situationnels (comme la tension du ressort dans le pèse-personne à ressort), ou facteurs reliés à l'enregistrement des données (comme une faute d'attention dans la transcription de la donnée). L'erreur systématique dépend de différents facteurs et est très variable. Une illustration d'erreur systématique dans l'exemple des pèse-personnes serait une mauvaise mise à zéro. Si le pèse-personne n'est pas à zéro mais à 1 kg au départ, toutes les mesures prises seront affectées par cette erreur.

L'exemple suivant illustre davantage ces deux types d'erreur. Lorsqu'un étudiant passe un examen, le test sert à mesurer le pourcentage de connaissances maîtrisées. Le score réel de l'étudiant est le pourcentage de connaissances qu'il a effectivement assimilées. Prenons un exemple d'examen à choix multiples. Supposons que l'étudiant sait la réponse de la première question, il devrait avoir la bonne réponse. S'il fait une erreur en noircissant le cercle de la feuille réponse, cette faute sera une erreur de mesure aléatoire. S'il ne connaît pas la réponse à la deuxième question, il devrait choisir la mauvaise réponse. S'il tombe par hasard sur la bonne lettre lorsqu'il fait son choix, c'est aussi une erreur de mesure aléatoire. Si par contre une des questions du test consiste à identifier une structure pointée sur une image et que le pointeur n'est pas bien placé, les réponses de tous les étudiants seront affectées par cet artéfact. On parlera alors d'erreur de mesure systématique.

Il est donc évident que non seulement le choix des variables mais aussi le choix de l'instrument de mesure pour opérationnaliser ces variables auront un impact sur les résultats issus de chacune des études entreprises pour tester une hypothèse. La prochaine section concernera le choix des sujets étudiés.

1.5 Les échantillons et la biostatistique

La population à l'étude est souvent trop grande pour servir intégralement à tester les hypothèses. Il faut donc choisir un **échantillon**. L'échantillon est un sous-ensemble d'objets de la population sur lequel portera l'étude. Nous avons établi précédemment qu'une des fonctions de la biostatistique était de généraliser à une population des résultats obtenus à partir des données d'un échantillon. S'il était possible d'étudier la population entière, il n'y aurait pas lieu d'utiliser les méthodes statistiques. Il faut donc que le sous-ensemble étudié soit représentatif de la population à l'étude.

La sélection d'un échantillon, aussi appelée **échantillonnage**, peut se faire de différentes façons. Cependant, les inférences statistiques ne peuvent être valides que si un processus aléatoire a été utilisé. Deux processus aléatoires sont couramment utilisés. Soit que les sujets sont sélectionnés au moyen d'une des multiples techniques de sélection aléatoire, soit que les sujets sont répartis aléatoirement entre les groupes comparés. Les techniques d'échantillonnage aléatoire sont souvent appelées méthodes **probabilistes** d'échantillonnage. Les plus courantes sont décrites brièvement dans les prochains paragraphes. Pour une discussion plus détaillée des méthodes d'échantillonnage probabilistes et non probabilistes, le lecteur est prié de se référer à Levy PS, 1999.

Dans le cadre de ce livre, nous utiliserons la lettre « N » pour désigner la taille d'une population et la lettre « n » pour désigner la taille d'un échantillon. Dans un échantillon probabiliste, chacun des éléments de la population a une probabilité connue et non nulle d'être choisi au hasard. Les types d'échantillons probabilistes les plus courants sont aléatoire simple, systématique, stratifié et en grappes.

Échantillonnage aléatoire simple

Lors d'un échantillonnage aléatoire simple, chaque unité de la population a une probabilité d'être sélectionnée égale à « n/N ». Cet échantillonnage consiste en un simple tirage au sort. Le chercheur doit avoir une « liste » des unités de la population pour pouvoir faire un choix aléatoire. Par exemple, lors d'un sondage téléphonique, les planificateurs se servent d'un livre de téléphone électronique et le tirage au sort est fait par l'ordinateur.

Échantillonnage systématique

Lorsqu'un chercheur utilise la technique d'échantillonnage systématique, il choisit la première unité au hasard et ensuite chacune des « N/n »^{ème} unité. Cette approche constitue une méthode probabiliste dans la mesure où les unités ne sont pas classées en ordre. Elle est rarement utilisée en recherche parce qu'elle n'offre pas d'avantages par rapport à l'échantillonnage aléatoire simple et qu'elle est sujette à certains biais comme les périodicités naturelles et la manipulation des unités.

Échantillonnage stratifié

Dans le cas où l'on voudrait tirer des unités échantillonnales présentant des caractéristiques précises, on pourrait subdiviser la population en sous-groupes (sexe, origine ethnique, etc.) et sélectionner au hasard un échantillon de chacune de ces subdivisions qu'on appelle des strates. Par exemple, on pourrait vouloir étudier certaines variables chez les accidentés de la route qui sont hospitalisés à un endroit particulier. Cependant, si on fait un échantillonnage aléatoire simple, il y aurait beaucoup plus d'hommes que de femmes. Dans le cas où l'on voudrait étudier l'effet du sexe sur certaines variables, il faudrait recueillir un très grand échantillon pour avoir assez de femmes afin de découvrir l'influence du sexe. Dans cette situation, un sur-échantillonnage des femmes afin d'obtenir un échantillon ayant autant de femmes que d'hommes règlerait le problème.

Échantillonnage en grappes

Cet échantillonnage est utilisé lorsqu'il est difficile ou impossible d'établir la liste complète des éléments de la population. Si on voulait étudier le profil des utilisateurs de services dans les centres sportifs municipaux, il n'existe pas de liste unique de tous les usagers. Cependant, les usagers sont regroupés en grappes par l'intermédiaire de leur centre sportif. La première étape serait de dresser une liste des centres sportifs (grappes) et ensuite de faire un choix aléatoire. Dans chacune des grappes choisies (centres), il existe des listes d'usagers à partir desquelles on pourrait faire une autre sélection aléatoire ou systématique pour créer l'échantillon. Lorsque cette technique présente plusieurs grappes imbriquées, on parle d'un **échantillonnage multiphase**.

Il faut être très prudent lorsque les statistiques sont utilisées pour analyser des données issues d'un échantillon non aléatoire ou pour lequel aucun processus aléatoire n'a été utilisé. Les statistiques sont basées sur les lois du hasard et la probabilité de commettre une erreur d'inférence dans une telle situation est inconnue. La prochaine section portera sur la stratégie utilisée pour mener à bien une étude, le devis de recherche.

1.6 Les devis de recherche et la biostatistique

Le devis de recherche correspond à la stratégie qu'on utilise pour observer un phénomène. Il existe plusieurs façons de classifier les différents devis de recherche. On peut se baser sur le mode d'observation des variables (étude rétrospective, prospective ou transversale), ou sur la méthode d'analyse utilisée (qualitative, corrélationnelle), etc. Il est bon de mentionner que, comme il existe plusieurs modes de classification, nous pouvons retrouver dans la documentation une quantité impressionnante de termes (génériques et spécifiques) pour caractériser les devis de recherche. L'objectif de cette section est de simplifier le plus possible la terminologie et de faire ressortir des thèmes généraux qui seront ensuite mis en relations avec les méthodes statistiques.

1.6.1 Devis observationnels

Dans un devis observationnel, un ou plusieurs groupes de sujets sont observés et les variables sont mesurées pour des fins d'analyse. Il n'y a donc pas d'intervention ou de manipulation des variables par le chercheur. Ces devis sont utilisés lorsqu'il n'est pas possible ou éthiquement acceptable de manipuler les variables indépendantes. Il existe quatre grands types de devis observationnels : les séries de cas, les études de cohortes, les études transversales et les études cas-témoin.

Série de cas

Une série de cas est une simple description de caractéristiques intéressantes observées dans un nombre restreint de sujets. Les séries de cas mènent souvent à la génération d'hypothèses qui devront être testées plus rigoureusement par un autre devis.

Par définition, les séries de cas ne comportent pas de groupe témoin (ou groupe contrôle, synonyme). Elles sont généralement menées à terme dans un laps de temps court et n'impliquent pas d'hypothèse de recherche. La plupart du temps, elles sont rétrospectives, c'est-à-dire que le chercheur vise à découvrir ce qui s'est passé chez ce groupe de sujets ayant un *outcome* similaire. L'exemple suivant illustre une série de cas. Un clinicien remarque que parmi 10 amputés du membre supérieur dans sa pratique de réadaptation, deux démontrent des symptômes de « membre fantôme ». Il décide de réviser leur histoire pour savoir s'il peut découvrir la source de cette sensation par des points communs à ces deux cas.

Étude de cohorte

Une étude de cohorte consiste en un suivi de groupes de sujets de façon prospective. Deux objectifs sont poursuivis avec ce devis :

1. Décrire l'incidence (taux de nouveaux cas dans un laps de temps déterminé) d'un critère dans le temps.

2. Analyser les associations entre les facteurs de risque potentiels (ou variables indépendantes) et le critère d'intérêt (ou variable dépendante).

L'exemple suivant illustre une étude de cohorte. Afin de déterminer si l'orientation scolaire a une relation avec la dépression, un chercheur entreprend une étude de cohorte. Après les étapes préliminaires de planification, le chercheur assemble une cohorte de 5000 étudiants inscrits en première année de baccalauréat à l'université. Il mesure la variable indépendante, l'orientation scolaire mesurée de façon dichotomique : sciences cliniques ou sciences sociales. Finalement, il suit la cohorte pendant la durée du premier cycle (trois ans) et mesure l'apparition de dépression chez ses sujets.

La cohorte est une stratégie puissante pour déterminer l'incidence d'un phénomène. Elle permet de supporter partiellement une hypothèse de causalité puisqu'elle établit une séquence temporelle des événements. C'est le devis de choix pour étudier la mortalité associée à une maladie.

Étude transversale

Dans une étude transversale, il n'y a pas de suivi dans le temps. On utilise parfois le terme étude de prévalence. Comme il n'y a pas de séquence temporelle, le chercheur doit se baser sur son cadre conceptuel et sur ses connaissances théoriques pour établir des liens de causalité. Par exemple, si un chercheur se rend compte, dans le cadre d'une étude transversale, que les gens qui font une dépression sévère sont des gens qui travaillent plus d'heures par semaine que la moyenne. Comme l'étude transversale ne nous indique pas laquelle des deux variables (la dépression ou le nombre d'heures de travail) est arrivée en premier, l'association observée peut être interprétée de plusieurs façons. Il se peut que les gens qui se brûlent au travail fassent une dépression, ou alors que les gens qui font une dépression se lancent dans le travail pour oublier, ou encore qu'une mauvaise situation familiale affecte les deux variables. Aucune de ces interprétations ne peut être scientifiquement prouvée dans le cadre d'une étude transversale puisqu'on ne connaît pas la séquence d'apparition des événements.

Les sondages d'opinion ou d'intention, très populaires en période d'élection, sont des études transversales. Le taux de réponse est un problème particulier à considérer dans l'analyse des résultats d'un sondage. Il faut différencier le taux de réponse de la fraction échantillonnale (n/N). Même si la fraction échantillonnale est importante (un grand échantillon), un taux de réponse bas rend les résultats suspects. Les non-répondants peuvent ne pas répondre pour des raisons reliées au sujet du sondage. Par exemple, un sondage mené auprès de la population âgée de 60 ans et plus aux États-Unis rapporte ces résultats:

1. 67 % disent se sentir utiles
2. 65 % rapportent une bonne « image de soi »
3. 61 % disent qu'en général les choses valent la peine
4. 56 % sont sereins
5. 52 % se disent fortement optimistes

Cependant, sur les 902 individus contactés, seulement 481 ont répondu au questionnaire (taux de réponse de 53 %). Peut-on dire que les résultats sont représentatifs de l'attitude de la population de 60 ans et plus aux États-Unis ? Est-ce que les 47 % de non-répondants sont aussi sereins et optimistes ?

Étude cas-témoin

Pour étudier les conditions rares, les cohortes et les études transversales sont très peu rentables. Elles exigent un recrutement de milliers de sujets pour pouvoir identifier les facteurs de risque de quelques sujets. Les facteurs de risque **évidents** peuvent être identifiés dans les cohortes ou les séries de cas (parmi les premiers 1000 patients avec le SIDA, 727 étaient homosexuels ou bisexuels et 236 étaient des utilisateurs de drogues intraveineuses) mais de telles évidences sont rares.

Les études cas-témoins sont souvent appelées études rétrospectives « pures ». L'étude commence dans le présent avec deux groupes : un groupe de **cas** sélectionnés sur la base de la présence d'une condition et un groupe **contrôle** sélectionné sur la base de l'absence de la même condition. Le chercheur remonte dans le temps pour dépister l'exposition des sujets des deux groupes à un ou plusieurs facteurs de risque. On calcule ensuite un ratio de cotes estimant le risque relatif pour déterminer si le facteur de risque en question a une relation avec la maladie.

1.6.2 Devis expérimentaux

Avec les devis observationnels, nous avons vu que le chercheur mettait passivement en lumière des relations entre des variables. Les études expérimentales impliquent une intervention volontaire du chercheur qui s'intéresse à l'effet de cette intervention. De ce fait, elles sont plus faciles à identifier dans les écrits. On appelle **essais cliniques** les études expérimentales faites chez des humains. Ces devis peuvent être contrôlés (avec un groupe témoin ou groupe contrôle) ou non contrôlés (sans groupe témoin).

La figure 1.3, issue d'un sondage fictif, met en évidence la relation entre la consommation hebdomadaire d'alcool et la fréquence annuelle des visites médicales. Selon ces résultats, il semble y avoir une association négative entre les deux variables, c'est-à-dire qu'à mesure que la consommation d'alcool augmente, le nombre de visites médicales annuelles diminue. Cependant, peut-on conclure, comme le nombre annuel de visites médicales semble diminuer chez les gens qui consomment plus d'alcool, que la consommation d'alcool est bonne pour la santé (notion de causalité) ? Serait-il pensable d'encourager la consommation d'alcool chez les gens souvent malades ? Peut-on même suggérer de prendre entre 9 et 10 consommations par jour puisque dans ce groupe de personnes le nombre annuel de visites semble s'approcher de 0 ?

FIGURE 1.3 – RELATION ENTRE LA CONSOMMATION D'ALCOOL HEBDOMADAIRE ET LE NOMBRE DE VISITES MÉDICALES ANNUELLES

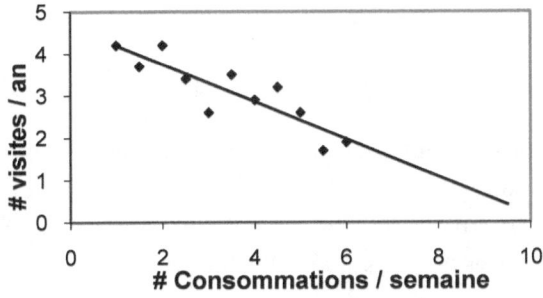

Pour supporter la notion de causalité, il faut remplir certaines conditions. Il faut tout d'abord que la cause précède l'effet. De plus, les faits doivent être observés de façon répétitive, c'est-à-dire que les résultats peuvent être observés à plusieurs reprises. Il faut que, lorsque la cause est modifiée volontairement, l'effet varie aussi et finalement il faut qu'il existe un mécanisme d'action possible. Ces conditions peuvent être satisfaites dans le cadre d'études expérimentales lors desquelles on contrôle certaines variables, les variables indépendantes.

Étude expérimentale avec groupe contrôle randomisé

Une étude contrôlée consiste à comparer au moins deux groupes, un qui subit une intervention d'intérêt (le groupe expérimental) et un groupe qui ne subit pas l'intervention (groupe témoin ou groupe contrôle). Le groupe contrôle peut ne pas subir d'intervention du tout (placebo) ou subir une intervention acceptée par l'ensemble de la communauté scientifique (référence ou standard).

À l'heure actuelle, l'étude expérimentale avec groupe contrôle randomisé est le *nec plus ultra* de la recherche. Les sujets répondant aux critères de sélection sont répartis au hasard, soit dans le groupe expérimental, soit dans le groupe témoin. La randomisation a deux objectifs principaux :

1. rendre les groupes comparables au départ en répartissant de façon aléatoire les variables confondantes (connues et inconnues) et

2. rendre possible l'utilisation de tests et méthodes statistiques.

Étude expérimentale avec groupe contrôle non randomisé

Dans un devis expérimental avec groupe témoin non randomisé, les sujets ne sont pas répartis au hasard dans les deux groupes mais plutôt selon un mode raisonné. Plusieurs croient que des groupes non randomisés ouvrent la porte à une multitude de biais et que, par le fait même, les résultats sont plus ou moins valides.

Une des façons de contrôler en partie l'effet de variables confondantes dans ce type de devis est de faire l'appariement des sujets. Pour ce faire, le chercheur choisit un groupe expérimental selon des critères de sélection précis. Il détermine ensuite les critères d'appariement, c'est-à-dire les variables possiblement confondantes qu'il désire contrôler parce qu'elles peuvent influencer la variable dépendante à l'étude. Il choisit finalement un groupe témoin dont chaque sujet est apparié à un sujet du groupe expérimental selon les critères déterminés précédemment.

Ce devis, lorsque bien appliqué, peut constituer un devis acceptable lorsque l'essai clinique randomisé n'est pas possible. Cependant, il comporte aussi des difficultés importantes car il implique qu'on connaisse bien les variables confondantes possibles et que les sujets disponibles soient assez nombreux pour permettre l'appariement. Il faut être très prudent lors de l'analyse des résultats issus de l'étude non randomisée. Il est alors impossible de s'assurer que les groupes sont comparables au départ.

Autocontrôle

C'est un devis par lequel chaque sujet est son propre contrôle, c'est-à-dire que chaque sujet subira à tour de rôle le traitement expérimental et le traitement contrôle. Pour être valable, ce devis ne doit être appliqué que dans le cas de conditions chroniques stables où l'intervention ne vise pas à guérir mais à soulager. Il est impératif qu'il y ait un retour au niveau de base entre les deux interventions (*wash-out period*). Une variation plus sophistiquée de l'autocontrôle simple consiste en un **devis chassé-croisé**. Dans ce devis, le chercheur sépare l'échantillon au hasard en deux puis soumet les deux sous-groupes aux conditions (alternativement expérimentale et contrôle) mais dans un ordre différent. Pour les interventions palliatives, ce devis est très intéressant puisqu'il nécessite moins de sujets.

Étude expérimentale sans groupe contrôle

Ces études ne comportent pas de groupe témoin. Il s'agit d'un devis où le chercheur applique une intervention à un groupe expérimental (ou plusieurs groupes expérimentaux). Il n'y a donc pas de contrôle par un placebo ou une intervention acceptée par la communauté scientifique.

La documentation est remplie de telles études qui, en bout de ligne, ne nous permettent pas de conclure quant à l'efficacité relative d'une intervention. Tout ce qui peut être tiré de telles études est que les résultats semblent montrer un effet bénéfique (ou nocif) de l'intervention. Même s'il semble être bénéfique, le traitement peut être pire qu'un placebo.

Discussion sur les devis expérimentaux

L'utilisation de devis inadéquats en recherche est inacceptable et peut donner naissance à des croyances erronées et ainsi nuire à l'avancement des connaissances. En recherche, chaque bribe d'information, si elle ne contient pas de défaut majeur, est importante. Peu importe les difficultés que cela engendre, le chercheur a le devoir de planifier correctement les études qu'il entreprend, si petites soient-elles, pour que tous puissent profiter des informations qui en ressortent.

1.7 Sommaire du chapitre

Les analyses statistiques ne forment qu'une partie infime du processus de recherche. Le réseau d'interdépendances entre la théorie, les problèmes et hypothèses, la méthodologie de la recherche ainsi que son devis et l'analyse des données sont d'une complexité certaine. Tenter d'expliquer les analyses statistiques sans parler de toutes ces autres facettes de la recherche serait l'équivalent de parler de la circulation sanguine du corps humain sans mentionner le cœur ou les poumons.

La biostatistique utilise des analyses statistiques pour tester des hypothèses dans un ou des échantillons et généraliser les résultats observés à une ou des populations. Les observations sont influencées directement par le choix des variables et de leur mesure. L'échelle de mesure des variables, le devis de recherche, l'échantillonnage et les hypothèses à tester sont autant de facteurs à considérer avant d'entreprendre l'analyse des données scientifiques. Le prochain chapitre sera consacré au premier objectif de la biostatistique, la description des données.

Bibliographie

Allen MJ, Y. W. (1979). Chapter 4 - Reliability. Dans Y. W. Allen MJ, *Introduction to Measurement Theory* (pp. 72-95). Belmont, CA, USA: Wadsworth Inc.

Allen MJ, Y. W. (1979). Chapter 5 - Validity. Dans Y. W. Allen MJ, *Introduction to Measurement Theory* (pp. 95-118). Belmont, CA, USA: Wadsworth Inc.

Levy PS, L. S. (1999). *Sampling of Populations: Methods and Applications* (éd. 3rd). New York, NY, USA: John Wiley & Sons Inc.

Pedhazur EJ, P. S. (1991). *Measurement, Design, and Analysis: An Integrated Approach.* Hillsdale, NJ, USA: Lawrence Erlbaum Associates Inc.

Chapitre 2 : Présentation des données

2.1 Présentation du chapitre

Dans ce chapitre, nous tenterons de démontrer les façons les plus courantes de résumer l'information obtenue dans le cadre d'études cliniques. Vous devriez, à la fin de ce chapitre, connaître les méthodes tabulaires, graphiques et numériques pour synthétiser les données qui sont parfois nombreuses et peu informatives sous leur forme brute.

2.2 Que sont les données et que représentent-elles ?

Au chapitre 1, nous avons introduit la notion de mesure. Les **données** sont des mesures prises à partir des unités échantillonnales et manipulées pour éventuellement être analysées. Ce sont des observations codées. La figure 2.1 illustre les 10 premiers sujets d'un tableau de données brutes tel que présenté par l'éditeur de données du logiciel SPSS. La première colonne du tableau, intitulée « id », présente le numéro du sujet. La deuxième colonne donne l'âge (en années) de chaque sujet, la troisième son genre, la quatrième, ses habitudes de tabagisme, la cinquième, son risque de problèmes cardiaques et la sixième, son tour de taille (en centimètres). Chaque colonne contient les valeurs d'une seule variable pour tous les sujets alors que chaque rangée contient les valeurs de chacune des variables pour un sujet.

Si le nombre de sujets ou le nombre de variables est très grand, un tableau de données brutes peut devenir très lourd et ne donner que peu d'information. C'est pourquoi ces données sont toujours résumées à l'aide de statistiques descriptives. Ces statistiques descriptives sont des tableaux, des graphiques ou des formules mathématiques. Les prochaines sections expliquent les différentes méthodes pour résumer et présenter les données recueillies dans le cadre d'une étude.

FIGURE 2.1 – TABLEAU DE DONNÉES BRUTES (SPSS)

	id	âge	sexe	tabac	risque	tour
1	1	27.7	Homme	11-20 cig. / jour	Faible	68.8
2	2	29.9	Homme	Plus de 20 cig / jour	Élevé	71.9
3	3	29.3	Femme	1-5 cig / jour	Élevé	81.2
4	4	29.1	Femme	1-5 cig / jour	Faible	70.9
5	5	25.4	Homme	6-10 cig / jour	Moyen	63.7
6	6	25.6	Homme	Aucune	Élevé	70.9
7	7	29.2	Femme	6-10 cig / jour	Moyen	71.9
8	8	34.1	Femme	Aucune	Faible	74.0
9	9	29.5	Homme	6-10 cig / jour	Faible	73.0
10	10	29.2	Homme	6-10 cig / jour	Moyen	81.2

2.3 Statistiques descriptives : méthodes tabulaires

Les tableaux sont une des méthodes les plus simples pour présenter succinctement les observations d'un ensemble de sujets. Ces tableaux peuvent être très simples et ne présenter que les fréquences d'observation d'une seule variable ou plus complexes et croiser les fréquences de deux ou plusieurs variables.

2.3.1 Tableau de fréquences

Un tableau de fréquences liste, pour chaque valeur de la variable, le nombre de fois ou la proportion de fois que cette valeur a été observée dans l'échantillon. Il peut aussi présenter la fréquence ou la proportion des observations au-dessus ou en dessous d'une valeur particulière. La **fréquence absolue** correspond au nombre d'observations dans chacune des catégories de la variable. La **fréquence relative** (pourcentage) se calcule en divisant le nombre d'observations dans une classe (n_i) par le nombre total d'observations (n), puis en multipliant par 100, si on désire un pourcentage. Par exemple, le tableau 2.1 indique qu'il y a 20 sujets de notre échantillon qui fument de une à cinq cigarettes par jour, ce qui correspond à 27,8 % de l'échantillon. La somme des fréquences relatives devrait être de 1 (ou 100 %) mais il peut arriver qu'à force d'arrondir le total varie légèrement, tel qu'indiqué au tableau 2.1. La **fréquence cumulée** correspond à la fréquence des observations dans une catégorie, plus la fréquence de toutes les catégories au-dessus ou en dessous de cette valeur. Pour qu'une fréquence cumulée ait un sens, il faut que les catégories présentent un ordre logique ou intéressant pour le lecteur. Ainsi, au tableau 2.1, il y a 52 sujets qui fument moins de 11 cigarettes par jour, ce qui correspond à 72,2 % de l'échantillon.

TABLEAU 2.1 – TABLEAU DE FRÉQUENCES DES HABITUDES DE TABAGISME

	Fréquence	Fréquence relative (%)	Fréquence cumulée	Fréquence relative cumulée (%)
Aucune	11	15,3	11	15,3
1 à 5 cig/jour	20	27,8	31	43,1
6 à 10 cig/jour	21	29,2	52	72,2
11 à 20 cig/jour	10	13,9	62	86,1
Plus de 20 cig/jour	10	13,9	72	100,1
Total	72	100,1	-	-

Le tableau de fréquences est utile pour décrire des variables discrètes avec quelques catégories ou des variables continues groupées en peu de catégories. Il permet de déterminer l'importance relative de chacune des valeurs de la variable. Si une variable peut prendre « plusieurs » valeurs (comme une variable continue), il est préférable de créer de nouvelles catégories en regroupant les valeurs pour construire le tableau de fréquences tel que présenté au tableau 2.2. Le nombre de catégories est arbitraire. S'il y en a trop, le tableau devient trop lourd alors que s'il y en a trop peu, le lecteur perd de l'information.

TABLEAU 2.2 – TABLEAU DE FRÉQUENCES DE L'ÂGE DES SUJETS (DONNÉES GROUPÉES).

		Fréquence	Fréquence relative (%)	Fréquence cumulée	Fréquence relative cumulée (%)
Catégorie	[23 - 26[	5	6,9	5	6,9
d'âge	[26 - 29[	18	25,0	23	31,9
(années)	[29 - 32[	31	43,1	54	75,0
	[32 - 37[	18	25,0	72	100,0
	Total	72	100,0	-	-

2.3.2 Tableau de contingence

On utilise le tableau de contingence pour représenter un ensemble d'observations classifiées selon **deux variables** catégorielles (ou numériques groupées). Un tableau de contingence R x C contient les fréquences réparties en "R" rangées et "C" colonnes. Le tableau 2.3 est un exemple de tableau de contingence 5 x 2 qui croise les deux variables "tabagisme" et "sexe". Il y est indiqué que 24 des 72 sujets de l'échantillon sont des femmes et que 11 sont des non-fumeurs. Ces fréquences en marge du tableau sont des **fréquences marginales** alors que les fréquences à l'intérieur du tableau (par exemple 6 hommes et 5 femmes sont des non-fumeurs) sont appelées **fréquences conjointes**. Nous reverrons ces termes au chapitre 3.

41

		Genre		
		Homme	Femme	Total
Tabagisme	Aucune	6	5	11
	1 à 5 cig / jour	12	8	20
	6 à 10 cig / jour	13	8	21
	11 à 20 cig / jour	9	1	10
	Plus de 20 cig / jour	8	2	10
	Total	48	24	72

Un type particulier du tableau r x c est le tableau 2 x 2. Il est très fréquemment utilisé en épidémiologie. Habituellement, on place un statut d'exposition à un facteur de risque dans les rangées (exposé, non exposé) et un statut de maladie dans les colonnes (malade, non malade). Le tableau 2.4 est un tableau 2 x 2 qui classifie 10 000 sujets selon leur exposition à un composé chimique et l'apparition de problèmes pulmonaires. Ainsi, parmi les 4 551 sujets exposés au BZ-4299, 475 montrent des signes de problèmes pulmonaires, soit environ 10 %.

TABLEAU **2.4 –** TABLEAU DE CONTINGENCE **2x2**

		Présence de problèmes pulmonaires	Absence de problèmes pulmonaires	Total
Exposition	Exposé	475	4 076	4 551
Au BZ-4299	Non exposé	514	4 935	5 449
	Total	989	9 011	10 000

On peut aussi utiliser le tableau de contingence pour croiser les fréquences de plus de deux variables. Le tableau 2.5 croise le risque de problèmes cardiaques avec le sexe et l'âge des sujets de notre étude. On y remarque que cinq des onze hommes de 32 à 37 ans de notre échantillon ont un risque élevé de problèmes cardiaques et que cinq des sept femmes du même groupe d'âge présentent ce risque.

TABLEAU 2.5 - TABLEAU DE CONTINGENCE MULTIPLE

		Genre								
		Homme				Femme				
		Groupe Âge (années)								
		23-26	26-29	29-32	32-37	23-26	26-29	29-32	32-37	Total
Risque	Faible	1	8	5	0	0	1	4	2	21
	Moyen	2	3	14	6	0	3	5	0	33
	Élevé	1	2	1	5	1	1	2	5	18
Total	Âge	4	13	20	11	1	5	11	7	
	Sexe	48				24				72

2.4 Statistiques descriptives : méthodes graphiques

2.4.1 Diagramme de fréquences (diagramme en bâton)

Le diagramme de fréquence est une représentation graphique d'une distribution de fréquences pour une variable discrète. Il présente habituellement les valeurs de la variable en abscisse (axe des x) et les fréquences observées (absolues ou relatives) de ces valeurs en ordonnée (axe des y) mais peut être inversé. Pour chaque valeur de la variable, un bâton est élevé, sa hauteur étant proportionnelle à la fréquence observée. La figure 2.2 illustre le diagramme en bâton des habitudes de tabagisme des sujets de notre échantillon.

Il est parfois préférable d'utiliser des fréquences relatives plutôt que des fréquences absolues sur un graphique car elles permettent des comparaisons entre les graphiques. Dans ce cas, on retrouve en ordonnée le **pourcentage** de fois qu'une valeur de la variable est observée dans notre échantillon. La figure

2.3 donne le pourcentage de sujets de notre étude qui se situent dans chacune des catégories de sexe.

FIGURE 2.2 – DIAGRAMME DE FRÉQUENCES DES HABITUDES DE TABAGISME

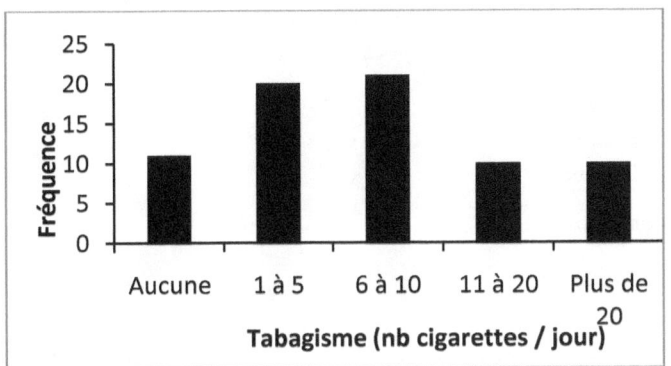

FIGURE 2.3 – DIAGRAMME EN BÂTON (FRÉQUENCES RELATIVES) DE LA RÉPARTITION ENTRE LES SEXES

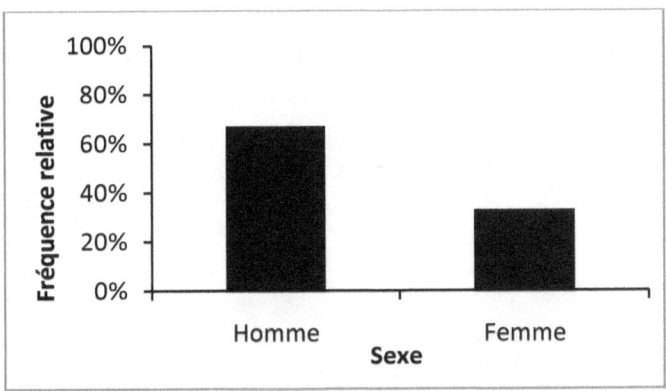

2.4.2 Diagramme *stem & leaf*

Ce diagramme est très utile pour les variables numériques. Il consiste en deux parties, les *stems* à gauche de la ligne verticale (figure 2.4) et les *leaves* à droite. Les premiers *digits* des données sont placés à gauche, en colonne, en

44

ordre croissant ou décroissant. Les derniers *digits* sont ensuite mis dans la partie droite du graphique vis-à-vis le *stem* correspondant. Le diagramme à la figure 2.4 illustre la distribution des données brutes de l'âge des sujets de notre étude. Les chiffres complètement à gauche du graphique correspondent au nombre d'observations par catégorie (*stem*).

FIGURE 2.4 – DIAGRAMME *STEM & LEAF* DE L'ÂGE DES SUJETS

```
n       Stem.Leaf

1       2| 3
4       2| 4555
12      2| 666777777777
23      2| 88888899999999999999999
14      3| 00000001111111
10      3| 2222222223
8       3| 44455555
```

Si nous retournons ce graphique d'un quart de tour dans le sens contraire des aiguilles d'une montre, nous pouvons mieux voir la distribution des sujets dans l'échantillon. Dans cette position (figure 2.5), le diagramme *stem & leaf* est aussi un histogramme de fréquences, graphique que nous décrirons à la prochaine section.

2.4.3 Histogramme de fréquences

L'histogramme de fréquence est une représentation graphique d'une distribution de fréquences pour une **variable numérique continue**. Un histogramme présente habituellement (comme le diagramme en bâton) la mesure d'intérêt en abscisse et la fréquence (ou le pourcentage) d'occurrence en ordonnée mais peut être inversé. Il est constitué de rectangles adjacents dont la longueur est proportionnelle au nombre de fois qu'une observation tombe dans une certaine catégorie. La figure 2.6 illustre l'histogramme de fréquences des données sur l'âge des sujets de notre étude. Remarquez la ressemblance avec le *stem & leaf* inversé de la figure 2.5. Comme les catégories en abscisse sont les mêmes que celles du diagramme *stem & leaf*, les fréquences d'occurrences dans chacune des catégories sont les mêmes. Comparez la forme des distributions des figures 2.5 et 2.6.

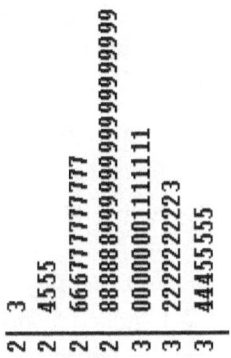

2.4.3 Histogramme de fréquences

L'histogramme de fréquence est une représentation graphique d'une distribution de fréquences pour une **variable numérique continue**. Un histogramme présente habituellement (comme le diagramme en bâton) la mesure d'intérêt en abscisse et la fréquence (ou le pourcentage) d'occurrence en ordonnée mais peut être inversé. Il est constitué de rectangles adjacents dont la longueur est proportionnelle au nombre de fois qu'une observation tombe dans une certaine catégorie. La figure 2.6 illustre l'histogramme de fréquences des données sur l'âge des sujets de notre étude. Remarquez la ressemblance avec le *stem & leaf* inversé de la figure 2.5. Comme les catégories en abscisse sont les mêmes que celles du diagramme *stem & leaf*, les fréquences d'occurrences dans chacune des catégories sont les mêmes. Comparez la forme des distributions des figures 2.5 et 2.6.

FIGURE 2.6 – HISTOGRAMME DE FRÉQUENCES DE L'ÂGE DES SUJETS

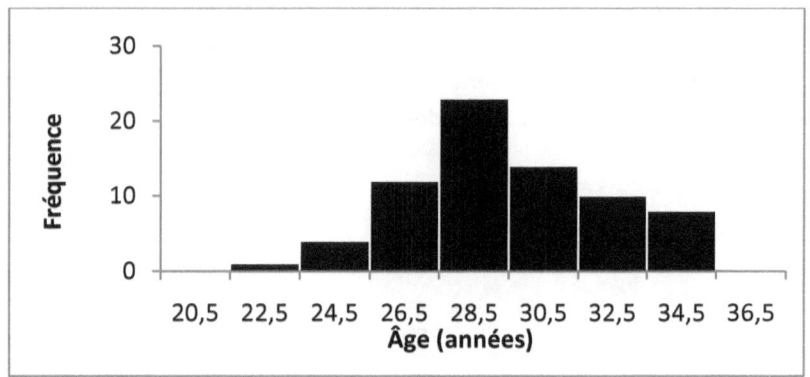

Il est possible de comparer comment les sujets se distribuent dans chacune des catégories de l'histogramme de fréquence selon leurs caractéristiques. Par exemple, nous pourrions vouloir savoir si les hommes et les femmes de notre échantillon ont à peu près les mêmes tours de taille. La figure 2.7 illustre comment se répartissent les tours de taille des sujets des deux sexes de notre échantillon. Parce que notre échantillon contient moins de femmes que d'hommes, il est indiqué de comparer les distributions à l'aide de fréquences relatives pour contrecarrer l'effet de la taille des deux groupes. D'après ces graphiques, la répartition des tours de tailles pour chacun des sexes est légèrement différente pour les sujets de notre échantillon.

2.4.4 Polygone de fréquences
Le polygone de fréquences constitue une alternative à l'histogramme de fréquences et démontre donc la distribution d'une variable numérique. Il est tracé en reliant le point milieu de chacun des rectangles de l'histogramme de fréquences à l'aide d'une ligne brisée. Cette alternative permet une meilleure visualisation de la forme de la distribution (figure 2.8).

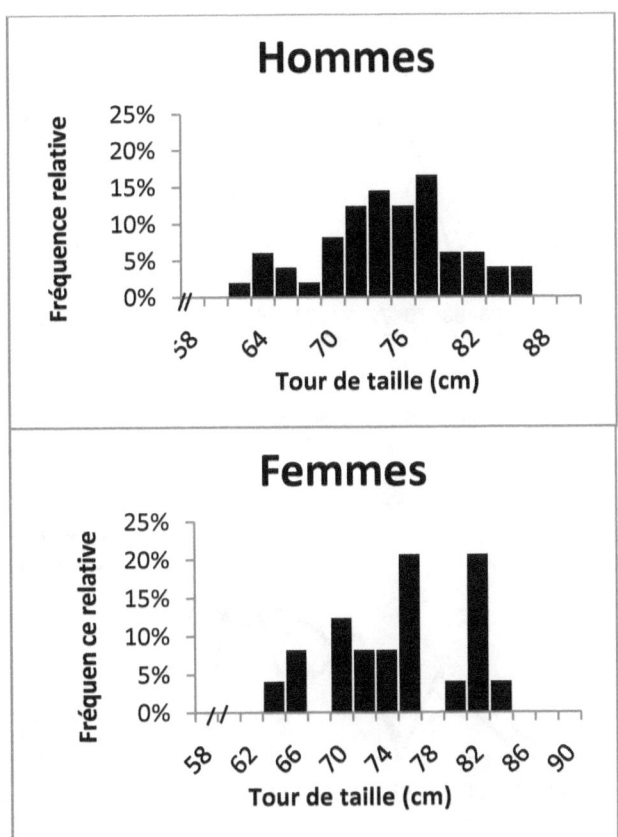

Les polygones de fréquences sont particulièrement utiles lorsqu'on veut comparer deux distributions sur un même graphique. Le graphique de la figure 2.9 reprend les données des histogrammes de la figure 2.7 et compare la fréquence des tours de taille des hommes et des femmes de notre échantillon en superposant les deux polygones.

FIGURE **2.8** – POLYGONE DE FRÉQUENCES

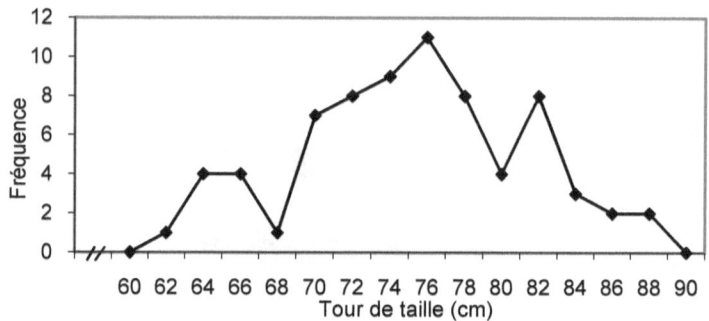

FIGURE **2.9** – SUPERPOSITION DE DEUX POLYGONES DE FRÉQUENCES

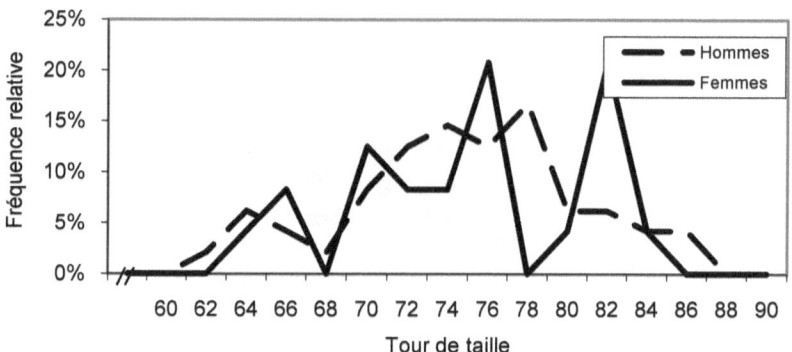

2.4.5 Diagramme *box plot*

Au même titre que les histogrammes et polygones de fréquences, le diagramme *box plot* sert à visualiser la distribution d'une variable numérique ou à comparer la distribution de cette variable selon certaines caractéristiques des sujets. La figure 2.10 tirée des résultats d'une commande du logiciel SPSS démontre la distribution de l'âge des sujets de notre étude selon leur sexe. Le diagramme *box plot* (aussi appelé *box & whiskers*) est formé d'une boîte et de deux extensions. Lorsque les données d'âge des sujets de notre échantillon sont ordonnées comme dans le diagramme *stem & leaf*, il est possible de

49

trouver l'observation au milieu (la médiane) ainsi que les observations qui délimitent 50 % des observations entourant le point milieu de l'échantillon (premier et troisième quartiles[1]). La ligne horizontale du centre de la boîte (figure 2.10, objet a) se situe à l'observation milieu alors que les deux autres lignes horizontales (figure 2.10, objets b) se situent au premier et au troisième

FIGURE 2.10 – DIAGRAMME *BOX PLOT*

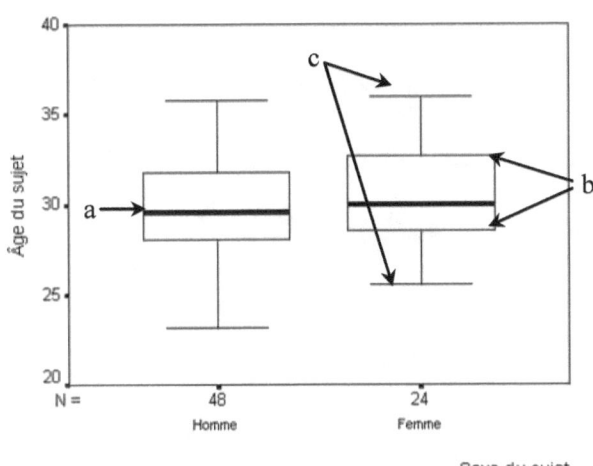

quarts des observations. Les extensions (figure 2.10, objets c) représentent l'étendue totale des données. À la figure 2.10, les diagrammes indiquent que l'observation milieu pour les hommes est légèrement inférieure à celle des femmes, que 50 % des hommes ont entre 28 et 32 ans et que 50 % des femmes ont entre 28 et 33 ans. De plus, il indique que l'âge des hommes varie entre 23 et 36 ans alors que l'âge des femmes varie entre 25 et 36 ans.

---

[1] Ces termes seront discutés à la section 2.5

2.4.6 Diagramme de points

Le diagramme de points sert à visualiser la relation entre **deux variables**. Chaque point représente une paire d'observations. Ce graphique est aussi appelé graphique bivarié. S'il existe une relation causale théorique entre les deux variables, on place habituellement la variable causale (indépendante ou antécédente) en abscisse. La figure 2.11 illustre la relation entre l'âge des sujets et leur tour de taille. Selon les données de notre échantillon, il semble qu'à mesure que l'âge des sujets augmente, le tour de taille montre une tendance à augmenter aussi.

FIGURE 2.11 – DIAGRAMME BIVARIÉ DU TOUR DE TAILLE EN FONCTION DE L'ÂGE

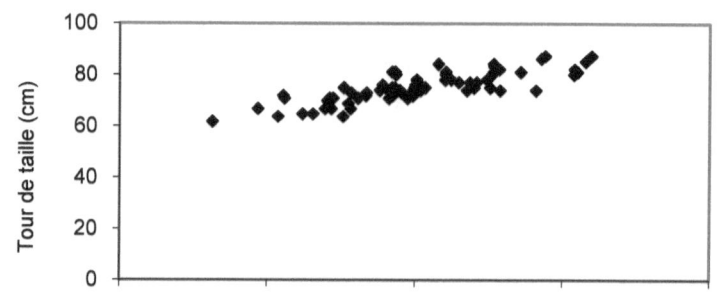

La figure 2.12 illustre la relation entre le tour de taille des sujets et leur risque de problèmes cardiaques. Les risques 1, 2 et 3 correspondent respectivement à des risques bas, modéré et élevé. Ici aussi, il semble que le risque soit sensiblement plus élevé chez les sujets dont le tour de taille est plus grand.

2.4.7 Résumé sur les graphiques et les tableaux

L'organisation initiale des données d'un échantillon est la clé d'un bon résumé pour aider à communiquer les résultats d'une étude. Les tableaux et graphiques sont des outils précieux pour organiser et simplifier les données.

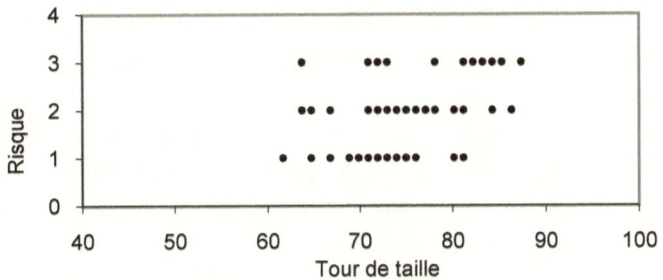

Lors de la construction d'un graphique (ou d'un tableau) il faut mettre un titre explicite, les unités de mesure, le libellé des axes (graphique) et les totaux (tableau). Il est préférable de ne pas mettre trop d'informations sur un diagramme. Pour un graphique, l'échelle est importante et il est habituel d'indiquer les bris dans les axes numériques s'ils ne commencent pas à zéro. Des catégories inégales dans un histogramme de fréquences ou dans un tableau de fréquences pour données groupées peuvent entraîner des distorsions et une mauvaise interprétation. Pour décrire la distribution d'une variable catégorielle, on peut utiliser un tableau de fréquence ou un diagramme en bâton. Pour représenter la relation entre deux variables catégorielles, on utilise le tableau de contingence. Pour décrire la répartition des observations pour une variable numérique, l'histogramme de fréquences est le diagramme le plus couramment utilisé mais les polygones de fréquences et les diagrammes *stem & leaf* et *box plot* sont aussi très utiles. L'avantage du diagramme *stem & leaf* sur les autres graphiques est qu'il liste les données individuelles. Si on désire illustrer la relation entre deux variables numériques (sans les grouper), on peut utiliser le diagramme de points. Pour représenter la relation entre deux variables, l'une catégorielle et l'autre numérique, on peut utiliser un diagramme *box plot*, un diagramme de points ou des polygones de fréquences.

2.4.8 Un mot sur les distributions

Les représentations graphiques que nous avons décrites à la section précédente nous permettent de voir comment se répartissent les observations dans un échantillon. Une distribution donne les valeurs que peut prendre une variable, accompagnées de la fréquence (ou de la probabilité) d'occurrences de ces valeurs. Une distribution peut être basée sur des données empiriques (issues des sujets d'un échantillon) ou être théorique comme celles que nous décrirons au chapitre 4. Les tableaux et graphiques du chapitre 2 sont des exemples de distributions empiriques.

Il est important de pouvoir décrire verbalement la forme d'une distribution. Tout d'abord, une distribution peut être symétrique ou asymétrique (en anglais *askew*). La figure 2.13a est un exemple de distribution théorique symétrique avec la majorité des observations gravitant autour d'une valeur centrale et des quantités égales mais moindres de chaque côté de ce centre. La distribution 2.13b est aussi symétrique mais la majorité des données sont situées aux deux extrémités de la distribution.

FIGURE 2.13 – DISTRIBUTIONS SYMÉTRIQUES

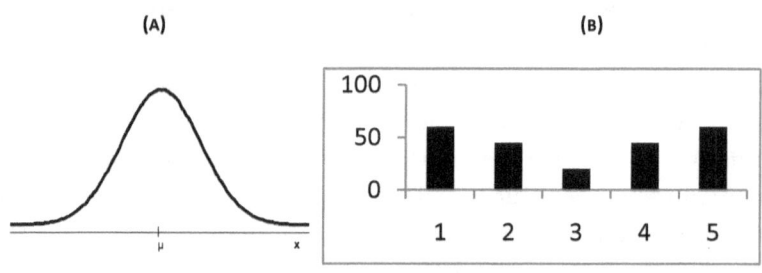

Les distributions de la figure 2.14 illustrent des asymétries dites « gauche » (2.14a) et « droite » (2.14b). Cette dénomination dépend de la direction vers laquelle la distribution s'étend. Dans un diagramme *box plot*, on peut reconnaître une asymétrie par une médiane qui n'est pas au centre de la boîte ou encore par des extensions inégales.

Pour décrire la forme d'une distribution, on peut ensuite parler de modalité. La modalité représente le ou les points culminants d'une distribution. Les graphiques 2.13a et 2.14a et b sont des distributions unimodales alors que le diagramme 2.13b, qui montre clairement deux points culminants, est une distribution bimodale. Une distribution peut aussi ne pas avoir de mode comme c'est le cas avec la distribution uniforme de la figure 2.15.

FIGURE **2.14** – DISTRIBUTIONS ASYMÉTRIQUES

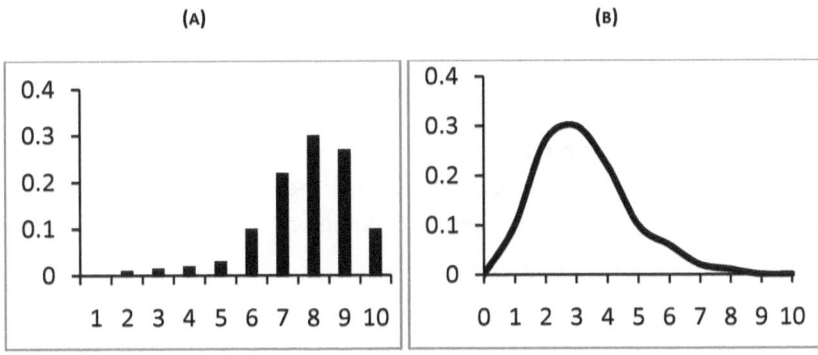

(A)   (B)

FIGURE **2.15** – DISTRIBUTION UNIFORME

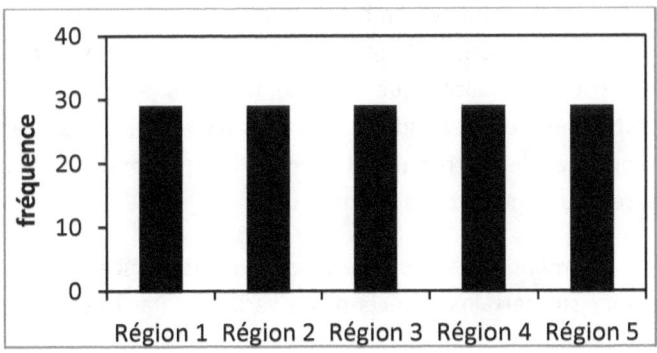

2.5 Statistiques descriptives : méthodes numériques

Les tableaux et graphiques représentent de façon succincte et schématique la répartition des observations d'un ensemble de données. Une fois les données organisées en tableaux et en graphiques, il est d'un intérêt certain de parler de valeur « type » dans une distribution. La plupart du temps, énumérer chacune des valeurs observées est laborieux. Une valeur « type » nous indique où se trouve le « centre » de la distribution. De plus, un ensemble de données peut être très compact ou s'étendre beaucoup. Cette section porte donc sur les valeurs « types » ou mesures de **tendance centrale** et sur les mesures de **dispersion**.

2.5.1 Mesures de tendance centrale

Il existe plusieurs statistiques qui décrivent où se trouve le « centre » de la distribution d'une variable. Les plus fréquemment utilisées sont le mode, la médiane et la moyenne arithmétique

Mode

Le tableau 2.6 donne les distributions de fréquence des notes de deux tests, un examen de mi-session et un examen final pour 50 étudiants. La méthode la plus simple pour parler de tendance centrale réfère simplement à l'endroit de la distribution où il y a un rassemblement d'observations ou une « pointe » dans la distribution, le **mode**[2]. Pour le test de mi-session, la note qui revient le plus souvent est 43 % alors que pour le final, 78 % est la note la plus fréquemment observée. Cependant, les notes 83 % et 88 % suivent de près avec des fréquences de six chacune. Dire que 78 est le mode serait ignorer les deux autres regroupements de la distribution.

Le mode est rarement utilisé comme mesure de tendance centrale. Il peut nous renseigner sur certains aspects d'une variable. Par exemple, l'incidence

---

[2] Avec des données groupées, on parle plutôt de classe modale, c'est-à-dire un intervalle dans lequel se trouve le maximum d'observations.

de la maladie de Hodgkin selon l'âge suit une distribution bimodale (un mode à 29 ans et un mode à 73 ans). Cette particularité peut nous suggérer qu'il existe deux origines à la maladie, qu'il existe carrément deux maladies différentes ou encore que la maladie dépend d'une caractéristique commune aux deux groupes d'âge.

TABLEAU 2.6 – DISTRIBUTION DES NOTES

Note examen mi-session (sur 100)	Fréquence	Note examen final (sur 100)	Fréquence
40	3	70	1
41	4	71	0
42	6	72	0
43	11	73	1
44	9	74	1
45	8	75	0
46	4	76	2
47	3	77	4
48	2	78	8
Total	50	79	4
		80	3
		81	3
		82	2
		83	6
		84	4
		85	0
		86	1
		87	2
		88	6
		89	2
		Total	50

Médiane

Une autre façon de décrire la tendance centrale d'une distribution est d'indiquer l'observation au centre de l'ensemble de données lorsque celles-ci sont placées par ordre croissant ou décroissant (comme dans un diagramme *stem & leaf*). C'est le concept de la médiane. La médiane concerne le rang des observations. Si l'échantillon contient un nombre impair d'observations, la médiane est la $\frac{1}{2}(n + 1)^{\text{ième}}$ observation. Si l'effectif est pair, la médiane correspond à la moyenne arithmétique entre la $(\frac{1}{2}n)^{\text{ième}}$ et la $[(\frac{1}{2}n)+1]^{\text{ième}}$ observation (évidemment, cette opération mathématique ne devrait être faite que sur des données numériques). Comme il y a 50 étudiants, la médiane du test de mi-session est la moyenne entre la $25^{\text{ème}}$ et la $26^{\text{ème}}$ observation lorsqu'elles sont placées en ordre, soit 44 %, alors que pour l'examen final, la médiane est de 81 %.

Moyenne arithmétique

La moyenne arithmétique est la mesure la plus souvent utilisée comme mesure de tendance centrale pour les variables numériques. Elle correspond à la somme de toutes les valeurs observées (dénotées x_i ou y_i selon s'il est question des données des variables x ou y) divisée par le nombre total d'observations. La moyenne d'un échantillon se dénote par une lettre (qui indique sur quelle variable on veut faire la moyenne) surmontée d'une barre ($\overline{x}, \overline{y}$) alors que la moyenne paramétrique (populationnelle) prend la notation μ_x ou μ_y. Par souci de simplicité, l'indice est souvent éliminé. Comme nous l'avons mentionné au chapitre précédent, le nombre d'observations d'un échantillon se dénote « n » alors que le nombre d'observations d'une population se dénote « N ». Ainsi, les formules mathématiques des moyennes échantillonnale (formule 2.1) et paramétrique (formule 2.2) s'écrivent différemment mais le concept reste le même. Pour l'examen de mi-session la moyenne $\overline{x}_{\text{mi-session}} = 43{,}7\%$ alors que pour l'examen final, $\overline{x}_{\text{final}} = 81{,}3\%$.

FORMULE 2.1

$$\overline{x} = \frac{1}{n} \sum_{i=1}^{n} x_i$$

$$\mu = \frac{1}{N} \sum_{i=1}^{N} x_i$$

La moyenne est influencée par les valeurs extrêmes, surtout si l'effectif est petit. Le tableau 2.7 illustre des données théoriques recueillies dans deux échantillons de 18 sujets. La seule différence entre ces deux échantillons est la donnée du sujet numéro 15. Dans le premier échantillon, la valeur du sujet 15 est 6,1 alors qu'elle est de 12,9 dans le second échantillon. Pour les besoins de la cause, prenons pour acquis que la valeur 6,1 est une bonne valeur alors que 12,9 est une erreur de mesure. Les diagrammes *stem & leaf* de la figure 2.16 montrent les distributions de fréquences de ces deux ensembles de données.

TABLEAU 2.7 – DONNÉES BRUTES POUR DEUX ÉCHANTILLONS DE 18 SUJETS

Numéro du sujet	Valeur de la variable Échantillon 1	Valeur de la variable Échantillon 2
1	3,8	3,8
2	6,8	6,8
3	7,1	7,1
4	5,3	5,3
5	6,1	6,1
6	4,3	4,3
7	6,0	6,0
8	7,2	7,2
9	4,6	4,6
10	5,0	5,0
11	6,4	6,4
12	4,5	4,5
13	5,5	5,5
14	8,8	8,8
15	**6,1**	**12,9**
16	5,5	5,5
17	5,8	5,8
18	5,9	5,9

Le premier échantillon a une distribution symétrique autour de son centre alors que le deuxième montre une asymétrie droite. La moyenne du premier échantillon est de 5,82 et celle du deuxième échantillon est de 6,19.

Comme l'indique le diagramme *stem & leaf* de la figure 2.16b, même si la majorité des données se situe entre 5 et 6, la moyenne du deuxième échantillon est un peu plus élevée. On dit qu'elle est « attirée » par la donnée extrême 12,9. Dans le cas où l'ensemble des données comprend des données extrêmes ou quand la distribution est fortement asymétrique, la moyenne n'est pas une bonne mesure de tendance centrale.

Une caractéristique importante de la moyenne (paramétrique ou échantillonnale) est que la somme des écarts à la moyenne de chacune des observations donne toujours 0 (formule 2.3). Ainsi, si on additionne toutes les différences entre les observations de l'échantillon 1 (figure 2.16) et la moyenne 5,82, on obtient 0. Il en est de même pour l'échantillon 2.

FIGURE 2.16 – DIAGRAMMES *STEM & LEAF* DES DEUX ÉCHANTILLONS

(A) ÉCHANTILLON 1   (B) ÉCHANTILLON 2

```
3. | 8                        3. | 8
4. | 3 5 6                     4. | 3 5 6
5. | 0 3 5 5 8 9               5. | 0 3 5 5 8 9
6. | 0 1 1 4 8                 6. | 0 1 4 8
7. | 1 2                       7. | 1 2
8. | 8                         8. | 8
                               9. |
                              10. |
                              11. |
                              12. | 9
```

FORMULE 2.3
$$\sum_{i=1}^{n} (x_i - \overline{x}) = \sum_{i=1}^{N} (x_i - \mu) = 0$$

59

Il est possible d'estimer une moyenne échantillonnale, sans avoir les données brutes, à partir d'un tableau de fréquences. Certains appellent cette estimation une moyenne **pondérée**. Elle s'obtient en additionnant le produit du point milieu de chacun des intervalles à la fréquence des observations dans l'intervalle correspondant puis en divisant par la taille échantillonnale. Le tableau 2.8 est un tableau de fréquence des données de l'échantillon 1 et donne le point milieu de chacun des intervalles (données groupées) ainsi que le produit de la fréquence par ce point milieu. La moyenne pondérée est 5,89, estimation qui se rapproche de 5,82, la moyenne réelle de l'échantillon 1.

TABLEAU 2.8 – TABLEAU DE FRÉQUENCES, ÉCHANTILLON 1

Intervalle	Fréquence	Point milieu	Produit	Cumul
[3,0 – 4,0 [	1	3,5	3,5	3,5
[4,0 – 5,0 [	3	4,5	13,5	17,0
[5,0 – 6,0 [	6	5,5	33,0	50,0
[6,0 – 7,0 [	5	6,5	32,5	82,5
[7,0 – 8,0 [	2	7,5	15,0	97,5
[8,0 – 9,0 [	1	8,5	8,5	106
Total	18		Moyenne pondérée	5,89

Utilisation des mesures de tendance centrale

Lorsqu'il faut choisir une mesure de tendance centrale adaptée aux données qu'on veut décrire, notre choix doit être éclairé par :

1. la nature des données : une moyenne arithmétique n'a pas de sens logique avec des données de type nominal ou ordinal.

2. la robustesse de la mesure : correspond à la résistance aux valeurs extrêmes. La moyenne arithmétique est moins robuste que la médiane aux valeurs extrêmes. Ainsi, en présence d'une distribution

asymétrique, la médiane est une meilleure mesure de tendance centrale que la moyenne. Pour une variable dont la distribution est symétrique, la moyenne et la médiane sont semblables. Dans une distribution présentant une asymétrie droite, la moyenne est supérieure à la médiane alors que dans une distribution présentant une asymétrie gauche, la moyenne est inférieure à la médiane (figures 2.17). Le mode correspond toujours à l'endroit où se trouvent la majorité des observations.

Une mesure simple d'asymétrie pourrait être de faire la différence entre la moyenne et la médiane comme à la formule 2.4. Si cette différence est positive, l'asymétrie est droite; si la différence est négative, l'asymétrie est gauche. En anglais, le terme *skewness* est utilisé pour faire référence à la symétrie d'une distribution. Il existe plusieurs mesures d'asymétrie qui sont plus précise que celle-ci.

FIGURE 2.17 – MESURES DE TENDANCE CENTRALE DANS DIFFÉRENTES FORMES DE DISTRIBUTION

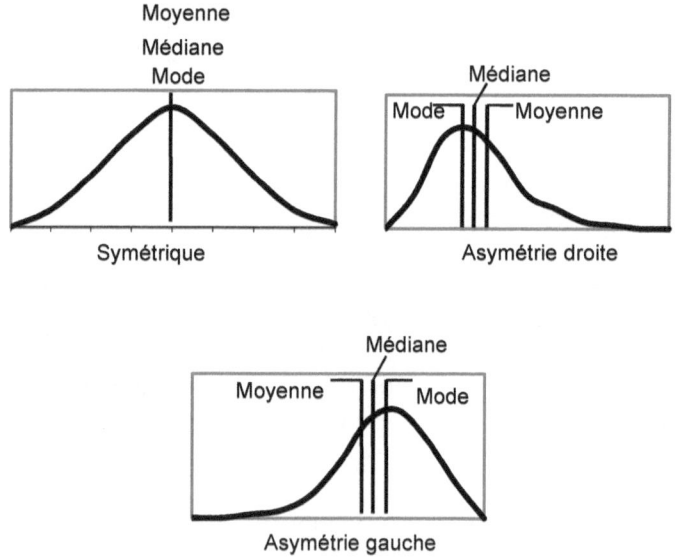

$$\text{Asymétrie} = \overline{x} - \text{médiane}$$

3. la capacité à résumer : une bonne mesure de tendance centrale doit indiquer où se trouve la ou les valeurs types de la distribution. Si une distribution est multimodale, les modes indiquent mieux les tendances de la distribution. Si une distribution est en forme de U, la moyenne et la médiane n'ont aucune utilité descriptive.

4. la facilité de calcul : dès qu'un échantillon atteint une taille importante, la moyenne est plus facile à calculer que la médiane ou le mode, à partir des données brutes. À peu près toutes les calculatrices ont une fonction « moyenne » qui rend le calcul de cette statistique rapide et facile alors que la médiane exige de mettre en ordre les observations, et que le mode demande un graphique ou un tableau de fréquence plus ou moins détaillé.

2.5.2 Mesures de dispersion

Les mesures de dispersion sont des mesures qui décrivent la variabilité des observations. La majorité des mesures de dispersion nécessitent une échelle de mesure numérique.

Étendue (range)

Si on considère la dispersion des données des tests (figure 2.18), il est évident que les données varient plus pour l'examen final que pour l'examen de mi-session. Une mesure de dispersion simple est l'**étendue** des données (en anglais *range*).

Comme l'indique la formule 2.5, l'étendue est la différence entre la valeur observée la plus grande (x_{max}) et la valeur observée la plus petite (x_{min}). Pour l'examen de mi-session, l'étendue est 48 % - 40 % = 8 % alors que pour le final, l'étendue est 89 % - 70 % = 19 %.

L'étendue est facile à calculer mais, puisqu'elle n'est basée que sur deux observations, elle est peu robuste aux données extrêmes et peut donner une fausse impression de la variabilité des données. Par exemple, l'étendue des données de l'échantillon 1 au tableau 2.7 va de 3,8 à 8,8, une étendue de 5 unités, alors que celle du deuxième échantillon va de 3,8 à 12,9, une étendue totale de 9,1 unités. Cependant, la majorité des données de l'échantillon 2 varient entre 3,8 et 8,8 comme celles du premier échantillon. Si le tableau de données brutes n'est pas disponible, il est possible d'estimer l'étendue à partir d'un tableau de fréquences, en soustrayant la borne inférieure du plus petit intervalle de la borne supérieure du plus grand intervalle. Ainsi, au tableau de fréquence 2.8, l'étendue estimée des données de l'échantillon 1 va de 3,0 à 9,0, une étendue estimée de 6 unités.

FORMULE 2.5

$$R = x_{max} - x_{min}$$

Variation, variance, écart type

Alors que l'étendue est facile à calculer, un des problèmes est qu'elle n'est basée que sur les deux observations les plus extrêmes. Malheureusement, l'étendue ne peut différencier différents schèmes de dispersion. La figure 2.19 illustre deux distributions avec la même étendue et la même moyenne mais avec des formes très différentes.

Dans la distribution uniforme, les 60 sujets sont étendus sur 14 unités et dispersées uniformément. Dans la distribution unimodale, l'étendue est aussi de 14 unités mais la majorité des 60 sujets sont concentrés autour d'une valeur centrale et à mesure qu'on s'éloigne de cette valeur, les observations sont de moins en moins fréquentes. Le type de variabilité des individus dans les deux distributions est donc différent. Parce que l'étendue est une mesure trop simpliste, il faut une mesure plus sophistiquée de la forme de la distribution qui prend en considération la dispersion relative des individus. C'est l'objectif de la variation, la variance et l'écart-type.

Ces mesures de dispersion sont toutes dérivées de la somme des déviations des observations par rapport à la moyenne. Comme il a été mentionné à la section 2.5.1, la somme des déviations à la moyenne est toujours 0. Plusieurs stratégies pourraient être utilisées pour calculer la variation à l'intérieur d'un échantillon. La stratégie qui présente des qualités mathématiques qui seront exploitées souvent en statistiques est d'élever au carré chacune des déviations à la moyenne. C'est la **variation** (en anglais, *sum of squares*) qui est dénotée **SS** dans un échantillon et $\Sigma\Sigma$ dans une population.

FIGURE 2.18 – POLYGONE DE FRÉQUENCE DES DONNÉES DES DEUX TESTS

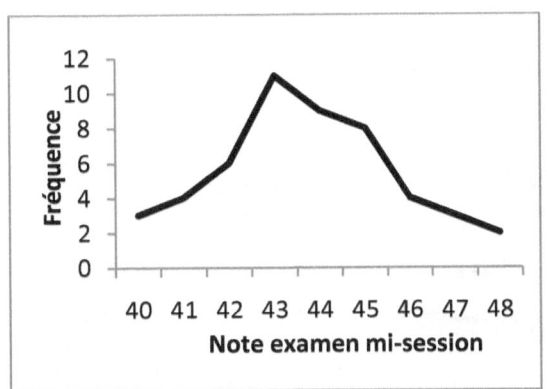

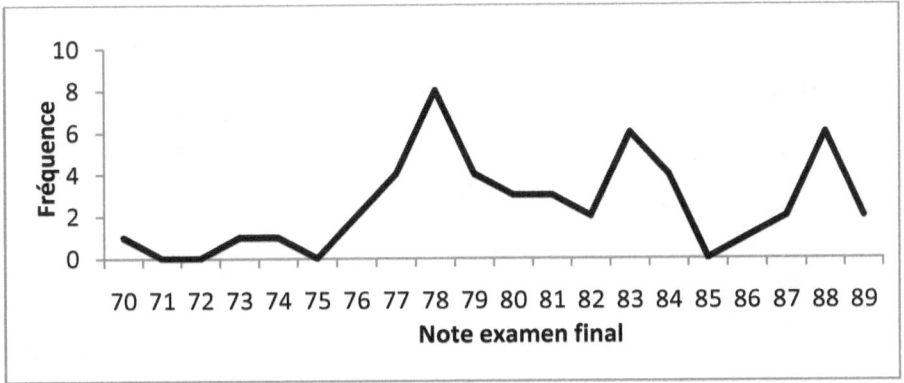

La formule mathématique de la variation dans un échantillon (formule 2.6) est tout à fait semblable à celle utilisée pour calculer la variation dans une population (formule 2.7) sauf en ce qui concerne la notation utilisée pour la moyenne et pour le nombre d'observations.

Dans l'exemple des examens de mi-session et final, les variations sont respectivement de 198 et de 1016. Parce que les échantillons sont de même taille, on peut conclure que l'examen final varie plus que l'examen de mi-session. Si les échantillons n'avaient pas les mêmes effectifs, il serait impossible de comparer l'importance relative des variations parce qu'à mesure qu'on augmente le nombre d'observations, la variation augmente.

FIGURE 2.19 – DEUX SCHÈMES DE DISPERSION

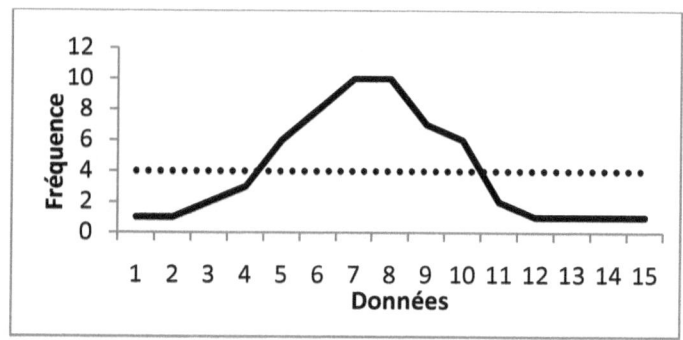

FORMULE 2.6
$$SS = \sum_{i=1}^{n} (x_i - \bar{x})^2$$

FORMULE 2.7
$$\Sigma\Sigma = \sum_{i=1}^{N} (x_i - \mu)^2$$

Pour avoir une idée de la façon dont chacune des observations varie par rapport à la moyenne, on peut diviser la variation par le nombre d'observations. Le résultat est la **variance**. La variance (dénotée σ^2 pour une

65

population et s^2 pour un échantillon) correspond à une variation moyenne. La variation est donc divisée par le nombre total d'observations (N) pour la population alors que, pour des raisons que nous verrons plus loin, nous divisons par (n - 1) pour un échantillon. La formule de la variance paramétrique (formule 2.8) est donc différente de celle utilisée pour le calcul de la variance dans un échantillon (formule 2.9). Les raisons pour lesquelles le dénominateur est différent dans les deux formules de variance (dans un échantillon ou dans une population) seront discutées au chapitre 5.

FORMULE 2.8

$$\sigma^2 = \frac{1}{N} \sum_{i=1}^{N} (x_i - \mu)^2$$

FORMULE 2.9

$$s^2 = \frac{1}{(n-1)} \sum_{i=1}^{n} (x_i - \overline{x})^2$$

Dans l'exemple des tests, les variances sont respectivement de 4,04 et de 20,74. On peut interpréter ces valeurs en disant qu'**en moyenne**, les notes s'éloignent de quatre points^2 de la moyenne de l'examen de mi-session et de 21 points^2 (points au carré) de la moyenne du final. Malheureusement, l'interprétation des points^2 laisse à désirer. Il serait préférable de retrouver les unités de mesure originales.

L'**écart type** (en anglais, *standard deviation*) est la racine carrée de la variance. Pour l'examen de mi-session, l'écart type est de plus ou moins 2,01 alors que pour l'examen final il est de plus ou moins 4,55. On peut donc interpréter ces valeurs en disant qu'**en moyenne**, les notes varient de plus ou moins deux points de la moyenne à la mi-session et de plus ou moins quatre points et demi en fin de session. Lorsqu'on parle de l'écart type d'une population (formule 2.10), on utilise la notation grecque σ alors que l'écart type d'un échantillon (formule 2.11) est dénoté s.

Si on retourne à la figure 2.19 pour laquelle les deux distributions avaient la même étendue et que l'on calcule l'écart type, on obtient ±4,36 pour la distribution uniforme et ±2,72 pour la distribution unimodale. L'écart type nous indique que les individus sont plus « concentrés » autour de la moyenne dans la distribution unimodale que dans la distribution uniforme. On dira que les observations sont plus **homogènes** dans la distribution unimodale.

FORMULE **2.10**

$$\sigma = \sqrt{\frac{1}{N} \sum_{i=1}^{N} (x_i - \mu)^2}$$

FORMULE **2.11**

$$s = \sqrt{\frac{1}{(n-1)} \sum_{i=1}^{n} (x_i - \overline{x})^2}$$

La variation, la variance et l'écart type sont basés sur toutes les observations et sont plus robustes que l'étendue comme mesure de dispersion. On utilise beaucoup la variation, la variance et l'écart type en inférence statistique. Les formules 2.12, 2.13 et 2.14 sont des formules de calcul utiles pour calculer à la main ces mesures de dispersion dans un échantillon.

FORMULE **2.12**

$$s = \sqrt{\frac{\sum_{i=1}^{n} x_i^2 - \frac{\left(\sum_{i=1}^{n} x_i\right)^2}{n}}{n-1}}$$

FORMULE **2.13**

$$s^2 = \frac{\sum_{i=1}^{n} x_i^2 - \frac{\left(\sum_{i=1}^{n} x_i\right)^2}{n}}{n-1}$$

67

FORMULE 2.14

$$SS = \sum_{i=1}^{n} x_i^2 - \frac{\left(\sum_{i=1}^{n} x_i \right)^2}{n}$$

Quantiles

Les quantiles séparent une suite ordonnée d'observations en parties égales. Chaque quantile indique l'emplacement d'une observation particulière par rapport aux autres observations de la distribution. Les quantiles peuvent être des quartiles (séparant l'ensemble des données en quarts), des déciles (séparant l'ensemble des données en 10 parties égales), des centiles, etc. Le cinquantième centile et le deuxième quartile (dénoté Q_2) correspondent à la médiane. Si vous désirez calculer le 25e centile (ou le premier quartile, dénoté Q_1) d'un ensemble de « n » observations, il faut d'abord placer les observations en ordre (croissant ou décroissant), puis calculer 25 % de n. Si le résultat est un entier, on calcule la moyenne arithmétique entre la valeur de l'observation à ce rang et celle du rang suivant. Si la réponse est un nombre fractionnaire, le premier quartile correspond à la valeur située au rang de l'entier supérieur à ce nombre fractionnaire.

Par exemple, dans un échantillon de 50, le premier quartile correspond à la valeur située au 13e rang [(25 % x 50)=12,5] des observations ordonnées. Dans un échantillon de 48, le premier quartile correspond à la moyenne arithmétique entre la 12e et la 13e donnée [(25%x48)=12] des observations ordonnées.

L'écart interquartile (dénoté EIQ), est aussi une mesure de dispersion basée sur deux valeurs mais plus stable que l'étendue parce qu'il ne considère pas seulement les deux extrêmes de la distribution. Il correspond à la différence entre les valeurs situées au troisième quartile et premier quartile ($Q_3 - Q_1$). L'écart interquartile contient les 50 % centraux des observations.

Utilisation des mesures de dispersion

L'écart type est utilisé conjointement avec la moyenne, c'est-à-dire dans une distribution symétrique de données numériques. Les quantiles sont utilisés dans deux situations: avec la médiane ou lorsqu'on veut comparer une observation (ou une moyenne) à des normes. L'écart interquartile est utilisé pour décrire les 50 % centraux d'une distribution, peu importe la distribution. On utilise l'étendue lorsqu'on veut mettre l'accent sur les valeurs extrêmes.

2.5.3 Autres mesures

Si les variables sont catégorielles, les méthodes numériques vues jusqu'ici ne sont pas utiles. On utilisera plutôt des proportions, des ratios, etc.

2.6 Exercices

Choisir parmi les termes suivants, celui qui est le plus approprié pour compléter les phrases :

> 25 % et 75 %, le nombre d'individus, la moitié, le maximum, le minimum, la moyenne, la médiane, le mode, l'étendue

Parce que les données varient (dans un échantillon ou dans la population), on utilise des mesures de tendance centrale. _____ est la valeur de l'observation milieu lorsque les individus sont classés en ordre selon la variable qui nous intéresse. Ainsi, _____ des observations sont supérieures à cette valeur. La valeur ou l'intervalle de valeurs la plus fréquente est _____. Si on additionne toutes les observations individuelles et qu'on divise par _____, on obtient _____.

Choisir parmi les termes suivants, celui qui est le plus approprié pour compléter les phrases :

> unité de mesure, l'écart interquartile, le premier quartile, le troisième quartile, le maximum, le minimum, la moyenne, la médiane, le mode, l'étendue, la variance, l'écart type

On résume aussi les données par des mesures de dispersion. _____ montre la dispersion totale des observations, de la plus petite à la plus grande. On l'obtient en soustrayant _____ du _____. La dispersion des 50 % centraux des observations est donnée par _____. On l'obtient en soustrayant _____ du _____. La moyenne des écarts au carré des observations par rapport à leur moyenne est appelée _____. On l'utilise peu parce que son _____ est différente de celle de la variable qui nous intéresse. Si on extrait sa racine carrée, on obtient _____ qui correspond à l'écart moyen des observations par rapport à leur moyenne. Son _____ est la même que celle de la variable originale.

Choisir parmi les termes suivants, celui qui est le plus approprié pour compléter les phrases :

> les individus, les statistiques, un échantillon, la population

L'ensemble des objets ou des individus sur lesquels nous voulons obtenir de l'information s'appelle _____. Pour des raisons multiples, nous ne mesurons pas tous les objets ou individus. On choisit un sous-ensemble représentatif, _____.

Choisir parmi les termes suivants, celui qui est le plus approprié pour compléter les phrases :

> unités de mesure, formules mathématiques, la population, paramètres μ, σ, Σ, grecques, latines, l'écart type, statistiques, $\overline{x}$, s

Les attributs numériques de la population sont appelés des _____, et sont dénotés par des lettres _____. Par exemple, la moyenne populationnelle ou paramétrique est communément dénotée _____ et son écart type _____. Les attributs numériques calculés dans un échantillon sont appelés _____ et sont dénotés par des lettres _____. Par exemple, la moyenne échantillonnale est dénotée _____ et son écart type _____. Les _____ pour calculer les attributs numériques dans la population et dans l'échantillon peuvent varier.

Chapitre 3 : Probabilités

3.1 Présentation du chapitre

Il n'est pas possible de parler de statistique sans parler de probabilité. Ce chapitre fait un survol des notions de base en probabilité. Pour un ouvrage couvrant en profondeur la théorie de probabilité, voir le livre de Ross (Ross, 2000).

3.2 Généralités

Dans un échantillon de 500 couples québécois mariés entre 1960 et 1970, 46 % se sont divorcés avant leur 30ème anniversaire de mariage. Dans un échantillon semblable de couples de la Colombie-Britannique, 44 % se sont divorcés avant leur 30ème anniversaire de mariage. Est-ce que le risque de divorce est plus élevé au Québec qu'en Colombie-Britannique ? Les échantillons semblent indiquer que oui mais existe-t-il une différence réelle entre les deux provinces ? La réponse à ces questions peut être tirée du domaine des probabilités.

Il existe deux grands types de probabilités: les probabilités subjectives et les probabilités objectives. Les probabilités subjectives reflètent l'opinion d'une personne, son impression. Les probabilités objectives se calculent de façon mathématique. Elles permettent de faire le lien entre ce que nous observons par le biais d'un échantillon et ce que nous ignorons et désirons estimer, les paramètres populationnels. Dans le cadre de ce chapitre, nous utiliserons une notation spécifique. Cette notation est décrite au tableau 3.1.

TABLEAU 3.1 – NOTATION UTILISÉE

Notation	Définition
P(A)	probabilité que l'événement A se produise
P($\overline{A}$)	probabilité complémentaire de A, c'est-à-dire la probabilité que l'événement A ne se produise pas
P(A ou B), P(A∪B)	probabilité que l'événement A ou l'événement B ou les deux se produisent (ou logique)
P(AB), P(A et B), P(A∩B)	probabilité que l'événement A et l'événement B se produisent ensemble (et logique)
P(A|B)	[se lit P(A étant donné B)] probabilité que l'événement A se produise étant donné que l'événement B s'est déjà produit

3.2.1 Définition des probabilités objectives

Un **événement** est n'importe quelle circonstance d'intérêt. La **probabilité** d'un événement correspond à la fréquence relative de cette circonstance parmi un nombre infiniment grand (ou infini) d'essais. Une probabilité est toujours comprise entre 0 et 1 (ou entre 0 % et 100 %).

Une cytologie du col de l'utérus est un test de dépistage du cancer du col. Le résultat de ce test peut être positif, négatif ou incertain, ces trois possibilités constituant l'univers des événements possibles (en anglais, *sample space*). La probabilité d'obtenir un test positif dans une population particulière est de 0,05 ou 5 %. Cette probabilité indique que si l'on faisait ce test sur une infinité de femmes de cette population, environ 5 % des tests seraient positifs. Si on choisit au hasard 40 femmes de cette population, on peut s'attendre à ce que 2 de ces 40 femmes (2 sur 40 ou 5 %) aient un test positif. Il faut bien comprendre qu'il n'y aura pas nécessairement deux tests positifs parmi ces 40

73

tests mais à mesure qu'on augmente le nombre de tests effectués, la proportion de tests positifs se rapprochera de ce 5 %.

Deux événements sont mutuellement exclusifs s'ils ne peuvent se produire en même temps. Par exemple, s'il n'y a pas de manipulation extraordinaire, et qu'on ne tient pas compte de facteurs génétiques, un bébé humain a 50 % de chances d'être une fille et 50 % de chances d'être un garçon. Ces deux probabilités sont mutuellement exclusives puisqu'elles ne peuvent se produire en même temps. Cependant, la probabilité qu'un bébé soit une fille et la probabilité que cette fille soit en santé ne sont pas des événements mutuellement exclusifs parce qu'ils peuvent se produire en même temps.

3.2.2 Types de probabilités objectives

Probabilité marginale

Une probabilité marginale correspond à la probabilité d'un événement sans condition ou spécification. La formule 3.1 est la formule de calcul de cette probabilité et indique que pour calculer la probabilité marginale d'un événement A à l'aide des données d'un échantillon, il suffit de diviser la fréquence d'occurrence de l'événement (n_A) par le nombre total de possibilités dans l'échantillon (n_T). Le terme « marginal » dans ce cas fait référence à l'utilisation des fréquences en marge du tableau pour calculer les probabilités. Par exemple, au tableau de contingence 3.2, la probabilité (marginale) de choisir au hasard parmi les 320 employés de l'usine un sujet qui ait entre 18 et 31 ans est de 182/320 ou 56,9 %.

FORMULE 3.1
$$P(A) = \frac{n_A}{n_T}$$

Une probabilité conjointe correspond à la probabilité que deux événements se produisent en même temps. La formule 3.2 est la formule de calcul de cette probabilité et indique que pour calculer la probabilité conjointe de deux

74

TABLEAU 3.2 – ÂGE ET SEXE DES EMPLOYÉS D'UNE USINE

Groupe d'âge des employés (années)	Hommes	Femmes	Total
18-31	100	82	182
32-45	31	76	107
46-59	14	17	31
Total	145	175	320

Probabilité conjointe

événements A et B à l'aide des données d'un échantillon, il suffit de diviser la fréquence d'occurrences des deux événements en même temps (n_{AB}) par lenombre total de possibilités dans l'échantillon (n_T). Par exemple, au tableau de contingence 3.2, la probabilité de choisir au hasard parmi les 320 employés de l'usine un sujet qui ait entre 46 et 59 ans et qui soit une femme est de 17/320 ou 5,3 %.

FORMULE 3.2
$$P(AB) = \frac{n_{AB}}{n_T}$$

Probabilité conditionnelle

Les probabilités marginale et conjointe sont basées sur une sélection au hasard d'un objet possédant une ou plusieurs caractéristiques dans un échantillon ou une population. La probabilité conditionnelle consiste en la sélection d'un objet possédant une ou des caractéristiques dans un **sous-ensemble** de cet échantillon ou de cette population. La formule 3.3 est la formule de calcul de cette probabilité et indique que pour calculer une probabilité conditionnelle de l'événement A, étant donné que B est déjà arrivé à l'aide des données d'un échantillon, il suffit de diviser la fréquence d'occurrences des deux événements en même temps (n_{AB}) par la fréquence d'occurrences de l'événement B (n_B). Par exemple, au tableau de contingence 3.2, la probabilité de choisir au hasard parmi les femmes de cette usine un sujet qui ait entre 18 et 31 ans est de 82/175 ou 46,9 %.

FORMULE 3.3

$$P(A|B) = \frac{n_{AB}}{n_B}$$

Si on divise le numérateur et le dénominateur par le nombre total d'observations dans l'échantillon [n_T], on obtient l'expression suivante:

FORMULE 3.4

$$P(A|B) = \frac{n_{AB}/n_T}{n_B/n_T} = \frac{P(AB)}{P(B)} \qquad \text{ssi } P(B) \neq 0$$

Ainsi, une probabilité conditionnelle peut être calculée à partir des fréquences d'occurrences des événements (tableau de fréquences ou de contingences) ou à partir des probabilités.

3.2.3 Exemples

Le tableau 3.3 donne les statistiques annuelles (de 1998) des décès associés à trois types de drogues différentes (cocaïne, héroïne et sédatif/hypnotique) pour la ville de Toronto en fonction du type de mortalité (accidentelle, suicide ou indéfinie). Pour les trois exemples qui suivent, référez-vous à ce tableau.

TABLEAU 3.3 – CAUSE DE DÉCÈS ASSOCIÉ AUX DROGUES (STATISTIQUES 1998)[3]

		Cocaïne	Héroïne	Sédatif / hypnotique	Total
Cause de	Accidentelle	23	31	31	85
Décès	Suicide	1	3	28	32
	Indéfinie	3	2	8	13
	Total	27	36	67	130

3 Tiré du site WEB des statistiques du centre canadien de lutte contre l'alcoolisme et les toxicomanies, www.ccsa.ca/stats.htm

Probabilité marginale

Si on choisit un décès au hasard dans cet échantillon, quelle est la probabilité que ce soit un suicide?

$$P(\text{suicide}) = \frac{n_{\text{suicide}}}{n_T} = \frac{32}{130} = 0{,}246$$

Il y a donc une probabilité d'environ 25 % qu'une mort associée à l'une ou l'autre de ces trois drogues dans la ville de Toronto soit un suicide.

Probabilité conjointe

Si on choisit un décès au hasard dans cet échantillon, quelle est la probabilité que ce soit une mort accidentelle et qu'elle soit associée à la cocaïne ?

$$P(\text{accident} \cap \text{cocaïne}) = \frac{n_{\text{accident} \cap \text{cocaïne}}}{n_T} = \frac{23}{130} = 0{,}177$$

Ainsi, environ 18 % des mortalités associées à l'usage de drogues dans la ville de Toronto sont des morts accidentelles associées à la cocaïne.

Probabilité conditionnelle

Quelle est la probabilité qu'un décès associé aux sédatifs/hypnotiques soit une mort accidentelle ?

$$P(\text{accident}|\text{séd / hyp}) = \frac{n_{\text{accident} \cap \text{sédatifs / hypnotiques}}}{n_{\text{sédatifs / hypnotiques}}} = \frac{31}{67} = 0{,}463$$

Et enfin, il y a environ 46 % de risque qu'une mort associée aux sédatifs/hypnotiques (et non pas une mort associée à n'importe quelle de ces trois drogues) soit un accident.

3.3 Propriétés des probabilités objectives

3.3.1 Règle additive

La règle additive des probabilités indique que la probabilité que l'événement A ou l'événement B ou les deux événements se produisent est donnée par la formule 3.5.

FORMULE 3.5 $$P(A \cup B) = P(A) + P(B) - P(A \cap B)$$

Le tableau 3.4 donne le nombre d'actes de vandalisme dans les écoles publiques américaines (pendant l'année scolaire 1996-1997) selon la taille de l'école (moins de 300 étudiants, entre 300 et 999 ou 1000 étudiants et plus) et la localisation de l'école (dans la ville, en banlieue ou ailleurs). À partir de ce tableau, nous pouvons calculer que la probabilité qu'un acte de vandalisme soit perpétré dans une école de banlieue ou une école de 1000 étudiants ou plus est d'environ 35 %.

$$P(\text{banl.} \cup 1000+) = P(\text{banl.}) + P(1000+) - P(\text{banl.} \cap 1000+)$$
$$= \frac{7000}{29300} + \frac{4500}{29300} - \frac{1700}{29300} = 0{,}334$$

TABLEAU 3.4 – NOMBRE D'ACTES DE VANDALISME DANS LES ÉCOLES AMÉRICAINES (1996-1997)[4]

Localisation Nombre d'étudiants	Ville	Banlieue	Ailleurs	Total
Moins de 300	0	0	4 700	4 700
300 à 999	4 900	5 200	9 900	20 000
1000 et plus	1 900	1 700	900	4 500

4 Tiré de U.S. Department of Education, National Center for Education Statistics, "Principal/School Disciplinarian Survey on School Violence", FRSS 63, 1997

Une particularité de cette règle est que si les événements A et B sont mutuellement exclusifs (c'est-à-dire s'ils ne peuvent se produire en même temps dans notre échantillon et P(AB) = 0), la probabilité que A ou B ou les deux se produisent est donnée par la formule simplifiée 3.6.

FORMULE 3.6
$$P(A \cup B) = P(A) + P(B)$$

ssi A et B sont mutuellement exclusifs

Au tableau 3.4, la probabilité qu'un acte de vandalisme se produise dans une école de moins de 300 étudiants et dans une école de la ville sont des événements mutuellement exclusifs, c'est-à-dire qu'il n'y a aucun acte de vandalisme qui réponde à ces deux critères en même temps. Nous pouvons calculer que la probabilité qu'un acte de vandalisme soit perpétré dans une école de la ville ou une école de moins de 300 étudiants est d'environ 41 %.

$$P(ville \cup 300-) = P(ville) + P(300-)$$
$$= \frac{7400}{29300} + \frac{4700}{29300} = 0,413$$

3.3.2 Règle multiplicative
La règle multiplicative des probabilités indique que la probabilité conjointe de A et B est donnée par la formule 3.7 (dérivée de la formule 3.4).

FORMULE 3.7
$$P(AB) = P(A|B) * P(B) = P(B|A) * P(A)$$

Une particularité de la règle multiplicative est que si les événements A et B sont indépendants (c'est-à-dire que l'événement A n'a pas d'association avec l'événement B), la probabilité conditionnelle P(A|B) devient P(A) et la probabilité conjointe de A et B est donnée par la formule simplifiée 3.8.

FORMULE 3.8
$$P(AB) = P(A) * P(B)$$

Le concept d'indépendance sera abordé plus en détails au chapitre 10. Pour l'instant, donnons un exemple simple. La probabilité qu'un nouveau-né soit un garçon et la probabilité qu'il ait les yeux bleus sont deux événements indépendants l'un de l'autre. Ainsi, la probabilité qu'un garçon ait les yeux bleus [P(bleus|garçon)] est équivalente à la probabilité que n'importe quel enfant ait les yeux bleus [P(bleus)]. Cependant, la probabilité qu'un nouveau-né soit hémophile n'est pas indépendant du sexe et la probabilité qu'un garçon soit hémophile [P(hémophile|garçon)] est différente de la probabilité que n'importe quel nouveau-né soit hémophile[P(hémophile)].

3.4 Caractéristiques des tests de dépistage

De façon générale, un test de dépistage sert à classifier les sujets en deux catégories ou plus. L'exemple donné à la section 3.2.1 sur la cytologie du col de l'utérus sert à classifier les femmes en deux catégories : positive (ont des cellules cancéreuses) ou négative (n'ont pas d'évidence de cellules cancéreuses). À cause de l'imperfection du test, certains résultats seront classifiés douteux. Les tests sont en général imparfaits. En plus des résultats douteux, il peut arriver que certains résultats soient des faux-positifs ou des faux-négatifs. Pour mieux décrire un test de dépistage, les statistiques suivantes seront utilisées : la valeur prédictive (positive ou négative), la sensibilité et la spécificité. Ces statistiques sont tout simplement des probabilités associées aux résultats des tests.

3.4.1 Valeur prédictive

La valeur prédictive positive d'un test de dépistage (formule 3.9) correspond à la probabilité conditionnelle qu'une personne ait une maladie étant donné que son test est positif.

FORMULE 3.9
$$VPP = P(\text{malade}|\text{test} +)$$

La valeur prédictive négative d'un test de dépistage (formule 3.10) correspond à la probabilité conditionnelle qu'une personne soit saine étant donné que son test est négatif.

Formule 3.10

$$VPN = P(\text{sain}|\text{test} -)$$

Un test positif peut aussi correspondre à un symptôme ou à un ensemble de symptômes. Les définitions des valeurs prédictives (positive ou négative) peuvent être généralisées. Par exemple, certaines facultés universitaires font passer des entrevues à l'admission. Cette entrevue sert de « dépistage » et est supposée prédire le succès ou l'échec d'un étudiant dans le cadre d'un programme. La valeur prédictive positive de cette entrevue serait la probabilité de succès étant donnée une bonne entrevue, alors que la valeur prédictive négative serait la probabilité d'échec étant donnée une mauvaise entrevue.

3.4.2 Utilité d'un test de dépistage

L'utilité d'un test de dépistage dépend de sa sensibilité et de sa spécificité. La sensibilité d'un test correspond à la probabilité conditionnelle que le test soit positif si le sujet est malade. Un résultat faux-positif fait référence à un résultat positif alors que le sujet est sain.

Formule 3.11

$$\text{sensibilité} = P(\text{test} + |\text{malade})$$

La spécificité d'un test correspond à la probabilité conditionnelle que le test soit négatif si le sujet est sain. Un résultat faux-négatif fait référence à un résultat négatif alors que le sujet est malade.

Formule 3.12

$$\text{spécificité} = P(\text{test} - |\text{sain})$$

Un test de dépistage est utile lorsque sa sensibilité et sa spécificité sont élevées. Par exemple, il y a quelques années, le test de dépistage pour le VIH (virus d'immunodéficience) avait une sensibilité et une spécificité de 99,8 %. Ainsi, si nous avions fait le test sur 1000 échantillons de sang infectés par le virus, nous aurions pu nous attendre à ce que seulement deux donnent un résultat négatif (faux-négatifs). De même, si nous avions fait le test sur 1000 échantillons de sang sain, nous aurions pu nous attendre à ce que seulement deux donnent un résultat positif (faux-positifs).

3.5 Sommaire du chapitre

Les modèles de probabilité sont à la base des tests statistiques. Dans ce chapitre, nous avons fait un très bref survol des termes utilisés en probabilité et de certaines lois de probabilité qui sont utiles pour comprendre les tests courants en statistique.

Le prochain chapitre fera état des distributions de probabilité les plus courantes en statistiques.

3.6 Révision

Le sang humain peut être classifié en quatre groupes selon les antigènes présents dans les globules rouges. Le tableau suivant donne la distribution de fréquence des groupes sanguins dans un échantillon (n = 1000) de Canadiens (subdivisés en sujets caucasiens ou noirs).

TABLEAU 3.5 – GROUPE SANGUIN SELON GROUPE RACIAL (N = 1000)

	Groupe sanguin				
	A	B	AB	O	Total
Caucasiens	352	64	24	360	800
Noirs	54	40	8	98	200
Total	406	104	32	458	1000

Selon cet échantillon :

1. Quelle est la probabilité qu'une personne ait un groupe sanguin de type A ?
2. Quelle est la probabilité qu'une personne n'ait ni un groupe sanguin A, ni un groupe sanguin O ?
3. Quelle est la probabilité que les conjoints d'un couple soit tous deux du groupe sanguin O ?
4. Est-ce que les événements « Groupe sanguin A » et « Race noire » sont indépendants ?
5. Y a-t-il des événements mutuellement exclusifs ?
6. Quelle est la probabilité qu'une personne noire ait un groupe sanguin O ?
7. Est-ce que la distribution de la variable « Groupe sanguin » est normale ?

Bibliographie

Ross, S. (2000). *Introduction to probability Models* (7th ed.). San Diego, CA, USA: Harcourt Academic Press.

Chapitre 4 : Distributions de probabilité

―――――――――――――――――――――――――――――

4.1 Présentation du chapitre

Nous avons vu au chapitre 2 qu'il est possible de présenter la fréquence d'occurrences (absolue ou relative) des valeurs d'une variable par un graphique que nous avons appelé une distribution. Ce chapitre introduit la notion de distribution de probabilité, c'est-à-dire la répartition de la probabilité d'occurrences des valeurs d'une variable. Il existe une multitude de distributions de probabilité, certaines empiriques, d'autres théoriques. Nous séparerons la présentation en deux grandes catégories, les distributions associées aux variables discrètes et celles associées aux variables continues. La présente section ainsi que la suivante concernent les distributions de probabilité de variables discrètes alors que les deux sections qui suivront visent les distributions de probabilité de variables continues.

4.2 Les variables discrètes

Une distribution de probabilité d'une variable discrète est un tableau, un graphique ou une formule spécifiant toutes les valeurs possibles de cette variable et leur probabilité d'occurrences respective. Le tableau 4.1 donne les résultats fictifs d'une étude sur les effets secondaires associés à la prise d'un médicament. Ce tableau est une distribution empirique puisqu'il donne les résultats d'un échantillon, par opposition à une distribution théorique qui repose sur les résultats d'une population ou encore sur une généralisation mathématique de plusieurs phénomènes.

La variable « nombre d'effets secondaires » est une variable numérique discrète que nous représenterons par la lettre X prenant les valeurs (x_i) $x_1 = 1$, $x_2 = 2$, $x_3 = 3$, $x_4 = 4$, $x_5 = 5$, $x_6 = 6$, $x_7 = 8$ et, comme l'indique la formule 4.1, la probabilité associée à chacune de ces valeurs se calcule en divisant la fréquence d'occurrence de cette valeur (n_i) par le nombre total de sujets de l'échantillon (n).

TABLEAU 4.1 – DISTRIBUTION DE PROBABILITÉ EMPIRIQUE DU NOMBRE D'EFFETS SECONDAIRES

Nombre d'effets secondaires	Fréquence	Probabilité $P(X = x_i)$	Probabilité Cumulée
1	20	0,40	0,40
2	12	0,24	0,64
3	9	0,18	0,82
4	4	0,08	0,90
5	1	0,02	0,92
6	3	0,06	0,98
8	1	0,02	1,00
Total	50	1,00	-

FORMULE 4.1

$$P(X = x_i) = \frac{n_i}{n}$$

Les probabilités d'une distribution de probabilité doivent répondre à deux critères précis : elles doivent être comprises entre 0 et 1 ($0 < P(X = x_i) \leq 1$) et leur somme doit être égale à 1 ($\sum_{i=1}^{k} P(X = x_i) = 1$). La distribution de probabilité du tableau 4.1 peut aussi être présentée sous forme de graphique comme à la figure 4.1, présentation que nous avons expliquée au chapitre 2.

À partir des distributions de probabilité (du tableau 4.1 ou de la figure 4.1), nous pouvons calculer, à l'aide de la règle additive présentée au chapitre 3, que dans cet échantillon, la probabilité de présenter 3 ou 4 effets secondaires est de 0,26 :

$$
\begin{aligned}
P(X = 3 \cup X = 4) &= P(X = 3) + P(X = 4) - P(X = 3 \cap X = 4) \\
&= P(X = 3) + P(X = 4) - 0 \\
&= 0,18 + 0,08 \\
&= 0,26
\end{aligned}
$$

FIGURE 4.1 – DISTRIBUTION DE PROBABILITÉ EMPIRIQUE DU NOMBRE D'EFFETS SECONDAIRES

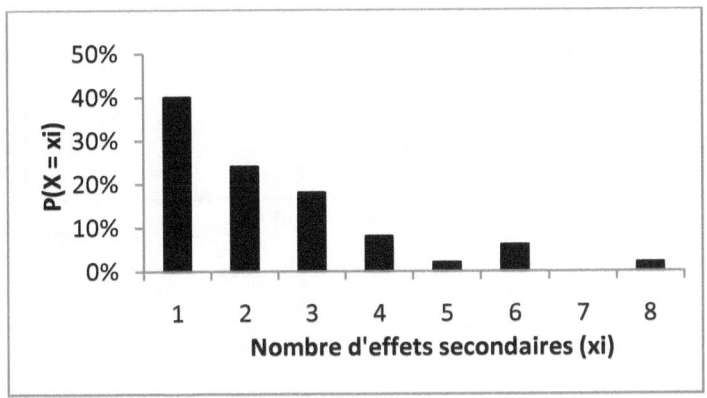

Parfois, il est préférable ou plus simple de travailler avec une distribution de probabilité cumulée. Le tableau 4.1 donne les probabilités cumulées pour chacune des valeurs (x_i) de la variable. Les probabilités cumulées sont représentées graphiquement à la figure 4.2. La distribution de probabilité cumulée pour variable discrète est constituée de lignes horizontales, tracées à la probabilité appropriée pour chacune des valeurs, reliées par des lignes verticales qui n'ont qu'une fonction de continuité. Ce type de graphique est souvent appelé une **ogive** et n'a de sens que si les valeurs de la variable présentent un ordre logique (variable ordinale ou numérique). À l'aide de ce graphique ou encore du tableau de probabilités cumulées, il est possible, par exemple, de déterminer la probabilité d'avoir trois effets secondaires ou moins (0,82) ou encore la probabilité d'avoir plus de cinq effets secondaires (1 − 0,92 = 0,08). Certaines variables discrètes ont une distribution de probabilité qui peut être associée à une des distributions de probabilité théoriques. La section suivante décrit les plus courantes de ces distributions théoriques.

FIGURE 4.2 – OGIVE DE PROBABILITÉ CUMULÉE EMPIRIQUE DU NOMBRE D'EFFETS SECONDAIRES

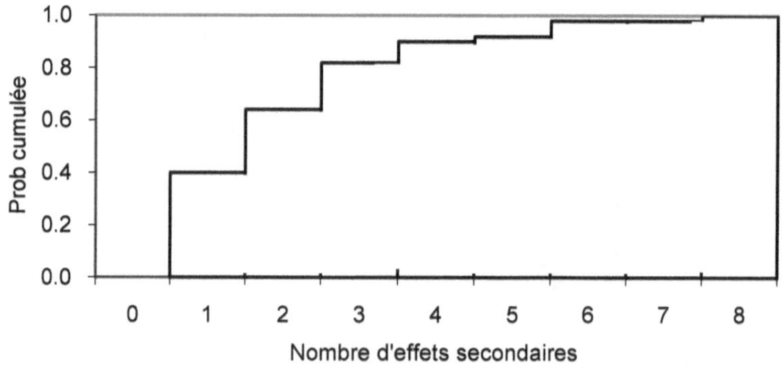

4.3 Distributions de probabilité théoriques courantes pour variables discrètes

4.3.1 La loi binomiale

Lorsqu'une variable ne peut prendre que deux valeurs mutuellement exclusives (comme homme, femme ou mort, vivant), la probabilité d'une des deux valeurs est dénotée p alors que la probabilité de l'autre valeur, donnée par $1 - p$, est dénotée q. Par exemple, dans une certaine population, la probabilité qu'un bébé naissant soit de sexe masculin est de 0,51. De façon arbitraire, nous dirons que p = 0,51. Il en découle que la probabilité qu'un bébé naissant soit une fille sera $q = 1 - p = 1 - 0,51 = 0,49$.

Supposons que nous soyons intéressés à la carie dentaire sur la première molaire inférieure droite chez des adolescents entre 12 et 14 ans. Tout d'abord, désignons l'occurrence de carie sur cette dent comme l'événement C survenant avec une probabilité p alors qu'une dent saine sera l'événement S ayant une probabilité q de se produire. Il est important de mentionner que la population d'intérêt ici ne comprend que des sujets qui n'ont pas de restaurations sur cette dent, seulement des sujets dont la dent est encore intacte. Si, dans cette population, 70 % des premières molaires inférieures droites ont été atteintes de carie, quelle est la probabilité de choisir au hasard quatre enfants dont trois auront cette dent cariée ? Quatre dents choisies au hasard, dont trois cariées, peuvent être choisies selon la séquence suivante : SCCC. Si les dents choisies sont indépendantes les unes des autres, la probabilité d'obtenir cette séquence est donnée par la multiplication de chacun des événements (règle multiplicative, voir chapitre 3), soit $pqpp$ ou p^3q. La probabilité calculée correspond à la probabilité d'obtenir cette séquence précise. Cependant, dans la question qui nous intéresse, l'ordre des événements importe peu. Tout ce qui nous intéresse est d'obtenir quatre dents dont trois seront cariées. Ainsi, quatre dents choisies au hasard, dont trois cariées, peuvent être choisies selon l'une des quatre séquences : SCCC, CSCC, CCSC ou CCCS. Chacune de ces séquences a une probabilité p^3q de se produire. La question est donc : quelle est la probabilité de choisir l'une ou l'autre de ces quatre séquences ? Comme les séquences sont mutuellement exclusives, la probabilité est donnée par l'addition de chacune des probabilités (règle additive, voir chapitre 3), soit $4p^3q$. Comme q égale $(1 - p)$ et que p égale 0,70, la probabilité est aussi donnée par $4p^3(1 - p)$ ou $4(0,70)^3(0,30)$, soit 0,4116. Il y a donc 41,16 % de chances de choisir, dans cette population où 70 % des premières molaires inférieures droites sont cariées, quatre de ces dents, dont trois seraient cariées.

Évidemment, lorsque le nombre d'objets choisis est grand, les différentes séquences possibles deviennent difficiles à énumérer. Lorsque l'ordre d'apparition des événements a peu d'importance, le nombre de différentes séquences possibles, appelées combinaisons, se calcule selon la formule 4.2. Une combinaison est un sous-ensemble non ordonné de x événements dans un échantillon de taille n.

$$_nC_x = \frac{n!}{x!(n-x)!}$$

FORMULE 4.2

Dans cette formule, « $_nC_x$ » représente le nombre de séquences de x items parmi n, « n! » se lit « n factoriel » et correspond au produit de tous les entiers entre n et 1 inclusivement ou encore n! = n × (n − 1) × (n − 2) × ... × (1). Par définition, 0! = 1. Dans notre exemple pour lequel il fallait trouver le nombre de séquences possibles de trois dents cariées parmi quatre, le nombre de combinaisons possibles était quatre, comme le démontre la formule 4.3.

$$_4C_3 = \frac{4 \times 3 \times 2 \times 1}{3 \times 2 \times 1(1)} = \frac{24}{6} = 4$$

FORMULE 4.3

La distribution de probabilité de la fréquence d'un événement particulier (nombre de dents cariées) parmi n (nombre de dents dans l'échantillon choisi), lorsque la probabilité de l'événement particulier est *p*, est connue sous le nom de distribution binomiale et est donnée par la formule 4.4.

FORMULE 4.4
$$f(x) = _nC_x p^x q^{(n-x)}$$ POUR X = 0, 1, 2, ..., N

Pour toute autre valeur de x, $f(x) = 0$. La loi binomiale est une famille de distributions avec les paramètres n et *p* et chacune des paires de valeurs (n,*p*) désigne un membre de cette famille. La moyenne d'une distribution binomiale est $\mu = np$ alors que la variance est donnée par $\sigma^2 = np(1-p)$. Si une variable n'a que deux valeurs possibles (mort, vivant ou femme, homme, etc.) et que n est petit par rapport à la taille de la population, le modèle théorique de la distribution binomiale est généralement applicable. Certains auteurs précisent que n est considéré petit si le rapport N/n est supérieur à 10 (Fisher LD, 1993, ou Daniel WW, 1999).

Le calcul d'une probabilité à partir de l'équation générale 4.4 peut devenir laborieux parce que la plupart du temps on s'intéresse à plusieurs valeurs de x parmi n. Heureusement, il existe des tables donnant les probabilités pour chacune des valeurs de n, X et p de sorte que le calcul des probabilités peut se résumer à la consultation d'une table ou encore par l'utilisation de logiciels informatisés permettant le calcul des probabilités binomiales comme Excel, SPSS, Minitab, SAS, etc. Plusieurs livres fournissent les tables de probabilités de la loi binomiale (Fisher LD, 1993 or WW, 1999). Comme elles sont peu utilisées dans les cours d'introduction à la biostatistique (pour des raisons que nous verrons à la section 4.4), nous les avons omises.

4.3.2 La loi de Poisson

Une deuxième distribution théorique pour variable catégorielle est la distribution Poisson. Elle est habituellement associée aux événements rares. Si x correspond au nombre d'occurrences d'un événement dans un intervalle de temps (d'espace ou de volume) donné, la probabilité que x_i se produise est donnée par la formule 4.5.

$$P(X = x_i) = \frac{e^{-\mu} \mu^{x_i}}{x_i!}$$

FORMULE 4.5 POUR X = 0, 1, 2, …

Dans cette distribution, la moyenne μ égale λt. La lettre grecque λ (lambda) est un paramètre de la distribution et correspond au nombre moyen d'occurrence de l'événement dans l'intervalle de temps (d'espace ou de volume) « t » alors que e est la constante 2,71828. Ainsi, λ est constant (caractéristique d'un paramètre), peu importe la valeur de t alors que μ varie en fonction de t. Une caractéristique intéressante de la distribution Poisson est que la **moyenne de la distribution est égale à la variance**. De plus, une distribution binomiale avec un grand n et un *p* petit peut être approximée par une loi de Poisson.

Pour répondre aux critères d'une distribution de probabilité, il peut être démontré que la probabilité d'occurrence de chacune des valeurs de x est comprise entre 0 et 1 et que la sommation des probabilités pour toutes les valeurs de x est de 1. Voici un exemple simple. Supposons que le nombre moyen d'accidents (μ) à une intersection pendant une période d'une année suit une loi de Poisson et égale 10. Quelle est la distribution de probabilité du nombre d'accidents à cette intersection pendant une période de trois mois ? D'un mois ?

Prenons x comme étant le nombre d'accidents en trois mois. Dans l'énoncé, μ = 10 et t = 1, il en découlait que λ = 10. Pour une période de trois mois λ = 10, t = 0,25 et μ = 2,5. La distribution de probabilité pour cet événement est la suivante (figure 4.3).

$$P(X=0)=e^{-2,5}=0,082$$

$$P(X=1)=\frac{e^{-2,5}*2,5}{1!}=0,205$$

$$P(X=2)=\frac{e^{-2,5}*2,5^2}{2!}=0,257$$

$$P(X=3)=\frac{e^{-2,5}*2,5^3}{3!}=0,214$$

$$P(X=4)=\frac{e^{-2,5}*2,5^4}{4!}=0,134$$

$$P(X=5)=\frac{e^{-2,5}*2,5^5}{5!}=0,067$$

$$P(X>5)=1-(0,082+0,205+0,257+0,214+0,134+0,067)=0,041$$

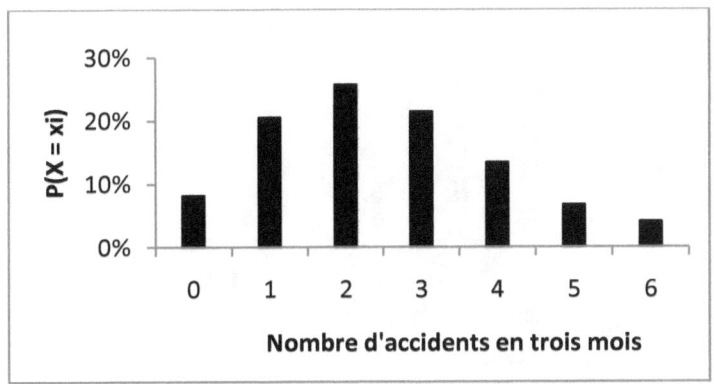

Prenons maintenant x comme étant le nombre d'accidents en un mois. Pour une période d'un mois, λ = 10, t = 0,08 et μ = 0,8. La distribution de probabilité pour cet événement est la suivante (figure 4.4):

$$P(X = 0) = e^{-0,8} = 0,449$$

$$P(X = 1) = \frac{e^{-0,8} * 0,8}{1!} = 0,359$$

$$P(X = 2) = \frac{e^{-0,8} * 0,8^2}{2!} = 0,144$$

$$P(X = 3) = \frac{e^{-0,8} * 0,8^3}{3!} = 0,038$$

$$P(X > 4) = 1 - (0,449 + 0,359 + 0,144 + 0,038) = 0,01$$

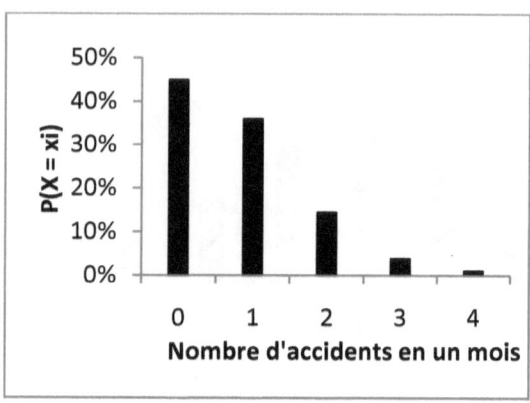

Comme les graphiques l'illustrent, la distribution Poisson tend à devenir symétrique lorsque l'intervalle « t » augmente ou plus précisément à mesure que μ augmente (c'est-à-dire que l'événement devient plus fréquent).

4.4 Les variables continues

La distribution de probabilité d'une variable continue est le plus souvent représentée par un graphique ou par une formule. Parce qu'il y a une infinité de valeurs intermédiaires entre n'importe quelles deux valeurs, il est plus utile de s'intéresser aux probabilités associées à des groupes de valeurs plutôt qu'à une seule. La figure 4.5 illustre la distribution de fréquence d'une variable numérique, le poids de 45 enfants à la naissance.

Imaginons qu'un fanatique se mette à mesurer cette variable pour des milliers de bébés ainsi que les probabilités associées à des groupes de valeurs, et qu'on représente graphiquement les résultats à l'aide d'un polygone dont les intervalles sont infiniment petits. Le graphique pourrait éventuellement ressembler au graphique 4.6. Ce graphique est une **distribution de probabilité** pour une variable continue x ou encore une **fonction de densité** pour la variable x. La fonction de densité prendra des valeurs élevées dans les régions de haute probabilité et basses dans les régions de faible probabilité.

FIGURE 4.5 – DISTRIBUTION DE (HISTOGRAMME DE) FRÉQUENCES POUR UNE VARIABLE CONTINUE (POIDS À LA NAISSANCE, N = 45).

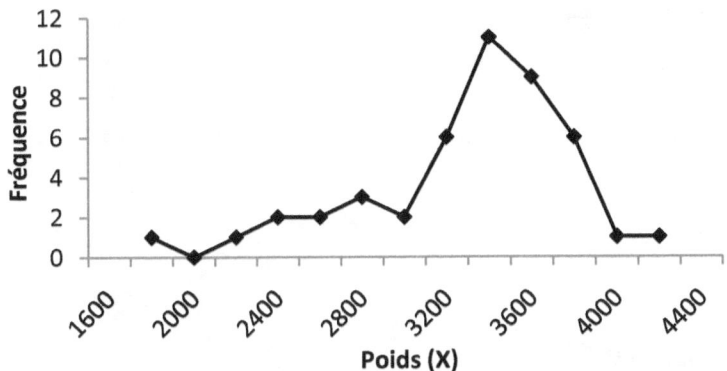

FIGURE 4.6 – FONCTION DE DENSITÉ DE LA VARIABLE X

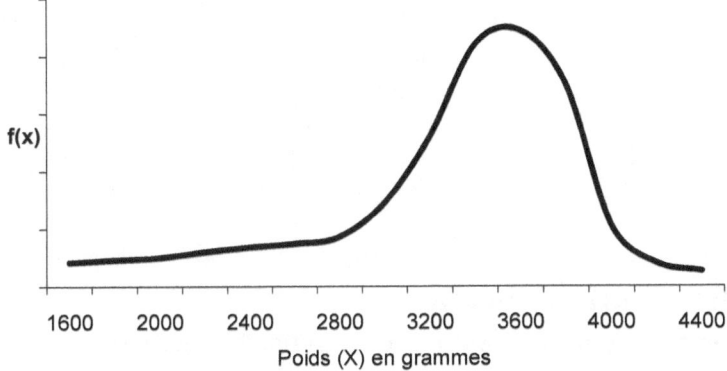

La distribution de probabilité cumulée d'une variable continue peut être définie de manière semblable à celle d'une variable discrète, c'est-à-dire qu'au point x_i, l'aire sous la courbe à gauche du point correspond à la probabilité que la variable prenne une valeur inférieure (ou inférieure ou égale) à ce point. La figure 4.7 donne un exemple de distribution de probabilité cumulée.

FIGURE 4.7 – DISTRIBUTION DE PROBABILITÉ CUMULÉE

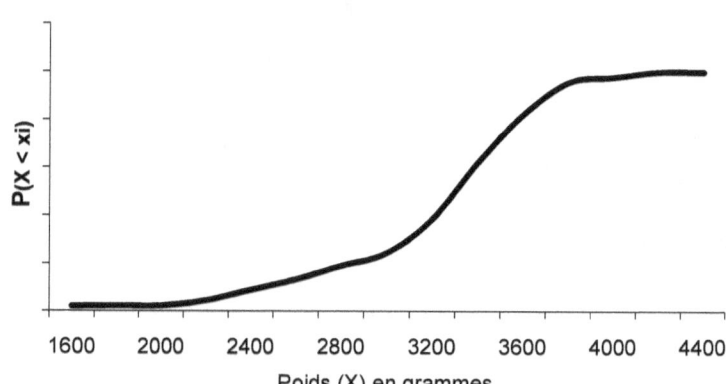

Il existe une grande quantité de fonctions de densité. Entre autres, on peut mentionner les fonctions exponentielles, gamma, uniformes, etc. Une des distributions de probabilité pour variable continue les plus utilisées est la distribution normale. C'est de cette distribution dont il sera question à la section suivante.

4.5 La distribution normale

Certains phénomènes naturels suivent une distribution qui ressemble à la distribution dite « normale » ou gaussienne (en forme de cloche). Cette distribution a été étudiée par plusieurs mathématiciens. C'est pour cette raison (de même que pour un phénomène fantastique que nous décrirons au chapitre 5) que la distribution normale est omniprésente en inférence statistique. La formule de la loi normale a été publiée par De Moivre en 1733. Le terme gaussienne réfère à Carl Friedrich Gauss qui a, par la suite, appliqué le modèle théorique. Le terme « normale » semble avoir été attribué par Francis Galton et n'a pas un sens littéral ; cette distribution n'a rien de normal ou d'anormal. La distribution dite normale est une fonction de densité symétrique avec la majorité des observations gravitant autour d'une valeur centrale (μ) et des quantités égales mais moindres de part et d'autre de ce centre. La symétrie implique que la moyenne, la médiane et le mode (ou la classe modale) sont tous égaux. La figure 4.8 illustre une distribution normale.

FIGURE 4.8 – DISTRIBUTION NORMALE

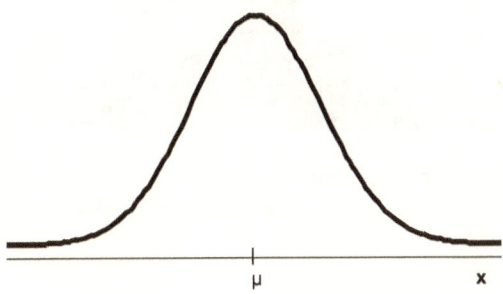

La loi normale est un modèle théorique. Certains phénomènes naturels peuvent montrer une distribution qui rappelle la distribution normale. Par exemple, la figure 4.9 illustre la distribution de probabilité empirique d'un échantillon de 128 sujets dont on a pris la température orale en Celsius. La moyenne de la distribution est de 36,805, la médiane de 36,833 et la classe modale gravite autour de 36,8, mesures qui se rapprochent dangereusement. Remarquez comment la forme de la distribution est symétrique et comment les températures se distribuent à peu près également des deux côtés du point milieu.

96

La loi normale est décrite par une fonction mathématique. Comme le spécifie la formule 4.6, la fonction est spécifiée par deux paramètres : μ, la moyenne et σ², la variance (ou σ, l'écart type). La distribution normale est une famille de distributions théoriques où chaque distribution est unique à chaque combinaison de (μ, σ²). Nous référerons à une distribution normale ayant les paramètres μ et σ² par l'expression générale N(μ, σ²). Ainsi, une distribution normale avec une moyenne de 50 et une variance de 16 sera dénotée N(50,16).

FIGURE 4.9 – DISTRIBUTION DE PROBABILITÉ EMPIRIQUE DES TEMPÉRATURES ORALES (N = 128)

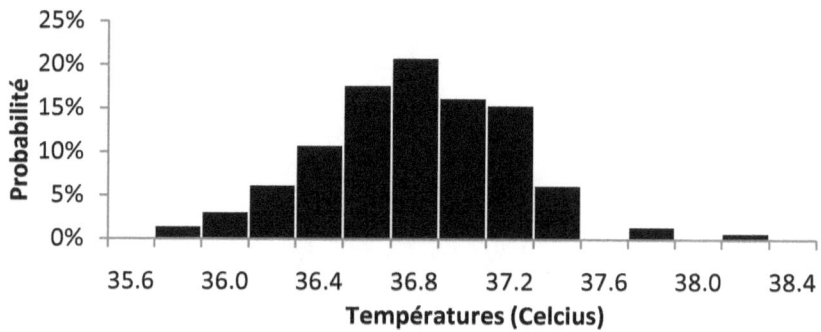

$$f(x) = \frac{1}{\sigma\sqrt{2\pi}} e^{-\frac{1}{2}\left(\frac{x-\mu}{\sigma}\right)^2}$$

FORMULE 4.6

où, $-\infty \leq x \leq \infty$, $\sigma > 0$, $\pi = 3,1416$ et e $= 2,718$

La moyenne détermine la position de la distribution sur l'abscisse alors que la variance détermine la dispersion des observations autour de la moyenne. La figure 4.10a illustre trois distributions normales ayant des moyennes différentes (des variances égales) et la figure 4.10b, trois distributions normales avec des variances différentes (des moyennes égales).

La distribution normale est une distribution en forme de cloche, symétrique autour de μ. C'est une distribution de probabilités, c'est-à-dire que la surface totale (aire totale) sous la courbe égale 1. Dans **toute distribution normale**, environ 68 % des observations sont situées entre (μ - σ) et (μ + σ). On pourrait ainsi dire que la probabilité d'observer une valeur (x_i) entre (μ - σ) et (μ + σ) est de 0,68. Aussi, environ 95 % des observations sont situées entre (μ - 1,96 σ) et (μ + 1,96 σ). Il en découle que la probabilité d'observer une valeur x_i entre (μ - 1,96σ) et (μ + 1,96σ) est de 0,95. Finalement, environ 99 % des observations sont situées entre (μ - 2,58 σ) et (μ + 2,58 σ), ce qui implique que la probabilité d'observer une valeur entre (μ - 2,58σ) et (μ + 2,58σ) est de 0,99.

FIGURE 4.10A – DISTRIBUTIONS NORMALES, MOYENNES INÉGALES

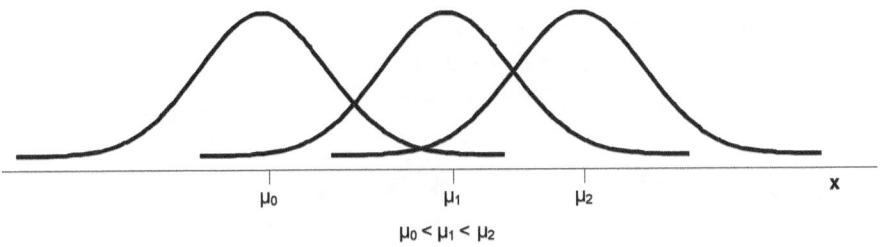

La distribution normale est une distribution continue. La probabilité que la variable x prenne une valeur se situant entre x_1 et x_2 est donnée (comme dans toute fonction de densité) par l'aire sous la courbe entre ces deux valeurs. La méthode usuelle pour calculer l'aire sous la courbe, l'intégrale entre les valeurs x_1 et x_2, est donnée à la formule 4.7.

$$P[x_1 < X < x_2] = \int_{x_1}^{x_2} \frac{1}{\sigma\sqrt{2\pi}}\, e^{-\frac{1}{2}\left(\frac{x-\mu}{\sigma}\right)^2}\, dx$$

FORMULE 4.7

FIGURE 4.10B – DISTRIBUTIONS NORMALES, VARIANCES INÉGALES

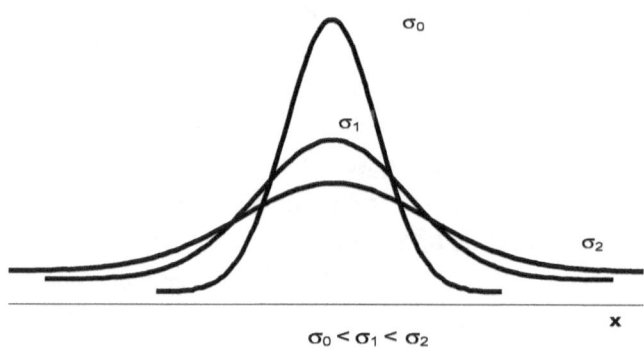

$$\sigma_0 < \sigma_1 < \sigma_2$$

Si $x_1 = x_2$, la formule 4.7 se simplifie comme à la formule 4.8. En d'autres termes, cette formule indique que la probabilité qu'une variable suivant une distribution normale prenne une valeur précise de la distribution est nulle.

FORMULE 4.8

$$P[x_1 < X < x_1] = \int_{x_1}^{x_1} \frac{1}{\sigma\sqrt{2\pi}} e^{-\frac{1}{2}\left(\frac{x-\mu}{\sigma}\right)^2} dx = 0$$

Le calcul des probabilités associées à différentes valeurs d'une distribution normale peut devenir lourd. La distribution normale schématisée à la figure 4.11 représente la distribution de probabilité des notes à l'examen final d'un cours de statistiques. Elle indique que la majorité des notes gravitent autour de 70 et, parce que c'est une distribution normale, on sait que 68 % des valeurs se trouvent à ± σ de la moyenne, que 95 % se trouvent à ± 1,96σ de la moyenne et que 99 % se trouvent à ± 2,58σ de la moyenne mais, quelle est la probabilité que nous observions une valeur entre 72 et 75 ? Nous pourrions toujours faire le calcul de l'intégrale mais il existe une autre méthode qui ne demande pas un niveau mathématique aussi « sophistiqué ». Toute distribution normale peut être transformée en une distribution normale spéciale pour laquelle les probabilités ont été calculées et tabulées afin de

99

servir de référence dans le calcul des probabilités. Cette distribution normale particulière, appelée la distribution **normale « standard »** ou **« centrée réduite »** ou encore la **distribution Z** (en anglais *standard normal score* ou *standard normal distribution*), est illustrée à la figure 4.12. On la dénote N(0,1) puisqu'elle a une moyenne de 0 et une variance de 1 (donc un écart type de 1).

En transformant une distribution normale quelconque en distribution normale standard, on peut calculer toute probabilité associée aux valeurs de la distribution originale. Prenons l'exemple de la figure 4.11, distribution avec une moyenne de 70 points et un écart type de ±5 points. Quelle est la probabilité qu'un étudiant ait une note entre 72 et 75 ?

FIGURE 4.11 – DISTRIBUTION DES NOTES; X ~ N(70, 25)

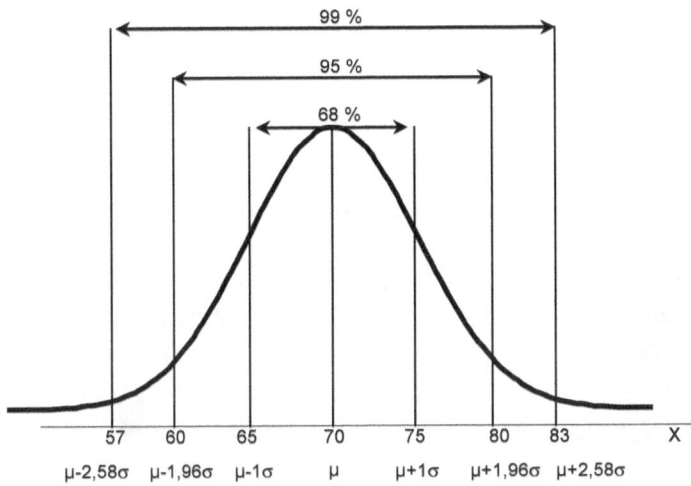

On peut standardiser les valeurs de la variable originale x et créer une variable centrée réduite Z. Pour centrer la distribution originale (avec une moyenne de 70) et lui donner une moyenne de 0, il faut faire une translation, c'est-à-dire soustraire 70 de chacune des valeurs de la distribution originale. Pour réduire ou standardiser la dispersion de la distribution originale (un écart type de ±5) et lui donner un écart type de 1, il faut concentrer la distribution, c'est-à-dire

100

diviser par 5 chacune des valeurs de la distribution originale. On obtient donc un score Z à partir d'une variable x (suivant une distribution normale) par la formule 4.9.

FIGURE 4.12 – LOI NORMALE CENTRÉE RÉDUITE

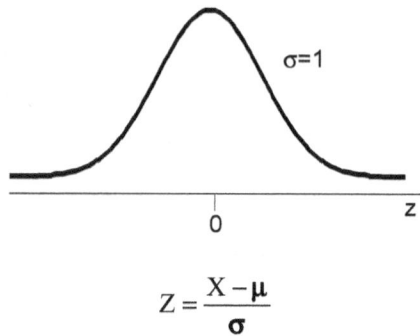

$$Z = \frac{X - \mu}{\sigma}$$

FORMULE 4.9

L'idée derrière cette transformation est que si $x \sim N (\mu, \sigma^2)$, alors $P (x_1 \leq X \leq x_2)$ = $P (z_1 \leq Z \leq z_2)$, où $z_1 = x_1 - \mu/\sigma$ et $z_2 = x_2 - \mu/\sigma$

Ainsi, un score de 72 dans la distribution X de la figure 4.11 devient un score Z de 0,40, alors qu'un score de 75 prend la valeur Z de 1,00. Nous utiliserons ensuite une table de probabilités associées aux différentes valeurs de Z pour trouver P $(0,40 \leq Z \leq 1,00)$. La table de probabilités fournie en annexe 1 donne la probabilité (valeurs à l'intérieur de la table) que $Z < z_i$. Si nous voulons connaître la probabilité que Z < 1,00, il faut chercher la probabilité qui se trouve à l'intersection entre la valeur 1,0 de la première colonne et la valeur 0 de la première rangée. Cette probabilité est égale à 0,8413 et indique que 84,13 % de l'aire totale sous la courbe est située entre les valeurs Z $-\infty$ et 1,00. Nous ne nous intéressons pas à toute cette surface mais plutôt à celle comprise entre les valeurs de Z 0,40 et 1,00. Il faut donc soustraire l'aire sous la courbe inférieure à 0,40 ou encore la probabilité que Z < 0,40. Cette probabilité, égale à 0,6554, se trouve dans la table à l'intersection entre la valeur 0,4 de la première colonne et 0,00 de la première rangée. Ainsi :

$$P(72 < X < 75) = P(0,40 < Z < 1,00)$$
$$= P(Z < 1,00) - P(Z < 0,40)$$
$$= 0,8413 - 0,6554$$
$$= 0,1859$$

La probabilité qu'un étudiant ait une note entre 72 et 75 dans cette population est donc de 0,1859 ou encore de 18,59 %. Ici encore $P(72 < X < 75) = P(72 \leq X \leq 75)$.

4.6 Sommaire du chapitre

Au cours de ce chapitre, nous avons vu différentes distributions de phénomènes et avons vu que certains phénomènes cliniques peuvent être décrits par des distributions théoriques connues. Dans le cas des variables numériques, le calcul des probabilités peut devenir lourd et c'est pourquoi on tente de ramener les phénomènes à des fonctions de densité connues, comme la distribution normale.

4.7 Applications et exercices

Une cohorte de 300 souris est suivie dans le temps, à partir de l'injection d'un virus, afin d'obtenir l'information sur le temps de latence entre l'inoculation et l'apparition des symptômes. Seulement 287 des 300 souris sont devenues symptomatiques et les temps de latences se distribuent comme suit au tableau 4.2.

Temps de latence (jours)	Nb de souris
Moins de 0,5	2
0,5 – 1	6
1 – 1,5	9
1,5 – 2	33
2 – 2,5	49
2,5 – 3	66
3 – 3,5	52
3,5 – 4	37
4 – 4,5	18
4,5 – 5	11
5 – 5,5	4
Total	287

Si on trace l'histogramme de fréquences des résultats dans cet échantillon, on obtient le graphique de la figure 4.13. Semble-t-il raisonnable de penser que le temps de latence dans la population de souris suit une distribution normale?

FIGURE 4.13 – DISTRIBUTION DES TEMPS DE LATENCE (N = 287)

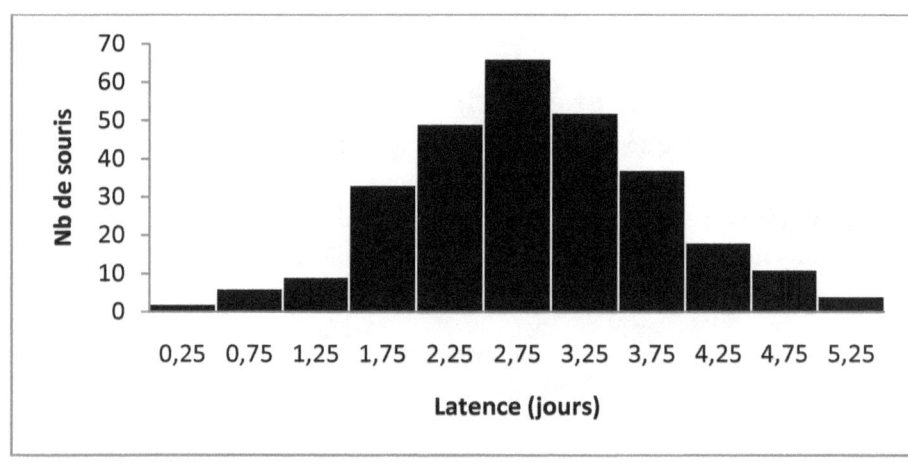

103

Le graphique de la figure 4.14 représente une variable continue. La moyenne et l'écart type de cette variable sont de 25±9,1. Quelle est la forme de cette distribution? Elle montre définitivement une asymétrie. Que dire de la position de la moyenne par rapport au point culminant de la distribution? Est-il possible d'affirmer que 68 % de la population a une valeur x située entre 25 – 9,1 et 25 + 9,1?

FIGURE 4.14 – DISTRIBUTION DES FRÉQUENCES RELATIVES DE LA VARIABLE X

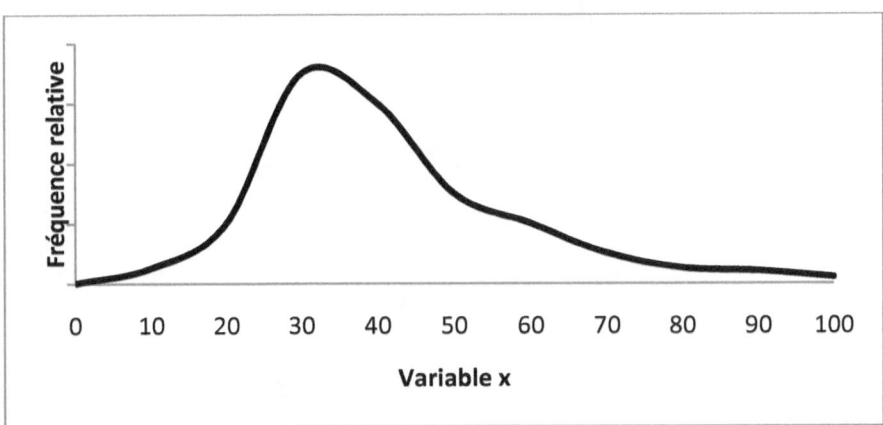

Les concentrations sanguines d'acide urique dans une population d'individus mâles normaux suivent une distribution normale avec une moyenne et un écart type de 5,7±1,0 mg%. Quelle est la probabilité qu'un sujet pris au hasard dans cette population ait une valeur d'acide urique supérieure à 6 mg%? Inférieure ou égale à 5,2 mg%? Entre 5 et 6 mg%?

Dans une certaine industrie, le taux d'absentéisme annuel pour des raisons médicales est de 5,4±2,8 jours. Si la distribution de ce taux d'absentéisme suit une loi normale, quelle est la probabilité qu'un employé soit absent plus de 6 jours par année pour des raisons médicales? Entre 4 et 7 jours par année? Exactement 5,4 jours par année?

Bibliographie

Fisher LD, V. B. (1993). *Biostatistics: A methodology for the Health Sciences.* New York, NY, USA: John Wiley & Sons, Inc.

Daniel, WW. (1999). *Biostatistics: A foundation for Analysis in the Health Sciences* (7th ed.). New York, NY, USA: John Wiley & Sons, Inc.

Chapitre 5 : Distribution d'échantillonnage

5.1 Présentation du chapitre

Le présent chapitre introduit la notion de distribution d'échantillonnage. Toute statistique a une distribution et on réfère à cette distribution par le terme « distribution d'échantillonnage ». On verra entre autres la distribution de la moyenne échantillonnale, de la différence de deux moyennes, celle d'une proportion et celle d'une différence de proportions. Ce chapitre contient des notions fondamentales à la compréhension des tests statistiques et on encourage fortement le lecteur à appliquer ces concepts pour mieux les comprendre.

5.2 Population et échantillons

Nous avons abordé aux deux premiers chapitres les notions d'échantillon, de population, de paramètre et de statistiques. Les statistiques sont à l'échantillon ce que les paramètres sont à la population. Par exemple, une population d'écoliers fréquentant l'école primaire, a une moyenne d'âge ($\mu_{\text{âge}}$), accompagnée de son écart type ($\sigma_{\text{âge}}$), ainsi qu'une moyenne de poids (μ_{poids}), elle aussi accompagnée de son écart type (σ_{poids}). Cette population a aussi une certaine proportion de filles (π_{fille}) et une proportion d'enfants vivant en foyer monoparental (π_{mono}). On pourrait éventuellement calculer une mesure d'association (appelée une corrélation) entre l'âge et le poids chez les enfants de cette population ($\rho_{âge/poids}$). Toutes ces caractéristiques (μ, σ, π, ρ) sont des paramètres de la population. Ces paramètres sont uniques et constants pour une population donnée. Est-il possible de calculer ces paramètres? Habituellement, non. Pour calculer la valeur d'un paramètre, il faut avoir accès à chacune des unités échantillonnales (ici, tous les enfants de l'école primaire), ce qui est pratiquement impossible. Le processus peut être trop long, trop coûteux ou simplement impossible dans le cas des populations infinies. La plupart du temps, on utilisera un sous-ensemble représentatif de la population à l'étude (un échantillon) pour estimer les paramètres populationnels. La généralisation des observations d'un échantillon à une population s'appelle l'**inférence statistique**. L'inférence statistique est basée sur les lois de probabilités, lois qui ont brièvement été décrites aux chapitres 3 et 4.

FIGURE 5.1 – STATISTIQUES DESCRIPTIVES ET INFÉRENTIELLES

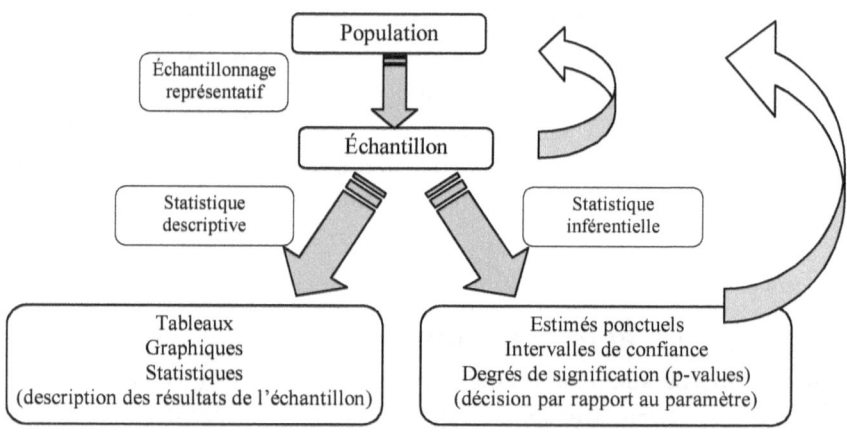

Revenons à l'exemple des écoliers au primaire. Si on veut estimer la moyenne d'âge de cette population, on pourrait choisir un sous-ensemble aléatoire d'écoliers et calculer la moyenne d'âge de cet échantillon ($\overline{x}_{âge}$). Admettons qu'on met en charge cinq personnes de trouver chacune un échantillon aléatoire de 30 écoliers et que chacune de ces cinq personnes obtiennent les résultats donnés au tableau 5.1.

	Moyenne	Écart type
Échantillon 1	8,1	±2,1
Échantillon 2	8,2	±2,8
Échantillon 3	7,9	±2,7
Échantillon 4	8,0	±2,1
Échantillon 5	8,4	±1,8

On peut remarquer que les moyennes et les écarts types varient d'un échantillon à l'autre. Laquelle de ces moyennes devrait-on utiliser pour estimer l'âge de la population, $\mu_{âge}$? Y en a-t-il une meilleure ? La réponse est que chacune de ces moyennes échantillonnales, si les échantillons ont été formés par une approche probabiliste (chapitre 1, section 1.5), nous renseigne sur la moyenne populationnelle.

La théorie d'échantillonnage est essentielle en inférence statistique. Un des objectifs de l'échantillonnage probabiliste est de s'assurer que les échantillons sont représentatifs de la population. Comme discuté au chapitre 1, un échantillon aléatoire maximise les chances de représentativité de l'échantillon par rapport à la population. De cette façon, les variations qu'on observe d'un échantillon à l'autre, comme celles données au tableau 5.1, sont dues uniquement au hasard et dépendent de la variabilité naturelle de la population.

5.3 Distribution d'échantillonnage

La distribution d'une variable est la représentation de chacune des **unités échantillonnales** (âge des individus, poids des individus, temps de latence d'une maladie, etc.) de cette population. Une distribution d'échantillonnage d'une statistique est la distribution de probabilités de toutes les valeurs possibles que peut prendre cette **statistique**, calculée à partir de tous les échantillons possibles de même taille, tirés au hasard dans la même population. Prenons un exemple **théorique** où la population **totale** est de sept individus (N = 7). Admettons qu'on s'intéresse au nombre d'années de scolarité de ces individus. Le tableau 5.2 donne les valeurs individuelles de scolarité des sept sujets de la population et ces valeurs représentent la distribution de la scolarité dans cette population fictive.

TABLEAU 5.2 – SCOLARITÉ D'UNE POPULATION FICTIVE (N=7)

# du sujet	Scolarité (années)
1	11
2	12
3	13
4	14
5	15
6	16
7	17

Dans cette **population**, μ = 14 et σ^2 = 4. Si on combine tous les échantillons possibles de deux valeurs (n = 2) à partir des unités populationnelles (N = 7), on obtiendrait un total de 49 échantillons ($N^n = 7^2$)[5]. Le tableau 5.3 donne chacune des moyennes d'années de scolarité pour les 49 échantillons de n = 2.

On peut également construire le tableau de fréquences des différentes moyennes échantillonnales calculées. Le tableau 5.4 correspond à la **distribution de fréquences des moyennes échantillonnales** (à ne pas confondre avec la distribution de fréquences des données de la population).

---

[5] Lorsqu'on fait un échantillonnage avec remplacement, c'est-à-dire qu'on choisit un sujet et qu'il est ensuite replacé dans la population source et peut être choisi une seconde fois.

Remarquez qu'ici, il n'est plus question de la distribution de fréquence d'une variable mais bien d'une statistique, la moyenne des échantillons.

TABLEAU 5.3 – MOYENNES DE SCOLARITÉ DES ÉCHANTILLONS DE DEUX SUJETS (N=2) TIRÉS D'UNE POPULATION FICTIVE (N=7).

	Scolarité	Scolarité du premier sujet						
		11	12	13	14	15	16	17
Scolarité du deuxième sujet	11	11,0	11,5	12,0	12,5	13,0	13,5	14,0
	12	11,5	12,0	12,5	13,0	13,5	14,0	14,5
	13	12,0	12,5	13,0	13,5	14,0	14,5	15,0
	14	12,5	13,0	13,5	14,0	14,5	15,0	15,5
	15	13,0	13,5	14,0	14,5	15,0	15,5	16,0
	16	13,5	14,0	14,5	15,0	15,5	16,0	16,5
	17	14,0	14,5	15,0	15,5	16,0	16,5	17,0

La figure 5.2 illustre la distribution de probabilité de la variable originale (la scolarité des individus), alors que la figure 5.3 illustre la distribution de probabilité des moyennes échantillonnales. Cette distribution est la distribution d'échantillonnage de la moyenne échantillonnale. Remarquez combien les distributions diffèrent l'une de l'autre. La distribution de la variable originale est une distribution uniforme alors que la distribution d'échantillonnage montre une tendance à se rapprocher d'une distribution en forme de cloche.

FIGURE 5.2 – DISTRIBUTION DE PROBABILITÉ DE LA SCOLARITÉ DANS LA POPULATION

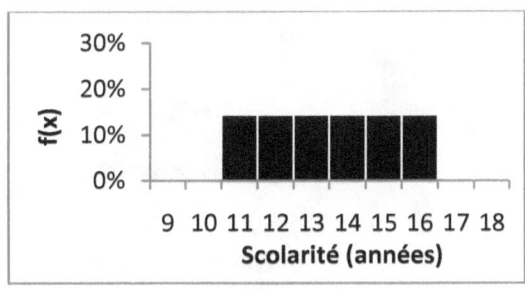

110

Dans la distribution de la variable originale, l'écart type correspondait à la dispersion moyenne des « individus » autour de la moyenne. Dans la distribution d'échantillonnage, la dispersion autour de la moyenne ne correspond plus à la dispersion des « individus », mais plutôt à la dispersion des « statistiques » de chacun des échantillons de taille n autour de la moyenne.

TABLEAU 5.4 – DISTRIBUTION DE FRÉQUENCE DES MOYENNES DES ÉCHANTILLONS (N=2).

Moyenne	Fréquence	Fréquence relative
11,0	1	0,02
11,5	2	0,04
12,0	3	0,06
12,5	4	0,08
13,0	5	0,10
13,5	6	0,12
14,0	7	0,14
14,5	6	0,12
15,0	5	0,10
15,5	4	0,08
16,0	3	0,06
16,5	2	0,04
17,0	1	0,02
Total	49	0,98

FIGURE 5.3 – DISTRIBUTION D'ÉCHANTILLONNAGE DE LA MOYENNE

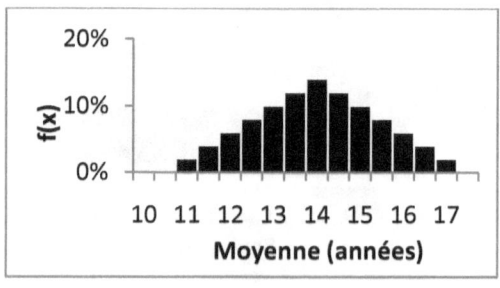

Si on connaît la distribution d'échantillonnage **d'une statistique**, il nous est possible de juger de sa capacité à être un bon estimateur du paramètre correspondant. En effet, plus les statistiques des échantillons sont concentrées autour de la moyenne, plus les statistiques sont précises. Plus elles sont dispersées loin de la moyenne, moins elles sont précises. Par exemple, parmi les échantillons de deux sujets, quelle est la probabilité que la moyenne se situe à ±1 an de μ, c'est-à-dire, $P[13 \leq \overline{x} \leq 15] = ?$ Par un simple examen du tableau de fréquences (ou de la distribution de probabilité), nous pouvons calculer la probabilité:

$$P[13 \leq \overline{x} \leq 15] = \frac{29}{49} = 0,59$$

Comme nous connaissons les probabilités associées à chacune des 49 moyennes échantillonnales, nous avons pu conclure qu'en tirant au hasard des échantillons de deux unités dans cette population, nous avons 59 % des chances que la moyenne échantillonnale de deux individus de cette population se situe à ±1 an de la vraie moyenne paramétrique μ.

5.4 Distribution d'échantillonnage de la moyenne

Tel que discuté à la section précédente, la valeur d'une moyenne $\overline{x}$ dépend de l'échantillon choisi. Y a-t-il une meilleure façon d'estimer que d'autres ? En général, l'estimation est « meilleure », c'est-à-dire plus précise, si l'échantillon est de grande taille et si la variabilité des observations dans la population est faible, c'est-à-dire si la population est homogène. À partir du tableau de fréquences 5.3, nous pouvons calculer la moyenne et la variance de la distribution d'échantillonnage. La formule 5.1 indique que la moyenne de la distribution d'échantillonnage ($\mu_{\overline{x}}$) est égale à la somme de chacune des moyennes échantillonnales divisée par le nombre total de moyennes ($N_{\overline{x}} = N^n$ quand l'échantillonnage est fait avec remplacement).

$$\mu_{\overline{x}} = \frac{\sum\limits_{i=1}^{N} \overline{x}_i}{N_{\overline{x}}} = \frac{11 + 11,5 + 11,5 + \dots + 17,5}{49} = 14$$

La variance de cette distribution (formule 5.2) est donnée par la somme des écarts au carré entre chacune des moyennes échantillonnales, et la moyenne de la distribution ($\mu_{\overline{x}}$) divisée par le nombre total de moyennes ($N_{\overline{x}} = N^n$ quand l'échantillonnage est fait avec remplacement).

$$\sigma_{\overline{x}}^2 = \frac{\sum\limits_{i=1}^{N}(\overline{x}_i - \mu)^2}{N_{\overline{x}}} = \frac{(11-14)^2 + (11,5-14)^2 + (11,5-14)^2 + \dots + (17-14)^2}{49} = 2$$

FORMULE 5.2

On remarque que la moyenne de la distribution des échantillons est égale à la moyenne de la population originale (formule 5.3). Cette observation nous indique que la **moyenne échantillonnale est un estimateur non biaisé de la moyenne paramétrique**. Un estimateur non biaisé est un estimateur (ici, la moyenne d'un échantillon) qui, en moyenne, égale le paramètre qu'il tente d'estimer.

$$\mu_{\overline{x}} = \mu$$

FORMULE 5.3

La variance de la distribution d'échantillonnage de la moyenne égale la variance de la population, divisée par la taille des échantillons pour lesquels nous avons tracé la distribution d'échantillonnage (formule 5.4).

$$\sigma_{\overline{x}}^2 = \frac{\sigma^2}{n}$$

FORMULE 5.4

Si on extrait la racine carrée de la variance, on obtient en théorie l'écart type. L'écart type de la distribution d'échantillonnage ne porte pas le même nom que l'écart type de la distribution d'une variable. L'écart type de la distribution d'échantillonnage de la moyenne se nomme **l'erreur type de la moyenne** (*standard error of the mean*). La formule 5.5 est la formule de l'erreur type de la moyenne échantillonnale.

$$\sigma_{\overline{x}} = \sqrt{\frac{\sigma^2}{n}} = \frac{\sigma}{\sqrt{n}}$$

FORMULE 5.5

Dans une distribution d'échantillonnage dans laquelle l'échantillonnage a été fait avec remplacement (ou encore que la taille de l'échantillon ne dépasse pas 5 % de la taille de la population), l'erreur type de la distribution d'échantillonnage de la moyenne est toujours égale à l'écart type de la population divisé par la racine carrée de l'effectif de l'échantillon.

5.4.1 Si la variable originale x suit une distribution normale

Lorsque x suit une distribution normale, la distribution d'échantillonnage de la moyenne suit toujours une loi normale avec une moyenne μ et une variance σ^2/n[6]. La figure 5.4 illustre une distribution d'échantillonnage de la moyenne.

---

[6] Dans le cas où l'échantillonnage est fait sans remplacement et que la taille de l'échantillon dépasse 5 % de la taille de la population, nous utilisons un facteur de correction pour population finie pour calculer la valeur de la variance (ou de l'erreur type) de la distribution d'échantillonnage.

$$\sigma_{\overline{x}}^2 = \frac{\sigma^2}{n} \left(\frac{N-n}{N-1} \right)$$

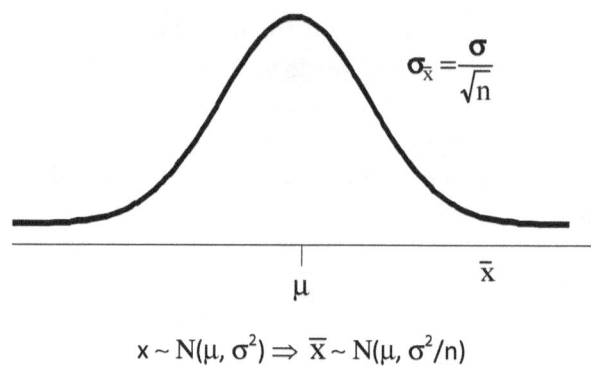

$$\sigma_{\overline{x}} = \frac{\sigma}{\sqrt{n}}$$

$$x \sim N(\mu, \sigma^2) \Rightarrow \overline{X} \sim N(\mu, \sigma^2/n)$$

5.4.2 Si la variable originale x ne suit pas une loi normale : Théorème de la limite centrale

Si la distribution d'une variable x suit une distribution autre qu'une loi normale et que la taille de l'échantillon est suffisamment grande, la distribution d'échantillonnage de la moyenne suivra une loi qui tend vers la normale avec une moyenne μ et une variance σ^2/n. Ce phénomène est appelé le **théorème de la limite centrale**.

$$x \sim D(\mu, \sigma^2) \Rightarrow \overline{X} \sim N(\mu, \sigma^2/n)$$

En général, on considère qu'un échantillon dont la taille est supérieure ou égale à 30, est assez grand pour que la distribution d'échantillonage de sa moyenne suive une distribution qui tende vers une loi normale. Si la distribution d'une variable x ne suit pas une loi normale et que la taille de l'échantillon est inférieure à 30, nous ne pouvons rien conclure sur la forme de la distribution d'échantillonnage de la moyenne échantillonnale.

Dans le cas de la moyenne échantillonnale, nous sommes donc assurés d'une distribution **d'échantillonnage** suivant une loi normale dans l'une ou l'autre des trois conditions suivantes:

115

1. lorsque la variable originale suit une loi normale, peu importe la taille de l'échantillon,

2. lorsque la variable originale ne suit pas une loi normale mais que la taille de l'échantillon est assez grande, ou,

3. lorsque nous ne connaissons pas la distribution de la variable originale mais que notre échantillon est assez grand.

5.4.3 L'erreur type

Selon la formule de l'erreur type (formule 5.5), dans une même population et pour une même variable x, plus la taille de l'échantillon augmente, plus l'erreur type de la distribution d'échantillonnage de la moyenne diminue. On peut observer l'effet d'une augmentation de la taille d'échantillon sur la dispersion des moyennes échantillonnales les unes par rapport aux autres à la figure 5.5. Cette figure indique que la distribution des moyennes se concentre autour de la vraie moyenne populationnelle à mesure que la taille d'échantillon considéré augmente. Il ne faut pas oublier que la raison primordiale pour calculer une moyenne échantillonnale est d'estimer la moyenne paramétrique. Ainsi, les moyennes échantillonnales deviennent plus « précises » à mesure que la taille d'échantillon augmente.

FIGURE 5.5 – EFFET DE LA TAILLE ÉCHANTILLONNALE SUR L'ERREUR TYPE DE LA DISTRIBUTION ÉCHANTILLONNALE $\overline{X}$

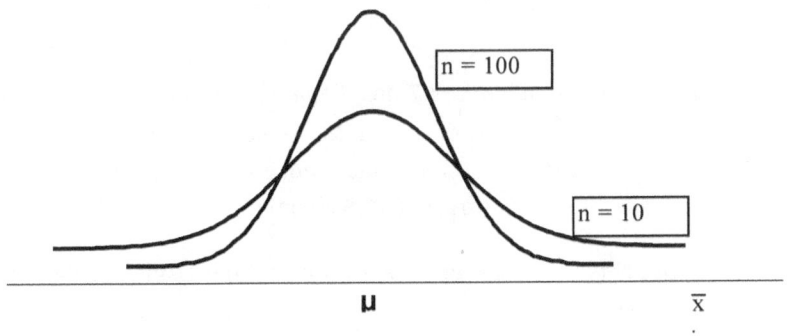

5.5 Applications de la distribution d'échantillonnage de la moyenne

5.5.1 Application 1

A la suite d'un exercice d'entraînement, il a été calculé que le temps moyen (± écart type) nécessaire à une **population** particulière pour effectuer une certaine tâche était de 25 ± 5 secondes. Si on est prêt à assumer que la distribution des temps d'exécution est normale, quelle est la probabilité qu'un échantillon de 25 personnes en réhabilitation ait une moyenne de 26 secondes et plus ?

Si le temps d'exécution suit une distribution normale, on peut assumer que la distribution d'échantillonnage des moyennes suivra aussi une distribution normale avec une moyenne de 25 et une variance de 25/25 ($\bar{x} \sim N(25,1)$). Pour déterminer la probabilité qu'une moyenne d'un échantillon de 25 soit égale ou supérieure à 26, il faut transformer la variable $\bar{x}$ en variable centrée réduite z.

$$P[\bar{x} \geq 26] = P\left[z \geq \frac{26-25}{5/\sqrt{25}} \right] = P(z \geq 1) = 0,1587$$

Ainsi, la probabilité qu'un échantillon de 25 sujets tiré au hasard de cette population ait une moyenne échantillonnale supérieure ou égale à 26 est d'environ 16 %.

5.5.2 Application 2

Dans une population masculine de 17 ans, l'épaisseur d'un des plis cutanés a une moyenne de 9,7 millimètres et un écart type de ±6 millimètres. Pour un échantillon aléatoire simple de 40 individus, quelle est la probabilité que la moyenne échantillonnale soit entre 7 et 10,5 millimètres ?

Ici, on ne sait pas si la variable « épaisseur du pli cutané » suit une distribuion normale. Cependant, puisque l'échantillon considéré est assez grand, on peut assumer que la distribution d'échantillonnage de la moyenne des échantillons de taille n = 40 suit une distribution normale avec une moyenne de 9,7 et une erreur type de $\sigma_{\bar{x}} = \dfrac{6}{\sqrt{40}} = 0,949$ ($\bar{x} \sim N(9,7, \dfrac{36}{40})$). Pour trouver la probabilité que la moyenne échantillonnale soit entre 7 et 10,5 millimètres, il faut transformer la variable $\bar{x}$ en variable centrée réduite z.

$$\begin{aligned}
P[7 \le \bar{x} \le 10,5] &= P\left[\frac{7-9,7}{6/\sqrt{40}} \le z \le \frac{10,5-9,7}{6/\sqrt{40}} \right] \\
&= P[-2,85 \le z \le 0,84] \\
&= 0,7973
\end{aligned}$$

Donc, la probabilité qu'un échantillon aléatoire de 40 individus pris dans cette population ait une moyenne de pli cutané entre 7 et 10,5 millimètres est d'environ 80 %.

5.6 Distribution d'échantillonnage d'une proportion

La moyenne n'est pas la seule statistique à posséder une distribution d'échantillonnage. En fait, parce que toutes les statistiques varient selon l'échantillon choisi, toutes les statistiques ont une distribution d'échantillonnage. On pourrait, par exemple, estimer la vraie proportion de la population du Québec (π) qui n'a pas d'opinion ferme dans un vote éventuel sur la séparation de la province du reste du Canada. Dans cet exemple, considérons que les intentions de vote se classent dans l'une des trois catégories: pour, contre ou pas d'opinion. La figure 5.6 représente des résultats fictifs d'un sondage d'opinion sur cette variable.

FIGURE 5.6 – INTENTIONS DE VOTE

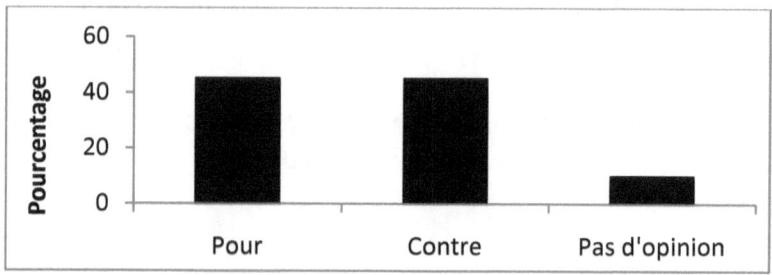

Le pourcentage de personnes questionnées qui n'avaient pas d'opinion dans cet échantillon était de p = 10 %. Avec un autre échantillon, cette proportion aurait pu être un peu plus grande ou un peu plus petite. En fait, lorsque l'échantillon est assez grand, la proportion échantillonnale suit une distribution (si np et n(1-p) sont supérieurs à 5) qui tend vers une loi normale comme à la figure 5.7. La moyenne de la distribution est π, la proportion paramétrique. L'erreur type de cette distribution est donnée à la formule 5.6.

$$\sigma_p = \sqrt{\frac{\pi(1-\pi)}{n}}$$

FORMULE 5.6

FIGURE 5.7 – DISTRIBUTION D'ÉCHANTILLONNAGE DE « P »

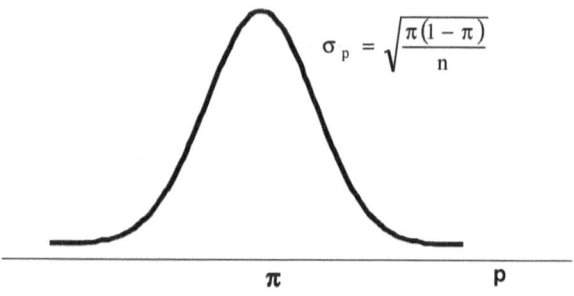

$$\sigma_p = \sqrt{\frac{\pi(1-\pi)}{n}}$$

π   p

Ainsi, la variable « Quelle est votre opinion face à la séparation du Québec? » est une variable catégorielle à trois catégories mais la statistique « p », la proportion de gens dans l'une ou l'autre des catégories (ici, ceux qui n'ont pas d'opinion) suit une distribution normale.

5.7 Distribution d'échantillonnage d'une différence de moyennes

Il arrive fréquemment qu'en recherche on s'intéresse non pas à la moyenne d'une population mais à la comparaison des moyennes de deux populations (μ_1 et μ_2). Dans ce cas, il est important de connaître la distribution d'échantillonnage de la différence de deux moyennes échantillonnales ($\bar{x}_1 - \bar{x}_2$). Cette distribution (figure 5.8) nous indique que, selon certaines conditions, la différence de deux moyennes échantillonnales suit une distribution normale avec une moyenne,

FORMULE 5.7
$$\mu_{\bar{x}_1 - \bar{x}_2} = \mu_1 - \mu_2$$

et une erreur type;

$$\sigma_{\bar{x}_1 - \bar{x}_2} = \sqrt{\frac{\sigma_1^2}{n_1} + \frac{\sigma_2^2}{n_2}}$$
FORMULE 5.8

FIGURE 5.8 - DISTRIBUTION D'ÉCHANTILLONNAGE DE $\bar{x}_1 - \bar{x}_2$

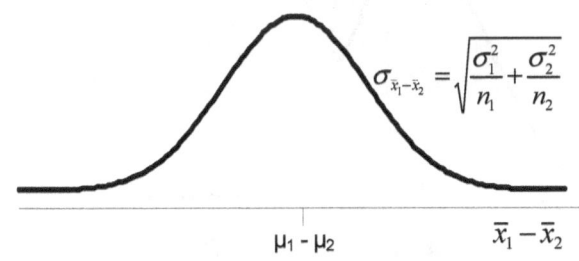

$$\sigma_{\bar{x}_1 - \bar{x}_2} = \sqrt{\frac{\sigma_1^2}{n_1} + \frac{\sigma_2^2}{n_2}}$$

$\mu_1 - \mu_2$ $\bar{x}_1 - \bar{x}_2$

5.8 Distribution d'échantillonnage d'une différence de proportions

De la même façon, un chercheur qui s'intéresse à la comparaison entre deux populations peut être intéressé à connaître la différence entre deux proportions. Dans ce cas, il est avantageux de connaître la distribution d'échantillonnage de la différence de deux proportions échantillonnales ($p_1 - p_2$). Cette distribution (figure 5.10) nous indique que, selon certaines conditions, la différence de deux proportions échantillonnales suit une distribution normale avec une moyenne :

FORMULE 5.9
$$\mu_{p_1-p_2} = \pi_1 - \pi_2$$

Où π_1 et π_2 sont les proportions paramétriques des populations 1 et 2 respectivement et une erreur type;

$$\sigma_{p_1-p_2} = \sqrt{\frac{\pi_1(1-\pi_1)}{n_1} + \frac{\pi_2(1-\pi_2)}{n_2}}$$

FORMULE 5.10

FIGURE 5.9 - DISTRIBUTION D'ÉCHANTILLONNAGE DE $P_1 - P_2$

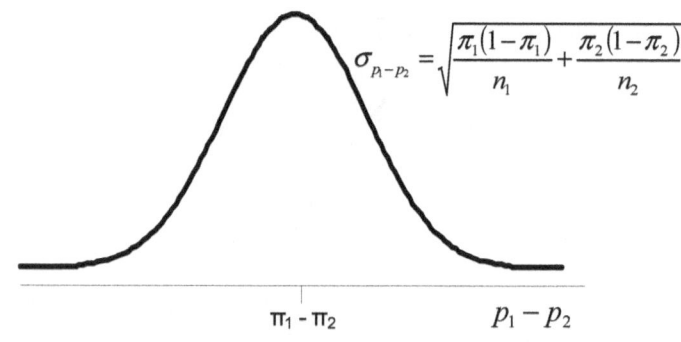

121

5.9 Exercices

1. Qu'est-ce qu'une distribution d'échantillonnage?
2. En théorie, comment construit-on une distribution d'échantillonnage?
3. Expliquez le théorème de la limite centrale.
4. Décrivez en termes de forme, de tendance centrale et de dispersion, la distribution d'échantillonnage :
   A. d'une moyenne d'échantillons de taille n = 50
   B. d'une différence de moyennes de deux échantillons de taille n = 30 chacun
   C. d'une proportion d'échantillons de taille n = 100
   D. d'une différence de proportions de deux échantillons de taille n = 250 chacun
5. Une certaine école secondaire compte 200 étudiants. Les dernières années, l'école a déterminé qu'elle dépensait en moyenne 31,50 $par étudiant en frais de photocopies. L'écart type était de ±6,00 $. Quelle est la probabilité qu'un échantillon aléatoire de 36 étudiants ait une moyenne entre 30 $ et 33 $?
6. Supposons que la moyenne de consommation quotidienne de protéines dans une population soit de 116 g et dans une autre population, de 100 g. Si la consommation de protéines dans les deux populations est normalement distribuée avec un écart type de ±16 g, quelle est la probabilité que deux échantillons indépendants et aléatoires aient une différence de 12 g ou plus?
7. Nous avons calculé que dans une population de femmes âgées de 30 ans ou moins, 35 % d'entre elles n'ont jamais fumé la cigarette. Décrivez la distribution d'échantillonnage de la proportion de non-fumeuses dans des échantillons de n = 100 tirés de cette population.
8. Quelle est la probabilité qu'un échantillon de n = 121 montre une proportion inférieure à 26 % dans l'exercice précédent?

Chapitre 6 : Estimation

6.1 Présentation du chapitre et définitions

Nous avons défini l'inférence statistique comme étant la procédure par laquelle on généralise à une population les résultats obtenus avec un échantillon tiré au hasard de cette population. Les termes suivants sont des termes de base en inférence statistique.

Paramètre: mesure numérique descriptive (μ, σ, etc.) calculée à partir des observations de toute une population. C'est une constante habituellement inconnue.

Estimateur : approximation d'un paramètre. Mesure numérique descriptive ($\overline{X}$, s, etc.) calculée à partir des données d'un échantillon. Un estimateur est une règle nous permettant de calculer l'estimé. Il est généralement présenté sous forme de formule.

Un estimé est la valeur numérique ponctuelle calculée à partir des données d'un échantillon.

L'estimation est une procédure consistant à calculer, à partir de données d'un échantillon, une (estimation ponctuelle) ou deux (estimation par intervalle) valeurs servant à estimer un paramètre d'une population d'où l'échantillon a été tiré.

6.2 Estimation ponctuelle (*point estimate*) d'un paramètre

L'estimation ponctuelle correspond au calcul d'une valeur unique à l'aide d'un estimateur à partir des données d'un échantillon. Il est possible de définir plusieurs estimateurs d'un même paramètre. Par exemple, on pourrait utiliser la médiane échantillonnale pour estimer la moyenne populationnelle μ. Certains estimateurs sont meilleurs que d'autres dans l'estimation de paramètres. Un « bon » estimateur est, entre autres, un estimateur non biaisé. Un estimateur (T) est non biaisé si la moyenne de sa distribution d'échantillonnage égale le paramètre (θ).

FORMULE 6.1
$$\mu_T = \theta$$

Nous avons vu que la moyenne échantillonnale ($\overline{X}$) était un estimateur non biaisé de la moyenne populationnelle (paramètre μ) parce que, dans des échantillons répétés d'une même population, la distribution d'échantillonnage de la moyenne a une moyenne égale à la moyenne populationnelle.

FORMULE 6.2
$$\mu_{\overline{x}} = \mu$$

Si on veut estimer μ, on peut prendre un échantillon aléatoire de taille n dans la population, calculer une moyenne $\overline{X}$ et utiliser cet estimé comme estimation ponctuelle de μ. Le tableau 6.1 donne différents paramètres de populations et des estimateurs connus de ces paramètres.

Nous avons vu que, en raison de la variabilité introduite par le processus d'échantillonnage, l'estimateur ponctuel d'un paramètre a peu de chances de donner exactement la même valeur que celle du paramètre. Il serait plus utile d'estimer un paramètre par un intervalle nous donnant une idée de sa valeur probable.

TABLEAU 6.1 : PARAMÈTRE ET SON ESTIMATEUR

Paramètre	Estimateur	Moyenne de l'estimateur
Moyenne μ	$\overline{x} = \dfrac{1}{n}\displaystyle\sum_{i=1}^{n} x_i$	μ
Variance σ^2	$s_*^2 = \dfrac{1}{n}\displaystyle\sum_{i=1}^{n}\left(x_i - \overline{x}\right)^2$	$\left(\dfrac{n-1}{n}\right)\sigma^2$
Variance σ^2	$s^2 = \dfrac{1}{n-1}\displaystyle\sum_{i=1}^{n}\left(x_i - \overline{x}\right)^2$	σ^2
Proportion π	$p_i = \dfrac{n_i}{n_T}$	π
Coefficient de corrélation ρ	$r = \ldots$	ρ

6.3 Estimation d'un paramètre par intervalle (*interval estimate*)

Ce type d'estimation consiste en un calcul de deux valeurs définissant les limites d'un intervalle incluant, avec une probabilité prédéterminée et élevée (souvent 0,90 ou 0,95), la valeur du paramètre d'intérêt. On nomme cet intervalle un « intervalle de confiance ».

Les objectifs visés lors de la construction d'un intervalle de confiance sont:

1. un intervalle étroit et ;
2. une probabilité élevée d'inclure le paramètre.

6.3.1 Construction d'un intervalle de confiance

À partir de la distribution normale standardisée (ou centrée réduite), on peut démontrer la façon de calculer n'importe quel intervalle de confiance sur une

126

moyenne. Nous savons que 95 % des observations dans la distribution normale standardisée se trouvent entre les valeurs de z de -1,96 et +1,96, comme à la figure 6.1.

$$P\left[-1,96 < \frac{\overline{x}-\mu}{\sigma/\sqrt{n}} < 1,96\right] = 0,95$$

FORMULE 6.3

FIGURE 6.1 : ILLUSTRATION DES 95 % CENTRAUX DE LA DISTRIBUTION NORMALE STANDARDISÉE

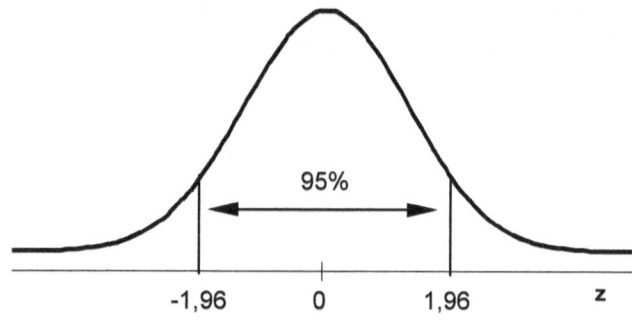

Il en découle que :

$$P\left[-1,96\,\sigma/\sqrt{n} < \overline{x}-\mu < 1,96\,\sigma/\sqrt{n}\right] = 0,95$$
$$P\left[\left(-1,96\,\sigma/\sqrt{n}\right)-\overline{x} < -\mu < \left(1,96\,\sigma/\sqrt{n}\right)-\overline{x}\right] = 0,95$$
$$P\left[\overline{x}+\left(1,96\,\sigma/\sqrt{n}\right) > \mu > \overline{x}-\left(1,96\,\sigma/\sqrt{n}\right)\right] = 0,95$$
$$P\left[\overline{x}-\left(1,96\,\sigma/\sqrt{n}\right) < \mu < \overline{x}+\left(1,96\,\sigma/\sqrt{n}\right)\right] = 0,95$$

6.3.2 Intervalle de confiance sur μ (σ connu)
En général, un intervalle de confiance (sur n'importe quel paramètre) est donné par la formule 6.4.

$$IC_{paramètre} = estimateur \pm coefficient(erreurtype)$$

On sait que $\overline{x}$ est un « bon » estimateur de μ (c'est-à-dire non biaisé), et que l'erreur type $\sigma/\sqrt{n}$ nous renseigne sur la précision de $\overline{x}$. On sait aussi que, pour des échantillons de taille « assez » grande[7], $\overline{X} \sim N(\mu, \sigma^2/n)$. En général, un intervalle de confiance sur μ avec un seuil de confiance $(1-\alpha)$ est donné par

FORMULE 6.5

$$IC_\mu(1-\alpha)\% = \overline{x} \pm z_{(\alpha/2)}(\sigma/\sqrt{n})$$

où $(1-\alpha)$ est le seuil de confiance de l'intervalle de confiance, α étant l'erreur d'estimation, c'est-à-dire la probabilité que μ ne soit pas dans l'intervalle.

Pour une même taille d'échantillon, plus on augmente le seuil de confiance $(1 - \alpha)$, plus l'intervalle est grand. Ceci est vrai lorsque σ est connu. Un exemple de l'erreur d'estimation est donné à la figure 6.2. Dans cet exemple, $\alpha = 0{,}05$. Donc $(1-\alpha)$, le seuil de confiance $= 0{,}95$. Les valeurs de z qui sont associées à ce seuil de confiance sont $z_{(\alpha/2)} = \pm 1{,}96$. On nomme l'expression « $\pm 1{,}96$ » le coefficient de fiabilité. Il nous dit à l'intérieur de combien d'erreurs types se trouvent 95 % des valeurs possibles de $\overline{x}$.

Les limites de l'intervalle de confiance (i.e. $\overline{x} \pm z_{(\alpha/2)}\sigma/\sqrt{n}$) sont appelées les limites de confiance. Tel qu'illustré à la figure 6.3, les limites de l'intervalle de confiance peuvent varier selon les échantillons obtenus mais l'étendue reste la même pour des échantillons de même taille, lorsque σ est connu.

---

[7]Si $x \sim N(\mu, \sigma^2)$, l'échantillon peut être de petite taille.

FIGURE 6.2 : ILLUSTRATION DE L'ERREUR D'ESTIMATION

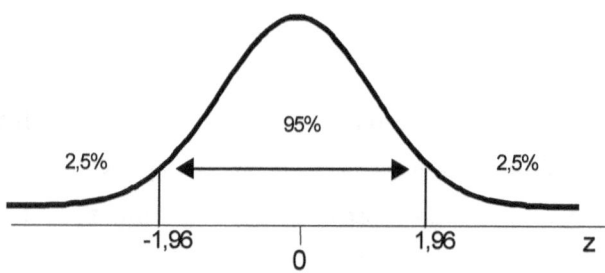

FIGURE 6.3 : ILLUSTRATION DE DIFFÉRENTS INTERVALLES DE CONFIANCE SUR μ DANS DES ÉCHANTILLONS DE TAILLE N (Σ CONNU).

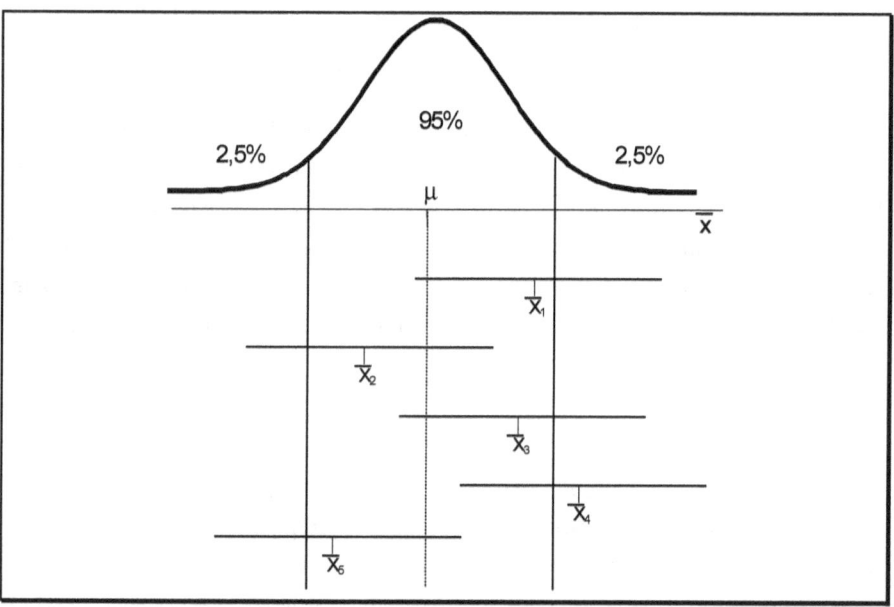

Statistiquement parlant, dans des échantillons répétés de taille n d'une population normalement distribuée, $100(1-\alpha)$ % de tous les intervalles construits sous la forme $[\,\overline{x} \pm z_{(\alpha/2)}\sigma/\sqrt{n}\,]$ incluront en bout de ligne la moyenne populationnelle μ. D'une manière plus pratique, nous sommes

confiants à 100(1 - α) % que l'intervalle construit sous la forme
$[\bar{x} \pm z_{(\alpha/2)} \sigma/\sqrt{n}]$ contiendra la moyenne populationnelle μ.

La variable de l'exemple au tableau 6.2, correspond au poids d'enfants à la naissance (en onces). Considérons que σ est connu et a la valeur ±20 oz. Le tableau 6.2 donne les observations pour cinq échantillons aléatoires de taille n=10.

TABLEAU 6.2 : POIDS À LA NAISSANCE DES INDIVIDUS DE **CINQ** ÉCHANTILLONS ALÉATOIRES (N=10) (ROSNER, 2000, P. 164)

Échantillon	1	2	3	4	5
1	97	177	97	101	137
2	117	198	125	114	118
3	140	107	62	79	78
4	78	99	120	120	129
5	99	104	132	115	87
6	148	121	135	117	110
7	108	148	118	106	106
8	135	133	137	86	116
9	126	126	126	110	140
10	121	115	118	119	98
$\bar{x}$	116,90	132,80	117,00	106,70	111,90
s	21,70	32,62	22,44	14,13	20,46

On peut calculer un intervalle de confiance à 95 % pour chacun des échantillons. Un exemple de ce calcul est donné ci-dessous. Tous les intervalles ont été dessinés à la figure 6.4.

$$IC_\mu (95\%) = \left[\bar{x} - 1,96\,\sigma/\sqrt{n} \; ; \bar{x} + 1,96\,\sigma/\sqrt{n}\right]$$
$$IC_\mu (95\%) = \left[116,9 - 12,4 ; 116,9 + 12,4\right]$$
$$IC_\mu (95\%) = \left[104,5 ; 129,3\right]$$

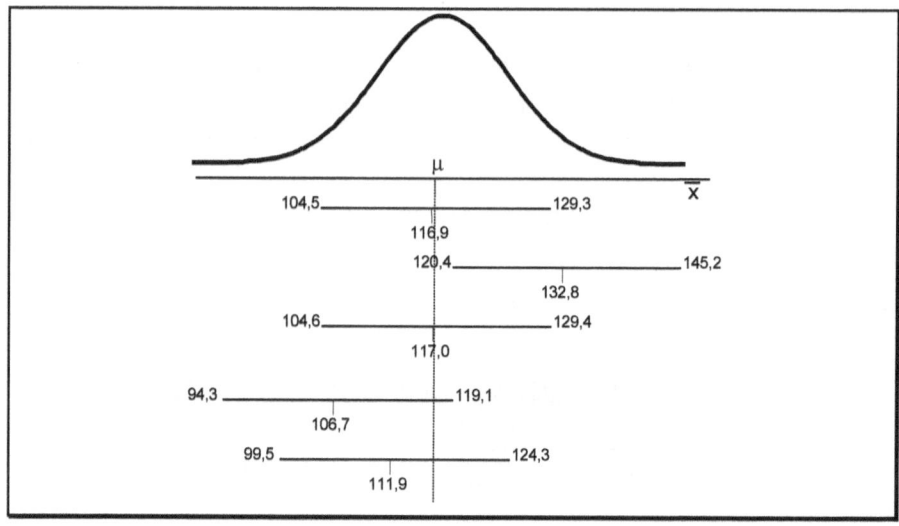

6.3.3 Intervalle de confiance sur μ (σ inconnu)

Les situations dans lesquelles on connaît la variance populationnelle sont extrêmement rares. Habituellement, on ne connaît pas σ. Il devient alors difficile de construire un intervalle de confiance sur μ avec la formule vue précédemment. La solution logique serait d'utiliser l'écart type échantillonnal comme estimateur ponctuel de l'écart type populationnel. Cependant, s varie selon l'échantillon choisi, ajoutant ainsi à la variabilité de $\overline{X}$. Lorsque n est assez grand, (≥30), on peut croire sans trop se tromper que « s » s'approche de σ. On utilise « s » à la place de σ et on applique les principes de la distribution normale pour construire un intervalle de confiance:

$$IC_\mu = \overline{x} \pm z_{\left(\alpha/2\right)}s/\sqrt{n}$$

FORMULE 6.6

131

Lorsque n est petit et que nous ne connaissons pas la variance populationnelle, on peut utiliser l'écart type échantillonnal (« s ») comme estimateur de σ mais il faut **compenser pour la plus grande variabilité ou l'incertitude associée**. Le fait d'utiliser un estimateur dans le calcul d'intervalles de confiance dans de petits échantillons introduit une variabilité additionnelle qui doit être considérée. On utilisera une autre distribution standardisée pour faire les estimations. Lorsqu'on standardise la statistique de la façon suivante :

$$\frac{\overline{x} - \mu}{s/\sqrt{n}}$$

FORMULE 6.7

La variable standardisée suit une distribution t de Student avec (n - 1) degrés de libertés (dl)[8]. La distribution t est une famille de distributions avec les caractéristiques suivantes :

1. Moyenne de 0.
2. Symétrique autour de la moyenne.
3. $-\infty < t < \infty$.
4. La variance de t est plus grande que la variance de z (donc >1, plus évasée). Pour n > 3, la variance de t est égale à [dl / (dl - 2)] ou encore [(n - 1) / (n - 3)].
5. Plus « n » augmente, plus la variance de t diminue.
6. La variance de t égale 1 (donc t = z) lorsque « n » = ∞.
7. La distribution t est plus aplatie que la distribution z et les « queues » sont plus hautes par rapport à l'abscisse.
8. Plus « n » s'approche de l'infini, plus la distribution t de Student se rapproche de la distribution z.

La figure 6.5 illustre certaines distributions t par rapport à la distribution z.

---

[8] La distribution t de Student peut tolérer une certaine déviation de la normalité de la variable originale. Cependant, il ne faut pas que la déviation soit trop grande (au moins une distribution en forme de « cloche »).

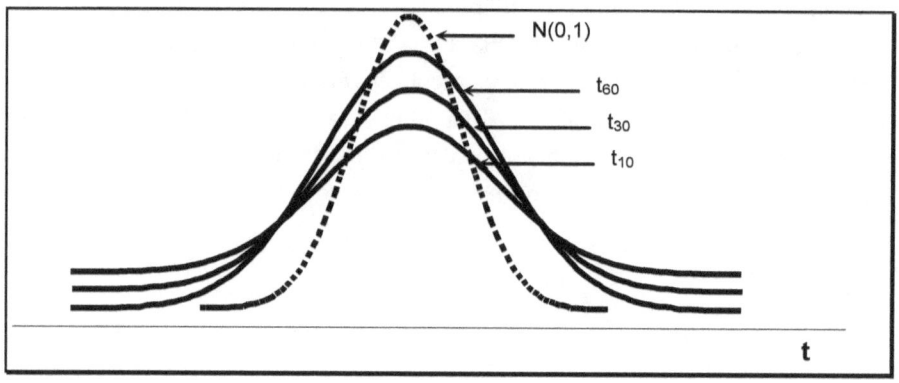

L'intervalle de confiance sur μ dans ces cas (lorsqu'on ne connaît pas σ et que l'échantillon est petit) est donné par la formule 6.8.

FORMULE 6.8

$$IC_{\mu}\left(1-\alpha\right)\% = \overline{x} \pm t_{(\alpha;n-1)}\ s/\sqrt{n}$$

On doit prendre en considération à la fois le coefficient de fiabilité et les degrés de liberté lorsqu'on utilise la table de probabilités de la distribution t de Student. L'intervalle de confiance basé sur t est plus étendu que lorsqu'il est basé sur une distribution z. La taille de l'échantillon affecte l'étendue de l'intervalle de confiance via l'erreur type **et** via la distribution t. Prenons encore l'exemple du poids des enfants à la naissance en **supposant cette fois que σ soit inconnu**. Comme nous travaillons avec de petits échantillons, il faut supposer que $\overline{x} \sim N(\mu, \sigma^2/n)$. Dans ce cas, les intervalles de confiance seront calculés avec la statistique t.

133

Pour l'échantillon 1 :

$$IC_\mu(95\%) = \left[\overline{x} - t_{(0,05;9)} \, s/\sqrt{n} \, ; \overline{x} + t_{(0,05;9)} \, s/\sqrt{n}\right]$$
$$IC_\mu(95\%) = \left[\overline{x} - 2,2622 * 6,862 ; \overline{x} + 2,2622 * 6,862\right]$$
$$IC_\mu(95\%) = \left[116,9 - 15,5; 116,9 + 15,5\right]$$
$$IC_\mu(95\%) = \left[101,4; 132,4\right]$$

6.4 Intervalle de confiance sur π

La moyenne populationnelle n'est pas le seul paramètre auquel on s'intéresse. On peut vouloir estimer, par exemple, π, une proportion paramétrique. Dans un article de *La Presse* du 17 novembre 1998, alors que le Québec nageait en pleine campagne électorale, André Pratte écrivait :

> *Les sympathisants libéraux attendent avec impatience le débat des chefs de ce soir. Selon le plus récent sondage CROP-La Presse-TVA-Toronto Star, 73 % des électeurs libéraux jugent important cet affrontement entre leur chef et le premier ministre Lucien Bouchard.*

Ce 73 % ne constitue pas le pourcentage **populationnel** des libéraux qui jugent le débat important mais plutôt une estimation « p ». On rapporte d'ailleurs que ce sondage a été réalisé entre les 6 et 11 novembre 1998 auprès de 1007 personnes. On pourrait construire un intervalle de confiance sur π pour tenter d'estimer la proportion paramétrique avec une certaine certitude. On se rappellera que la distribution d'échantillonnage de « p » suit, selon certaines conditions, une distribution normale avec une moyenne π et une erreur type :

FORMULE 6.9
$$\sigma_p = \sqrt{\frac{\pi(1-\pi)}{n}}$$

L'intervalle de confiance sera donc calculé par la formule 6.10.

$$IC_\pi\left(95\%\right) = p \pm z_{\left(\alpha/2\right)}\sqrt{\frac{\pi(1-\pi)}{n}}$$

Nous n'avons pas π, nous estimerons donc l'erreur type par :

$$s_p = \sqrt{\frac{p(1-p)}{n}}$$

FORMULE 6.11

En théorie, lorsque nous **estimons** la vraie erreur type d'une statistique suivant une distribution normale, nous devons changer le coefficient de fiabilité « z » pour un coefficient « t » dans le calcul de l'intervalle de confiance. Cependant, pour répondre aux présuppositions de base que π et $(1 - \pi)$ sont supérieurs à 10 (conditions pour que la distribution d'échantillonnage de « p » soit normale), il faut travailler avec de gros échantillons. Par le fait même, nous aurons beaucoup de degrés de liberté. Dans ce cas, la distribution t se rapproche de la distribution z. Nous utiliserons donc malgré tout un coefficient « z » dans le calcul d'un intervalle de confiance sur π.

$$IC_\pi\left(95\%\right) = p \pm z_{\left(\alpha/2\right)}\sqrt{\frac{p(1-p)}{n}}$$

FORMULE 6.12

Dans l'exemple qui nous intéresse :

$$IC_\pi(95\%) = 0{,}73 \pm 1{,}96\sqrt{\frac{0{,}73(0{,}27)}{1007}}$$
$$= 0{,}73 \pm 1{,}96(0{,}014)$$
$$= 0{,}73 \pm 0{,}027$$
$$= [0{,}70; 0{,}76]$$

Selon cet intervalle de confiance, nous sommes à 95 % certains que la vraie proportion de libéraux qui jugeaient le débat télévisé important se situait entre 70 % et 76 %. Remarque intéressante, l'article rapporte que le sondage comporte *une marge d'erreur maximale de 3 points, 19 fois sur 20*. Que veux dire cette expression ?

6.5 Sommaire du chapitre

Nous avons vu dans ce chapitre que nous pouvons estimer les paramètres populationnels par différents estimateurs. Les estimations que nous calculons peuvent être des estimations ponctuelles ou des estimations par intervalles. Les estimations ponctuelles ne nous donnent pas d'informations sur leur précision alors que les estimations par intervalle, oui. On peut estimer n'importe quel paramètre. Il s'agit d'avoir une formule de calcul pour l'estimateur.

6.6 Exercices

1. Un clinicien veut estimer avec une certitude à 99 % la force maximale d'un muscle dans une population définie. Il est prêt à assumer que la variable « force musculaire maximale » est normalement distribuée avec une variance paramétrique de 1,44. D'un échantillon de 15 individus, il a calculé une moyenne de 84,3. Calculez l'intervalle de confiance sur μ.

2. Un échantillon de 25 garçons de 10 ans présente un poids moyen et un écart type de 73±10 lbs. En présumant que la population source est normalement distribuée, calculez les intervalles de confiance sur μ à 90 %, 95 % et 99 %.

3. Expliquez la différence entre un coefficient de fiabilité et un seuil de confiance.

4. Le tableau suivant donne les observations de 5 échantillons de 10 données sur le temps de réaction (en millisecondes) de la main droite à une commande auditive. En supposant que σ soit égal à 6,9 millisecondes, construisez un intervalle de confiance avec une erreur d'estimation α de 0,05 pour chacun des 5 échantillons.

Individu	Échant. 1	Échant. 2	Échant. 3	Échant. 4	Échant. 5
1	16	16	31	33	16
2	33	31	16	27	33
3	21	20	25	17	14
4	20	15	30	25	23
5	15	14	21	25	24
6	14	24	29	24	17
7	19	24	35	14	29
8	29	19	17	32	36
9	13	22	21	17	12
10	29	28	18	32	29
Moyenne	20,90	21,30	24,30	24,60	23,30

5. Supposons que vous ne connaissiez pas σ dans la population de la question 4, construisez un intervalle de confiance sur μ avec un seuil de confiance de 0,95 pour chacun des cinq échantillons. Comparez vos résultats à ceux de la question précédente.

6. Dans un échantillon d'individus souffrant d'un handicap physique particulier, on a calculé le temps requis pour exécuter une tâche. Le temps moyen requis dans un échantillon de neuf patients était de sept minutes et la variance échantillonnale de ±4. Si cette variable suit une distribution normale, calculez un intervalle de confiance sur μ à 90 %. Interprétez votre réponse.

7. Un chercheur désire établir la relation entre un médicament et le développement d'une anomalie chez des embryons de poulet. Il prend au hasard 50 œufs fécondés et y injecte le médicament au 4ème jour d'incubation. Au 20ème jour d'incubation, il examine les embryons pour déceler la présence de l'anomalie en question. Douze des embryons présentent l'anomalie. Calculez l'intervalle de confiance sur π (la proportion paramétrique des embryons présentant l'anomalie) à 90 %, 95 % et 99 %.

8. Dans un échantillon de 140 sujets asthmatiques, 35 % des patients présentent une allergie à la poussière. Calculez un intervalle de confiance à 95 % sur les sujets asthmatiques qui auraient une allergie à la poussière.

9. On a fait un sondage en hygiène industrielle dans une région métropolitaine. Sur un échantillon aléatoire de 70 manufactures,

21 d'entre elles ont reçu une cote « faible » en ce qui concerne la sécurité au travail. Calculez un intervalle de confiance à 95 % sur π, la proportion paramétrique des industries qui recevraient une cote « faible ».

Bibliographie

Rosner, B. (2000). Estimation. In B. Rosner, *Fundamentals of Biostatistics* (5th ed., pp. 157-211). Pacific Grove, CA, USA: Duxbury.

Chapitre 7 : Test d'hypothèses

7.1 Présentation du chapitre

On a vu au chapitre 6 une des façons de faire de l'inférence statistique, l'intervalle de confiance. Dans le présent chapitre, on présente une deuxième façon de faire de l'inférence, le test d'hypothèses. Le but principal du test d'hypothèses est d'aider le chercheur-clinicien à tirer des conclusions relatives à ses questions de recherche. Est-ce que l'hôpital A est plus occupé que l'hôpital B? Est-ce que les taux de mortalité sont différents dans ces deux hôpitaux? Si oui, pourquoi? On peut répondre à ces questions par des tests d'hypothèses. Cependant, les intervalles de confiance sont très près des tests d'hypothèses. Nous tenterons de démontrer leurs ressemblances dans le présent chapitre.

7.2. Un retour sur l'estimation

Lorsqu'on fait une estimation, on ignore évidemment la valeur du paramètre à estimer. On estime le paramètre à partir d'une règle de calcul (estimateur) comme on l'a vu au chapitre 6. Comme pour l'estimation, un des buts du test d'hypothèses est d'aider à prendre une décision concernant la population en examinant le comportement d'un ou des échantillons tirés de cette population.

On peut définir une hypothèse comme étant un énoncé au sujet d'un certain aspect d'une population. Les chercheurs-cliniciens considèrent deux types d'hypothèses: les hypothèses de recherche et les hypothèses statistiques. Une hypothèse de recherche est une supposition qui motive/justifie la recherche. L'hypothèse statistique est un énoncé qui peut être évalué par un test statistique approprié (Daniel, 1999, p.205).

7.3 Terminologie

Avant de commencer le chapitre, voici quelques définitions qui aideront le lecteur.

1. **Hypothèse nulle** (H_0) : hypothèse statistique qui fera l'objet de la décision statistique résultant de l'application d'un test d'hypothèses.

2. **Hypothèse alternative** (H_1) : hypothèse statistique complémentaire à H_0.

$$\text{Statistique de test} = \frac{\text{estimateur} - \text{paramètre sous } H_0}{\text{erreur type de l'estimateur}}$$

3. **Règle décisionnelle** : règle indiquant les valeurs limites particulières de la statistique de test (au **seuil de signification** α) nous amenant à rejeter ou non l'hypothèse nulle (décision statistique). La distribution d'une statistique de test est ainsi divisée en deux régions : la région de non-rejet et la ou les régions de rejet.

4. **Erreur de première espèce** : erreur commise lorsque l'hypothèse nulle est rejetée alors qu'elle aurait dû être acceptée, c'est-à-dire alors qu'elle est vraie.

5. $P(\text{erreur } 1^{\text{ère}} \text{ espèce}) = \alpha$

6. **Erreur de deuxième espèce** : erreur commise lorsque l'hypothèse nulle est acceptée alors qu'elle aurait dû être rejetée, c'est-à-dire alors qu'elle est fausse.

141

7. P(erreur 2ème espèce) = β

8. **Degré de signification** (*p-value*) : probabilité d'obtenir, si l'hypothèse nulle est vraie, un résultat aussi ou plus extrême que ce qui a été observé dans notre échantillon. Si $p < \alpha$, on dira que le résultat est **statistiquement significatif** (on rejette H_0).

7.4 Structure d'un test d'hypothèses

Un test d'hypothèses est décomposé ici en neuf étapes qui aident à déterminer si notre hypothèse est plausible ou non et à s'assurer qu'on ne saute pas à des conclusions erronées en oubliant les postulats de base. La figure 7.1 schématise le processus.

7.5 Les étapes d'un test d'hypothèses

Les tests d'hypothèses dans ce livre seront présentés systématiquement en neuf étapes :

1. La nature des variables : On doit déterminer la nature des variables (numériques, ordinales, nominales). Le niveau de mesure des variables indépendantes et dépendantes déterminera l'approche statistique qu'on peut utiliser.

2. Les postulats : L'approche générale est modulée par des postulats portant entre autres sur la normalité des distributions, l'égalité des variances et l'indépendance des observations.

3. Les hypothèses statistiques : Il existe deux hypothèses statistiques dans un test d'hypothèses. Elles portent sur les paramètres qui nous intéressent et doivent être clairement énoncées. La première hypothèse est l'hypothèse à être testée dans le cadre de l'étude. C'est l'**hypothèse nulle** et elle est désignée H_0. En général, elle est énoncée dans le but avoué d'être discréditée. Donc, le complément de ce que

le chercheur désire démontrer forme l'hypothèse nulle. À la suite d'un test d'hypothèses, H_0 peut être rejetée ou non rejetée. Si on rejette l'hypothèse nulle, on dira que les données ne sont pas compatibles avec H_0 mais supportent l'**hypothèse alternative**, désignée H_1. Dans le cas d'un « non-rejet », on dira que les données ne nous donnent pas d'évidence suffisante pour justifier un rejet de H_0.

FIGURE 7.6 : STRUCTURE D'UN TEST D'HYPOTHÈSES

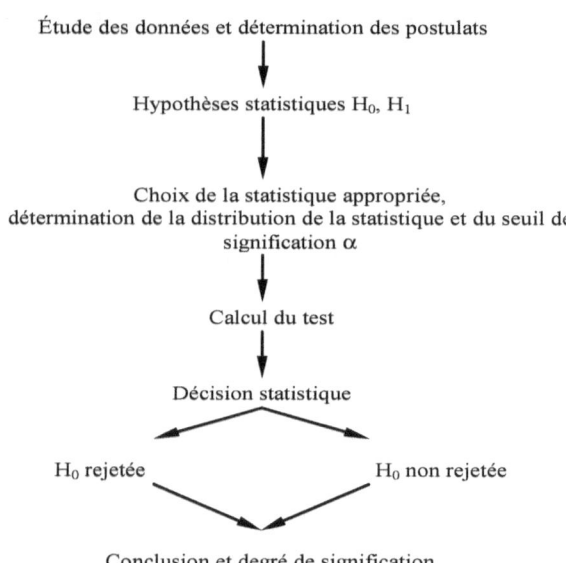

Règles générales des hypothèses statistiques :

A. Ce qu'on aimerait conclure à la suite d'un test d'hypothèses devrait être placé dans l'hypothèse alternative.

B. L'hypothèse nulle devrait se présenter sous une forme d'égalité quelconque (=, ≤, ≥).

143

C. L'hypothèse nulle est l'hypothèse à être testée.

D. Les hypothèses nulle et alternative doivent être complémentaires, c'est-à-dire mutuellement exclusives et collectivement exhaustives.

4. <u>Le choix de la statistique</u> : Il s'agit à cette étape de déterminer la statistique qui nous intéresse. C'est sur cette statistique que portera le test d'hypothèses. Par exemple, on peut prendre la statistique $\overline{X}$ pour tester une hypothèse sur μ ou encore une différence comme $\left(\overline{X}_1 - \overline{X}_2\right)$ pour tester une hypothèse sur la différence de deux moyennes populationnelles. À partir de la statistique choisie, on appliquera un test qui prendra la forme générale de:

$$Test = \frac{statistique - paramètre H_0}{erreur\,°type}$$

C'est la valeur calculée de ce test qui nous permettra de prendre une décision sur la valeur probable du paramètre populationnel.

5. <u>La distribution de la statistique</u> : La clé de l'inférence statistique réside dans la connaissance de la distribution d'échantillonnage de la statistique qui nous intéresse. Lorsqu'on connaît la distribution d'échantillonnage d'une statistique, on peut tirer des conclusions basées sur des évidences probabilistes. Si les postulats sont remplis, on peut, sous l'hypothèse nulle, standardiser la statistique choisie en une distribution connue.

Par exemple, on sait que si la statistique $\overline{X}$ suit une distribution normale, on peut la standardiser comme à la formule 7.1.

$$z = \frac{\overline{x} - \mu_0}{\sigma / \sqrt{n}}$$

FORMULE 7.1

144

qui suivra, sous l'hypothèse nulle, une distribution normale centrée réduite. Si $\overline{X}$ suit une distribution normale et qu'on ne connaît pas σ, on doit la standardiser comme à la formule 7.2.

$$t = \frac{\overline{x} - \mu_0}{s / \sqrt{n}}$$

FORMULE 7.2

qui, si les postulats sont vrais, suivra une distribution t de Student avec (n - 1) degrés de liberté (sous l'hypothèse nulle). La distribution t de Student s'approche d'une distribution normale centrée réduite lorsque les degrés de liberté sont élevés.

6. <u>La règle décisionnelle</u> : Dans une distribution d'échantillonnage, toutes les valeurs que peut prendre la statistique sont réparties sur l'abscisse du graphique. Nous diviserons la distribution en deux régions telles qu'illustrées à la figure 7.2, la région « d'acceptation » ou de « non-rejet » de l'hypothèse nulle, et la région de rejet (qui peut être bilatérale ou unilatérale). Les valeurs du test statistique qui se trouvent dans la région de rejet représentent les valeurs de la statistique les moins plausibles si l'hypothèse nulle est vraie.

FIGURE 7.7 : ILLUSTRATION DES RÉGIONS DE REJET ET DE NON-REJET D'UN TEST D'HYPOTHÈSES

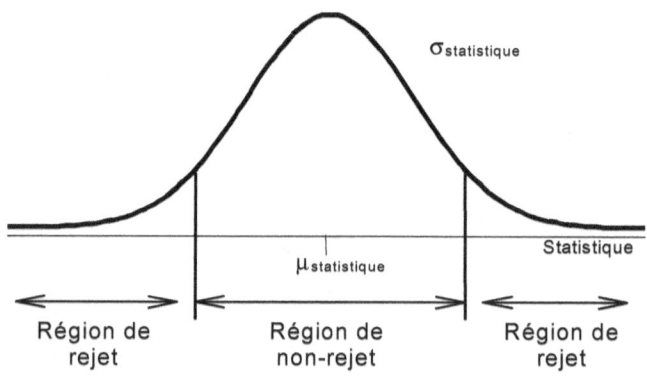

145

Les valeurs qui tombent dans la région de non-rejet sont celles qui ont une plus grande probabilité de se produire si l'hypothèse nulle tient. La règle décisionnelle nous dicte :

A. de rejeter H_0 si la valeur du test statistique calculée se trouve dans la région de rejet (région peu probable), ou

B. de ne pas rejeter H_0 si la valeur du test statistique calculée se trouve dans la région de non-rejet (région probable).

C'est le chercheur qui détermine le niveau de signification (et donc la règle décisionnelle) qu'il **désire obtenir (1-α). Le chercheur qui prend un seuil de signification α accepte de rejeter une** hypothèse nulle vraie qui, par le hasard d'échantillonnage, aurait une valeur tombant dans la région de rejet. Autrement dit, s'il répétait l'échantillonnage dans une population où H_0 est vraie, il rejetterait une **hypothèse nulle vraie** 100α % du temps. Comme le rejet d'une hypothèse nulle vraie constitue une erreur, il semble raisonnable de diminuer la probabilité de commettre une telle erreur. On choisira donc un seuil α faible de façon à diminuer les chances de rejeter une hypothèse nulle qui serait vraie (0,005 ; 0,01 ou 0,05). L'erreur commise en rejetant une hypothèse nulle vraie s'appelle l'erreur de **première espèce** (erreur de type I ou erreur α). La probabilité de commettre une telle erreur = α. Il existe aussi un autre type d'erreur, l'erreur de **deuxième espèce** (erreur de type II ou erreur β). C'est la probabilité de ne pas rejeter une hypothèse nulle qui serait fausse en réalité. La probabilité de commettre une telle erreur = β. Nous verrons plus loin les implications d'une telle erreur.

Lorsqu'on rejette H_0, on connaît la probabilité de commettre une erreur puisque c'est nous qui déterminons α. Cependant, lorsqu'on ne rejette pas H_0, on ne connaît pas la probabilité de commettre une erreur de deuxième espèce puisqu'on n'exerce aucun contrôle sur la valeur de β. On sait qu'habituellement $\beta > \alpha$.

7. <u>Le calcul du test statistique</u> : À partir des données de l'échantillon, on calcule la valeur du test et on évalue si elle se trouve dans la région de rejet ou dans la région de non-rejet déterminées au préalable.

8. <u>La décision statistique</u> : Au seuil α déterminé, on rejette ou non l'hypothèse nulle sur une base statistique.

9. <u>Conclusion et degré de signification</u> : Si on rejette H_0, on conclut que H_1 est vraie. Si on ne rejette pas H_0, on conclut que H_0 peut être vraie. Lorsque la valeur du test statistique nous amène à rejeter H_0, on dit que les résultats sont **significatifs** au seuil de signification α. Cependant, il est plus intéressant de calculer le degré de signification du test (*p-value*), c'est-à-dire la probabilité d'obtenir une valeur aussi ou plus extrême que la valeur du test calculée si H_0 est vraie. Le degré de signification peut être défini comme étant la plus petite valeur de α pour laquelle H_0 pourrait être rejetée. Dans le cas où l'on rejette l'hypothèse nulle, le degré de signification peut être interprété comme la probabilité de se tromper, c'est-à-dire de rejeter l'hypothèse nulle alors qu'elle serait vraie.

La règle générale est la suivante :

A. Si $p \leq \alpha$, on rejette H_0

B. Si $p > \alpha$, on ne rejette pas H_0.

Donner le degré de signification est souvent plus informatif que de dire, par exemple, « les résultats sont significatifs au seuil de signification de 0,05 » ou « les résultats ne sont pas significatifs au seuil de signification de 0,05 ». Le tableau 7.1 illustre ces résultats.

7.6 Décision statistique vs réalité

Dans un test d'hypothèses, on ignore la réalité, c'est-à-dire que l'on ignore si H_0 est vraie ou non. On prend une décision probabiliste à partir des résultats de notre échantillon et des hypothèses qu'on voulait tester au départ. Il y a quatre possibilités tel qu'illustrées au tableau 7.2. La figure 7.4 illustre aussi les différentes situations.

TABLEAU 7.1 : INTERPRÉTATION DU RÉSULTAT D'UN TEST D'HYPOTHÈSES

Résultats statistiquement significatifs	= rejet de l'hypothèse nulle	= la valeur observée dans l'échantillon est incompatible avec l'hypothèse nulle	= la variation due à l'échantillonnage a peu de chances de pouvoir expliquer la différence entre la valeur de l'hypothèse nulle et celle observée dans l'échantillon
Résultats statistiquement non significatifs	= non-rejet de l'hypothèse nulle	= la valeur observée dans l'échantillon est compatible avec l'hypothèse nulle	= la variation due à l'échantillonnage joue « probablement » un rôle dans l'explication de la différence entre la valeur de l'hypothèse nulle et celle observée dans l'échantillon

Il existe une probabilité de rejeter l'hypothèse nulle même si elle est vraie dans la réalité. Cette probabilité est l'erreur α :

$P(\text{erreur } \alpha) = P(\text{rejet de } H_0 \mid H_0 \text{ est vraie}) = \alpha$

Il existe aussi une probabilité d'accepter l'hypothèse nulle même si elle est fausse dans la réalité. Cette probabilité est l'erreur β :

$P(\text{erreur } \beta) = P(\text{non-rejet de } H_0 \mid H_1 \text{ est vraie}) = \beta$

On ignore si la décision est bonne mais on devrait connaître les probabilités de commettre une erreur (voir fig.7.3).

TABLEAU 7.2 : POSSIBILITÉS STATISTIQUES

		Vraie situation	
		H_1 vraie	H_0 vraie
Conclusion du test d'hypothèses	Rejet de H_0	$(1 - \beta)$ Puissance	I (Erreur de 1re espèce ou erreur α)
	Pas de rejet de H_0	II (Erreur de 2e espèce ou erreur β)	

FIGURE 7.3 : ERREURS DE PREMIÈRE ET DE DEUXIÈME ESPÈCES.

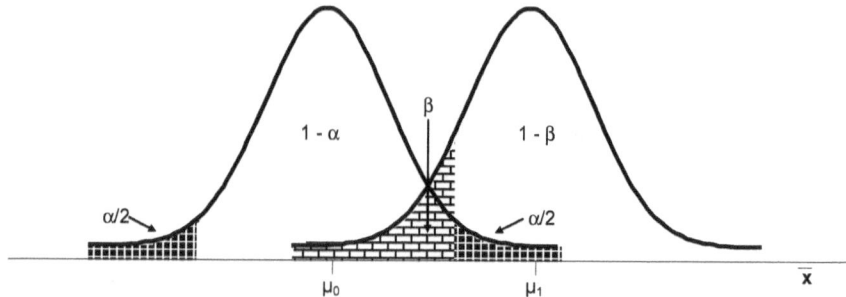

7.6.1 Puissance

La puissance du test est la probabilité que l'étude démontre un résultat statistiquement significatif si la différence existe réellement.

$$P(\text{rejet de } H_0 \mid H_1 \text{ est vraie}) = 1 - \beta$$

Étant donné que la puissance de test est la probabilité de prendre une bonne décision, on veut essayer d'augmenter cette probabilité. Plusieurs facteurs influencent la puissance de test :

1. Plus le seuil α est élevé, plus la puissance est grande.

2. Plus la différence qu'on essaie de trouver est grande, plus la puissance est grande.

3. Plus la taille d'échantillon augmente, plus la puissance est grande.

4. Plus la variance de la variable diminue, plus la puissance est grande.

La figure 7.4 illustre comment ces facteurs influencent la puissance de test et la possibilité de commettre une erreur en prenant une décision basée sur les résultats d'un test d'hypothèses.

7.7 Test d'hypothèses sur une moyenne μ, σ inconnu

Lorsque σ est inconnu (cas les plus fréquents), la standardisation de la statistique $\overline{X}$ par la formule suivante suit une distribution t avec (n - 1) dl[9] :

$$\frac{\overline{x} - \mu}{s/\sqrt{n}}$$

FORMULE 7.3

Par exemple, on étudie la concentration sanguine de glucose 120 minutes après l'ingestion de 100 g de glucose chez 12 patients ayant subi l'ablation du pancréas. Le chercheur sait que la norme est de 440. Cependant, il croit que la population d'où il a tiré son échantillon (population de patients ayant subi l'ablation du pancréas) a une moyenne différente de cette norme.

---

[9] Si l'échantillon est assez grand, la distribution de la variable standardisée se rapproche de la distribution z.

FIGURE 7.4 : FACTEURS INFLUENÇANT LA PUISSANCE DE TEST ($H_0 : \mu = \mu_0$, $H_1 : \mu = \mu_1 (>\mu_0)$)

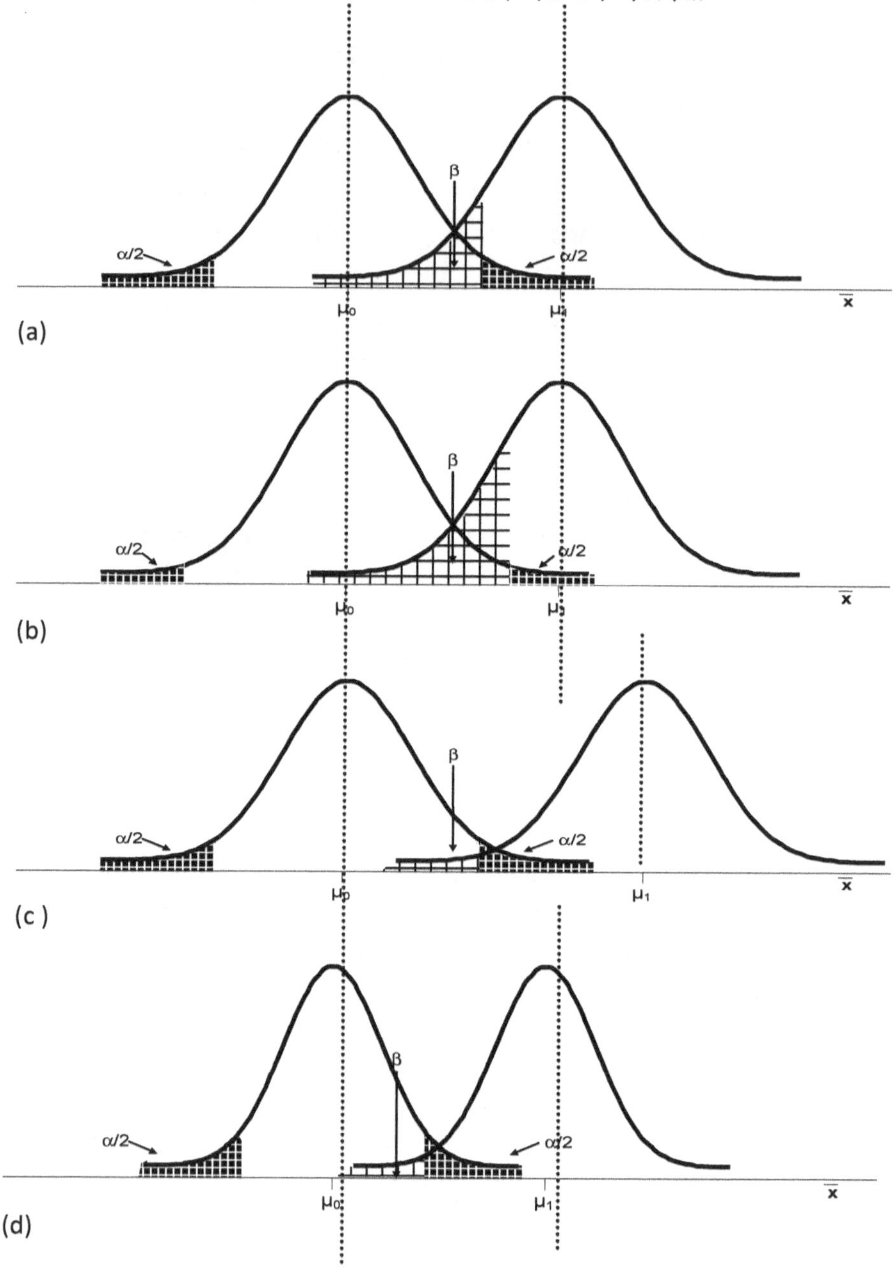

(a)

(b)

(c)

(d)

1. Nature des variables : La concentration sanguine de glucose est une variable numérique, continue, ratio.

2. Postulats : Nous ne savons pas si la variable « concentration sanguine de glucose » suit une distribution normale. Comme nous avons un petit échantillon, nous devons postuler que la variable suit une distribution normale pour s'assurer que la distribution d'échantillonnage de la statistique suivra une distribution normale et ainsi pouvoir procéder au test d'hypothèses. Si on sait par expérience que la distribution de la concentration sanguine de glucose ne suit pas une distribution normale et qu'on a une étude avec un petit échantillon, il faudra choisir un autre test statistique. Dans ce cas, il est acceptable de postuler que la variable suit une distribution normale.

3. Hypothèses statistiques : Les hypothèses statistiques seront:

    $H_0 : \mu = 440$

    $H_1 : \mu \neq 440$

4. Choix de la statistique : Comme l'hypothèse concerne μ, la statistique qui nous intéresse est la moyenne échantillonnale $\overline{X}$.

5. Distribution de la statistique : Si la variable originale suit une distribution normale, la statistique $\overline{X}$ suivra une distribution normale avec une moyenne μ et une erreur type $\sigma_{\overline{x}} = \sigma/\sqrt{n}$. Comme on ne connaît pas σ, on estimera l'erreur-type par $s_{\overline{x}} = s/\sqrt{n}$.

6. Règle décisionnelle : Choisissons un seuil de signification $\alpha=0,05$. Comme on ne connaît pas la variance populationnelle et que notre échantillon est petit, on utilisera un test statistique suivant une distribution t. Les valeurs pour ce test de t bilatéral avec 11 (n - 1) degrés de liberté qui délimiteront la région de non-rejet sont $\pm$ 2,2010.

7. Calcul du test : La moyenne observée dans notre échantillon est $\overline{X}$ = 407,6, avec un écart type s = 119,7. Calculons la statistique t :

$$t_{calc} = \frac{407,6 - 440}{119,7/\sqrt{12}} = -0,938$$

8. Décision statistique : La valeur de t_{calc} = -0,938, se trouve dans la région de non-rejet de l'hypothèse nulle (voir fig.7.5). On ne peut donc pas rejeter l'hypothèse nulle à un seuil de 0,05.

FIGURE 7.5 : ILLUSTRATION DES RÉSULTATS SOUS H_0.

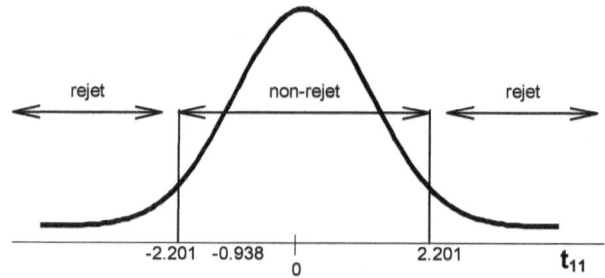

9. Conclusion et degré de signification : Les résultats de l'échantillon étant compatibles avec une distribution populationnelle présentant une moyenne μ de 440, il n'y a pas d'évidence statistique que l'échantillon provienne d'une population dont la moyenne est différente de la norme. Même si nous ne pouvons rejeter l'hypothèse nulle, nous pouvons calculer le degré de signification des résultats. Cette terminologie semble un non-sens puisque les résultats ne sont pas significatifs. Cependant, la probabilité d'obtenir une valeur de t_{calc} aussi ou plus extrême que -0,938 si l'hypothèse nulle est vraie peut se trouver dans la table de t.

$$P(t_{calc} < -0,938 \text{ ou } t_{calc} > 0,938 \mid H_0) > 0,20$$

Ainsi, les chances d'obtenir un résultat aussi extrême que celui obtenu si l'hypothèse nulle tient sont supérieures à 20 %. Dit autrement, si la moyenne de la population d'où l'on a tiré notre échantillon est effectivement 440, la probabilité qu'un échantillon de 12 sujets ait une

153

moyenne de 407,6 (ou quelque chose de plus extrême) est supérieure à 20 %, ce qui est assez probable.

7.8 Test d'hypothèses sur une différence de moyennes (variances présumées égales)

7.8.1 Détails du test

Admettons qu'on veuille déterminer si deux populations ont des moyennes équivalentes ou non. Par exemple, deux professeurs enseignent le même cours et on veut savoir si les étudiants obtiendraient des moyennes différentes à un test standardisé. On choisit deux échantillons de 15 étudiants au hasard, un dans chaque classe pendant trois années consécutives. Le tableau 7.3 donne les statistiques descriptives des deux échantillons.

TABLEAU 7.3 – STATISTIQUES DESCRIPTIVES DES TESTS STANDARDISÉS POUR DEUX CLASSES

Classe	N	Moyenne	Écart type
A	44	82,5	10,4
B	43	84,2	9,4

1. Nature des variables : La variable dépendante est numérique, en théorie ratio. La variable dépendante ici est le professeur. On a donc une variable catégorielle à deux niveaux, les deux professeurs.

2. Postulats : On postule que les échantillons sont indépendants et que les observations à l'intérieur des échantillons sont indépendantes l'une de l'autre. On doit postuler que la variable dépendante suit une distribution normale si les échantillons sont petits ($n_1 + n_2 < 30$). Dans ce cas, postuler la normalité n'est pas nécessaire. Il faut aussi postuler que les variances populationnelles sont équivalentes. Il y a un test

pour déterminer si ce postulat est plausible, que nous verrons à la section 7.8.2.

3. Hypothèses statistiques : On veut tester si les moyennes sont différentes. Ça revient à la même chose que de tester que la différence des moyennes est différente de 0. Les hypothèses statistiques seront donc:

$$H_0 : \mu_1 - \mu_2 = 0$$

$$H_1 : \mu_1 - \mu_2 \neq 0$$

4. Test statistique : Dans les petits échantillons ($n_1 + n_2 < 30$), si on peut assumer que les variances des deux populations sont égales (c'est-à-dire $\sigma^2_1 = \sigma^2_2$), la statistique t est obtenue par la formule 7.4.

FORMULE 7.4

$$t_{calc} = \frac{(\overline{x}_1 - \overline{x}_2) - (\mu_1 - \mu_2)_0}{s_c \sqrt{\dfrac{1}{n_1} + \dfrac{1}{n_2}}}$$

Dans ce cas, s_c est appelé l'écart type commun ou *pooled*. Il peut être calculé par la formule 7.5. Commentons cette formule. Ayant deux échantillons indépendants, on aura ($n_1 + n_2$) observations indépendantes. Dans le calcul de s_c (qui n'est qu'une moyenne pondérée des écarts types des deux échantillons), il a fallu estimer μ_1 et μ_2 afin de calculer s^2_1 et s^2_2. On aura donc comme degrés de liberté le nombre d'observations indépendantes moins le nombre de paramètres à estimer, i.e. ($n_1 + n_2 - 2$).

Le dénominateur de la formule 7.5 donne les degrés de liberté. **On utilise cette formule quand les échantillons sont petits et les variances populationnelles sont équivalentes.**

FORMULE 7.5

$$s_c = \sqrt{\frac{(n_1 - 1)s^2_1 + (n_2 - 1)s^2_2}{n_1 + n_2 - 2}}$$

155

Dans les grands échantillons (comme dans notre exemple), la statistique t est obtenue par la formule 7.6. On estime σ par s calculé dans les échantillons. Comme les degrés de liberté sont toujours $n_1 + n_2 - 2$, la statistique t suit une distribution t avec beaucoup de degrés de liberté, ce qui se rapproche beaucoup de la distribution z.

FORMULE 7.6

$$t_{calc} = \frac{(\overline{x}_1 - \overline{x}_2) - (\mu_1 - \mu_2)_0}{\sqrt{\dfrac{\sigma_1^2}{n_1} + \dfrac{\sigma_2^2}{n_2}}} \approx z$$

5. Distribution de la statistique : La statistique t calculée suit une distribution t avec $n_1 + n_2 - 2$ degrés de liberté. Dans notre exemple, les échantillons sont $n_1 = 44$ et $n_2 = 43$; il y aura donc 85 degrés de libertés.

6. Règle décisionnelle : Si on choisit un seuil $\alpha = 0,05$, les valeurs qui délimiteront la région de non-rejet avec 85 degrés de liberté (1,9860) se rapprochent de la valeur z au seuil $\alpha = 0,05$ (1,96). Nous rejetterons donc l'hypothèse nulle si $t_{calc} < -1,96$ ou si $t_{calc} > 1,96$.

7. Calcul de la statistique : Comme nous avons de grands échantillons, nous n'avons pas besoin de calculer l'écart type commun. On peut calculer la statistique :

$$t_{calc} = \frac{(\overline{x}_1 - \overline{x}_2) - (\mu_1 - \mu_2)_0}{\sqrt{\dfrac{\sigma_1^2}{n_1} + \dfrac{\sigma_2^2}{n_2}}} \approx z$$

$$t_{calc} = \frac{1,7 - 0}{\sqrt{\dfrac{108,16}{44} + \dfrac{90,25}{43}}} = 0,7963$$

8. Décision statistique : Non-rejet de H_0.

9. Conclusion et degré de signification : Selon ces données, il ne semble pas y avoir de différence significative entre les résultats des deux classes, $p > 0,20$.

Si ces résultats avaient été obtenus à partir de petits échantillons, il aurait fallu postuler la normalité des distributions des notes et on aurait calculé l'erreur type à l'aide la formule 7.4. Par exemple, un chercheur est intéressé à étudier l'effet de deux médicaments différents sur la réduction du taux de glucose sanguin chez des patients atteints de diabète. Il choisit deux échantillons aléatoires, un de taille n= 15 et l'autre n = 12.

1. Nature des variables: La variable dépendante « taux de glucose » est une variable numérique, continue, ratio. La variable indépendante est catégorielle à deux catégories.

2. Postulats: Ici, comme les échantillons sont petits, on doit postuler que la variable « taux de glucose » suit une distribution normale afin que la statistique de test suive une distribution normale et, ainsi, nous permettre de procéder aux tests. On doit de plus postuler que les variances des deux populations sont égales. Encore une fois, il faut aussi postuler l'indépendance des observations et l'indépendance des groupes.

3. Hypothèses statistiques: Les hypothèses nulle et alternative seront définies comme suit :

   $H_0 : \mu_1 - \mu_2 = 0$

   $H_1 : \mu_1 - \mu_2 \neq 0$

4. Choix de la statistique: Nous allons créer une statistique $\left(\overline{x}_1 - \overline{x}_2 \right)$ et déterminer sa distribution d'échantillonnage. Assumant deux populations normales (ou présentant une distribution au moins en forme de cloche) avec respectivement les paramètres (μ_1, σ^2) et (μ_2, σ^2) où σ^2 est la variance des deux populations (c'est-à-dire $\sigma^2_1 = \sigma^2_2 = \sigma^2$), la statistique t est donnée par la formule 7.7.

FORMULE 7.7

$$t_{calc} = \frac{\left(\overline{x}_1 - \overline{x}_2 \right) - \left(\mu_1 - \mu_2 \right)_0}{s_c \sqrt{\dfrac{1}{n_1} + \dfrac{1}{n_2}}}$$

5. Distribution de la statistique: Si les variables originales x_1 et x_2 suivent une distribution normale, les statistiques $\overline{x}_1$ et $\overline{x}_2$ suivront une distribution normale. De ce fait, la statistique $(\overline{x}_1 - \overline{x}_2)$ suivra aussi une distribution normale avec une moyenne $\mu_1 - \mu_2$ et une erreur type :

FORMULE 7.8

$$\sigma_{\overline{x}1-\overline{x}2} = \sqrt{\frac{\sigma_1^2}{n_1} + \frac{\sigma_2^2}{n_2}}$$

Comme nous ne connaissons pas les variances populationnelles, nous devrons estimer l'erreur type. Avec de petits échantillons (n_1 ou $n_2 < 30$), l'erreur type est <u>estimée</u> par la formule 7.9.

FORMULE 7.9

$$\sigma_{\overline{x}1-\overline{x}2} \cong s_c \sqrt{\frac{1}{n_1} + \frac{1}{n_2}}$$

Où s_c représente l'écart type commun aux deux échantillons et se calcule par la formule 7.10

FORMULE 7.10

$$s_c = \sqrt{\frac{(n_1 - 1)s_1^2 + (n_2 - 1)s_2^2}{n_1 + n_2 - 2}}$$

6. Règle décisionnelle: Choisissons un seuil de signification $\alpha = 0,05$. Les valeurs de $t_{(0,05;25)} = \pm 2,0595$ délimiteront la région de non-rejet.
7. Calcul du test: Lors de son étude, le chercheur obtient les résultats suivants pour les concentrations de glucose sanguin :

$$\overline{x}_1 = 97\text{mg}/100\text{ml} \qquad\qquad \overline{x}_2 = 91\text{mg}/100\text{ml}$$
$$s_1^2 = 138(\text{mg}/100\text{ml})^2 \qquad\qquad s_2^2 = 142(\text{mg}/100\text{ml})^2$$
$$n_1 = 15 \qquad\qquad n_2 = 12$$

La statistique du test d'hypothèses $(\overline{x}_1 - \overline{x}_2)$ = 6 mg/100 ml. Comme dans l'exemple précédent, nous sommes intéressés à savoir si cette différence est importante ou simplement due au hasard d'échantillonnage. Calculons d'abord s_c :

$$s_c = \sqrt{\frac{(14)138 + (11)142}{15 + 12 - 2}} = 11{,}82\,\text{mg}/100\text{ml}$$

Ensuite, on peut calculer le test :

$$t_{calc} = \frac{(97-91)-(0)}{11{,}82\sqrt{\dfrac{1}{15}+\dfrac{1}{12}}} = 1{,}31$$

8. Décision statistique: La valeur de t_{calc} se situant dans la zone de non-rejet (voir fig.7.5), nous ne pouvons rejeter l'hypothèse nulle.

9. Conclusions et degré de signification: Nous devons conclure avec ces deux échantillons que les médicaments ne semblent pas différer quant à leur capacité à réduire le taux de glucose sanguin. Les moyennes de taux de glucose sanguin des échantillons sont compatibles avec l'hypothèse nulle d'égalité des moyennes populationnelles au seuil de signification de 0,05. Le degré de signification des résultats (ou encore la probabilité d'obtenir un résultat aussi ou plus extrême que celui obtenu sous H_0), p > 0,20.

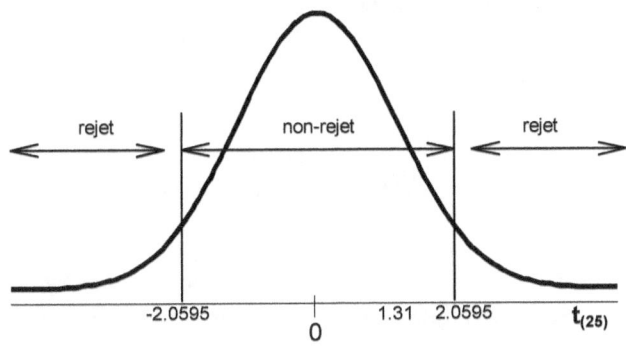

7.8.2 Vérification de l'égalité des variances populationnelles

La vérification de l'égalité des variances populationnelles se fait elle aussi sous forme d'un test d'hypothèses. En théorie, on doit le faire chaque fois que le postulat d'égalité des variances populationnelles doit être vérifié[10].

1. Nature des variables: Les deux variances échantillonnales proviennent d'une variable numérique, continue, ratio.
2. Postulats: Les deux variances proviennent de deux échantillons aléatoires indépendants, chacun tiré d'une population normalement distribuée.
3. Hypothèses statistiques: Les hypothèses statistiques sont:

$$H_0 : \sigma^2_1 \leq \sigma^2_2$$

$$H_1 : \sigma^2_1 > \sigma^2_2$$

On peut faire un test uni ou bilatéral. Pour des raisons pratiques, nous ferons un test unilatéral.

---

[10] Si le test d'égalité des moyennes est fait à l'aide d'un logiciel statistique, le test d'égalité des variances est habituellement fait automatiquement avant le test d'égalité des moyennes.

4. Choix de la statistique : La statistique choisie sera le ratio de variance (VR) dans lequel on placera la variance échantillonnale maximale au numérateur et la variance minimale au dénominateur comme à la formule 7.11.

FORMULE 7.11

$$VR = \frac{s_1^2(\max)}{s_2^2(\min)}$$

5. Distribution de la statistique : Le ratio de variance suivra une distribution F avec $(n_1 - 1)$dl au numérateur (n_1 correspondant à la taille de l'échantillon avec la plus grande variance échantillonnale) et $(n_2 - 1)$dl au dénominateur. Nous verrons plus en détail les caractéristiques de la distribution F au chapitre 8.

6. Règle décisionnelle : Il est habituel de choisir un seuil $\alpha = 0,01$ pour ce test. Comme le test de t résiste aux légères inégalités des variances (il peut tolérer que les variances soient un peu différentes), on ne veut pas rejeter l'hypothèse nulle pour rien (c'est-à-dire lorsque les variances sont peu différentes). Comme nous faisons un test unilatéral, la valeur de F au seuil $\alpha = 0,01$ avec 11dl au numérateur (la taille de l'échantillon avec la variance maximale est de 12) et 14dl au dénominateur (la taille de l'échantillon avec la variance minimale est de 15) se situe entre 3,66 et 3,94. Pour toute valeur du test calculée supérieure à 3,66, on devra rejeter l'hypothèse nulle.

7. Calcul du test :

$$VR = \frac{142}{138} = 1,03$$

8. Décision statistique : Comme la valeur du ratio de variance calculé est inférieure à 3,66, on ne peut rejeter l'hypothèse nulle.

9. Conclusion et degré de signification : Il n'y a pas d'évidence statistique nous indiquant que les variances populationnelles sont différentes, $p > 0,10$.

7.9 Test d'hypothèses sur une différence de moyennes (variances inégales)

Reprenons l'exemple des deux professeurs (section 7.8.1) mais, cette fois, on obtient les résultats du tableau 7.4. Pour les besoins de cet exemple, disons que nous n'avons pas d'information sur la normalité des notes ou sur l'égalité des variances.

TABLEAU 7.4 – STATISTIQUES DESCRIPTIVES DES TESTS DES DEUX GROUPES

Classe	N	Moyenne	Écart type
A	40	81,5	±12,7
B	42	86,2	±7,5

On doit d'abord tester l'égalité des variances.

1. Nature des variables: Les deux variances échantillonnales proviennent d'une variable numérique, continue, ratio.

2. Postulats: Les deux variances proviennent de deux échantillons aléatoires indépendants, chacun tiré d'une population normalement distribuée.

3. Hypothèses statistiques: Les hypothèses statistiques sont:

$$H_0 : \sigma^2_1 \leq \sigma^2_2$$

$$H_1 : \sigma^2_1 > \sigma^2_2$$

On peut faire un test uni ou bilatéral. Pour des raisons pratiques, nous ferons un test unilatéral.

4. Choix de la statistique : La statistique choisie sera le ratio de variance (VR) dans lequel on placera la variance échantillonnale maximale au numérateur et la variance minimale au dénominateur.

162

$$VR = \frac{s_1^2(max)}{s_2^2(min)}$$

5. Distribution de la statistique : Le ratio de variance suivra une distribution F avec 39dl au numérateur et 41dl au dénominateur.

6. Règle décisionnelle : On choisira un seuil α = 0,01 pour ce test. La valeur de F au seuil α = 0,01 avec 39dl au numérateur et 41dl au dénominateur se situe autour de 2,11. Pour toute valeur du test calculée supérieure à 2,11, on devra rejeter l'hypothèse nulle.

7. Calcul du test :

$$VR = \frac{161,29}{56,25} = 2,87$$

8. Décision statistique : Comme la valeur du ratio de variance calculé est supérieure à 2,11, on doit rejeter l'hypothèse nulle.

9. Conclusion et degré de signification : Il semble statistiquement raisonnable de considérer les variances populationnelles différentes p < 0,005.

On peut donc maintenant passer au test pour comparer les deux moyennes mais, cette fois, il faut modifier le test parce que le postulat d'égalité des variances ne tient pas.

1. Nature des variables : La variable dépendante est numérique, en théorie ratio. La variable dépendante ici est le professeur. On a donc une variable catégorielle à deux niveaux, les deux professeurs.

2. Postulats : On postule que les échantillons sont indépendants et que les observations à l'intérieur des échantillons sont indépendantes l'une de l'autre. Comme les échantillons sont grands (n_1 et n_2 > 30), il n'est pas nécessaire de postuler la normalité des observations parce que la statistique (par le théorème de la limite centrale) suivra une distribution normale. On sait aussi qu'on ne peut pas postuler l'égalité des variances.

3. Hypothèses statistiques : On veut tester si les moyennes sont différentes. Ça revient à la même chose que de tester que la

différence des moyennes est différente de 0. Les hypothèses statistiques seront donc:

$$H_0 : \mu_1 - \mu_2 = 0$$

$$H_1 : \mu_1 - \mu_2 \neq 0$$

4. Test statistique : La statistique, qui n'est pas exactement une statistique t, est obtenue par la formule 7.12. On estime σ par s calculé dans les échantillons.

FORMULE 7.12

$$t^* = \frac{(\bar{x}_1 - \bar{x}_2) - (\mu_1 - \mu_2)_0}{\sqrt{\dfrac{\sigma_1^2}{n_1} + \dfrac{\sigma_2^2}{n_2}}}$$

5. Distribution de la statistique : La statistique calculée (t*) suit une distribution différente de la distribution t. Pour connaître les valeurs déterminant la région de non-rejet, on devra utiliser une approche différente.
6. Règle décisionnelle : Si on choisit un seuil $\alpha = 0,05$, les valeurs qui délimiteront la région de non-rejet sont calculées par l'équation 7.13.

FORMULE 7.13

$$t^* = \frac{w_1\, t_1 + w_2\, t_2}{w_1 + w_2}$$

Dans cette équation, $w_1 = s_1^2 / n_1$ et $w_2 = s_2^2 / n_2$. Aussi t_1 est la valeur t au seuil alpha déterminé avec $n_1 - 1$ degrés de liberté et t_2 est la valeur de t au seuil alpha déterminé avec $n_2 - 1$ degrés de liberté. Ainsi les valeurs t qui déterminent la région de non-rejet sont :

$$t* = \frac{(4,0325*2,0226)+(1,3393*2,0192)}{(4,0325+1,3393)}$$

$$t* = \frac{8,1511+2,7057}{5,3718}$$

$$t* = \pm 2,0218$$

7. Calcul de la statistique : On peut calculer la statistique comme suit :

$$t*_{calc} = \frac{(\bar{x}_1 - \bar{x}_2) - (\mu_1 - \mu_2)_0}{\sqrt{\dfrac{s_1^2}{n_1} + \dfrac{s_2^2}{n_2}}}$$

$$t*_{calc} = \frac{-4,7 - 0}{\sqrt{4,03 + 1,34}} = -2,0285$$

8. Décision statistique : Comme -2,0285 est situé dans la zone de rejet négative, on rejette de H_0.

9. Conclusion et degré de signification : Selon ces données, il existe une différence significative entre les résultats des deux classes, $p < 0,05$.

7.10. Test d'égalité des moyennes à partir de mesures appariées

Lorsqu'on compare deux groupes indépendants, il est possible que des facteurs extérieurs aient pu influencer les résultats. Dans l'exemple sur l'effet des médicaments sur le taux de glucose sanguin (section 7.8.1 du présent chapitre), la diète ou le niveau d'activité physique peuvent être des facteurs extérieurs qui ont pu influencer les résultats individuels.

Un moyen de tenir compte de ces facteurs « pronostics » est d'apparier les sujets des deux groupes par paires en fonction du ou des facteurs extérieurs pouvant influencer les résultats. Chaque paire sera constituée de deux mesures provenant de deux « populations », et ces mesures seront identiques (ou du moins semblables) quant aux facteurs contrôlés. On espère, en

165

procédant de la sorte, que la différence à l'intérieur d'une paire n'est due qu'au traitement étudié et non aux facteurs extérieurs.

On peut considérer l'appariement sous deux aspects :

1. Chaque paire est constituée de deux individus distincts mais appariés quant aux facteurs extérieurs. Par exemple, si l'âge est une variable qui influence les résultats dans une étude, on peut prendre deux sujets du même âge et les mettre au hasard dans un des deux groupes étudiés. On procède ainsi pour différents groupes d'âge.
2. Chaque paire est constituée de deux mesures prises chez un même individu. Par exemple, si l'on prend une mesure avant traitement et une mesure après traitement chez un même individu, la paire consiste en deux mesures, une avant le traitement, l'autre après le traitement. Chaque paire de mesures est appariée puisqu'elle provient du même individu.

On obtient avec ce genre de devis un échantillon de différences (provenant de chaque paire), dénotées « d_i », où i est l'indice d'une différence et varie de 1 à n, le nombre de paires.

7.10.1 Exemple

Supposons que l'on veuille étudier l'effet d'un certain stimulus sur la pression artérielle systolique (PAS). Pour ce faire, on a choisi au hasard 12 individus mâles dont on mesurera la pression artérielle systolique avant et après l'application du stimulus. Ce devis de recherche nous donnera donc des mesures appariées.

1. Nature des variables : La variable dépendante « pression artérielle systolique » est une variable numérique, continue, ratio. La variable indépendante est catégorielle à deux niveaux (avant et après traitement). La variable d'appariement est le sujet.
2. Postulats : Dans ce type de comparaison, nous devons postuler que la population des « différences » entre les deux mesures a une

distribution normale. Nous expliquerons plus loin en quoi consiste cette population « artificielle ».

3. Hypothèses statistiques : Dans cet exemple, nous voulons savoir si le stimulus a un effet sur la pression systolique. Dans l'affirmative, la pression systolique après l'application du stimulus devrait être différente de la pression avant le stimulus. C'est donc dire que la différence moyenne entre ces deux pressions devrait être différente de 0 si le stimulus a un effet.

    Les hypothèses nulle et alternative seront les suivantes,

    $$H_0 : D = 0$$

    $$H_1 : D \neq 0$$

    c'est-à-dire que la « moyenne paramétrique des différences » (D) de la « population des différences », dont l'échantillon provient, est nulle. Il s'agit donc dans son essence d'un test d'hypothèses sur une population : celle des différences.

4. Choix de la statistique : La statistique utilisée sera la moyenne $\overline{d}$ des différences dans notre échantillon, comme l'indique l'équation 7.14.

    $$\overline{d} = \frac{1}{n} \sum_{i=1}^{n} d_i$$

FORMULE 7.14

5. Distribution de la statistique (fig. 7.6) : Dans la population des différences, les d_i (différences individuelles) suivront, si les variables x_1 et x_2 ont une distribution normale, une distribution normale avec une moyenne D et un écart type σ_d. Comme on ne connaît pas σ_d, on l'estimera par l'écart type échantillonnal, s_d donné par la formule 7.15.

    $$s_d = \sqrt{\frac{1}{n-1} \sum_{i=1}^{n} \left(d_i - \overline{d} \right)^2}$$

FORMULE 7.15

La statistique $\overline{d}$ aura une distribution d'échantillonnage normale avec une moyenne D et l'erreur type de la moyenne $\overline{d}$ sera <u>estimée</u> par l'équation 7.16.

$$\sigma_{\overline{d}} \cong \frac{s_d}{\sqrt{n}}$$

FORMULE 7.16

« n » étant le nombre de paires. Une fois standardisée, cette statistique suivra une distribution t avec (n-1)dl (qu'on approximera avec la distribution z lorsque le nombre de dl est grand).

FIGURE 7.7 : REPRÉSENTATION DE LA DISTRIBUTION DE LA VARIABLE D ET DE LA STATISTIQUE $\overline{d}$

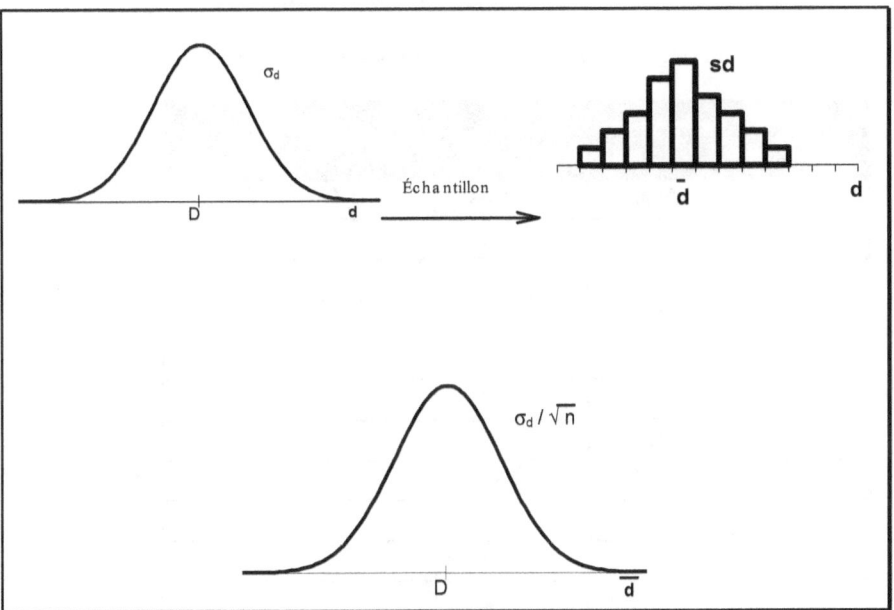

6. Règle décisionnelle : Choisissons un seuil de signification α = 0,05. Si on se réfère à la table de probabilités de la distribution t de Student, les valeurs de t délimitant la région de non-rejet d'une distribution avec 11dl seront ±2,2010.

7. Calcul du test : La statistique de test se calcule comme à la formule 7.17.

FORMULE 7.17

$$t_{calc} = \frac{\overline{d} - D_0}{s_d / \sqrt{n}}$$

qui suivra une distribution t de Student avec (n - 1)dl sous l'hypothèse nulle. Si dl > 30 (le nombre de paires -1), la distribution t se rapprochera de la distribution z et on utilisera la table de z pour trouver les probabilités associées au résultat du test. Le chercheur obtient les résultats présentés au tableau 7.5.

TABLEAU 7.5 : DONNÉES D'UN ÉCHANTILLON DE 12 SUJETS, MESURES PRÉ/POST STIMULUS

# sujet	PAS (mm Hg)		Différences (mm Hg)
	Avant	Après	d_i (x_{iPOST} - $x_{iPRÉ}$)
1	120	128	8
2	124	131	7
3	130	131	1
4	118	127	9
5	140	132	-8
6	128	125	-3
7	140	141	1
8	135	137	2
9	126	118	-8
10	130	132	2
11	126	129	3
12	127	135	8

C'est donc dire que, dans notre exemple, on aura une moyenne des différences égale à :

$$\overline{d} = \frac{1}{n} \sum_{i=1}^{n} d_i = \frac{1}{12}(8 + 7 + \dots + 8) = 1,83$$

et un écart type de :

$$s_d = \sqrt{\frac{1}{n-1} \sum_{i=1}^{n} (d_i - \overline{d})^2} = \sqrt{\frac{1}{11}\left[(8-1,83)^2 + (7-1,83)^2 + \dots + (8-1,83)^2\right]} = 5,83$$

Comme on a un petit échantillon (de paires), en supposant que les postulats sont remplis, on calculera une valeur de t associée à cette différence :

$$t_{calc} = \frac{\overline{d} - D_0}{s_d / \sqrt{n}} = \frac{1,83 - 0}{5,83 / \sqrt{12}} = 1,09$$

8. Décision statistique : On devrait rejeter notre hypothèse nulle pour toute valeur absolue de t_{calc} supérieure (ou égale) à 2,2010. Ayant obtenu une valeur de t_{calc} = 1,09 (qui se situe à l'intérieur de la région de non-rejet), nous ne pouvons rejeter l'hypothèse nulle au seuil de signification de 0,05 (voir fig.7.8).

9. Conclusion et degré de signification : On n'a pas obtenu d'évidence suffisante pour conclure que le stimulus étudié affectait la pression artérielle systolique au seuil de signification de 0,05. (p > 0,20)

FIGURE 7.8 : ILLUSTRATION DES RÉSULTATS SOUS H₀.

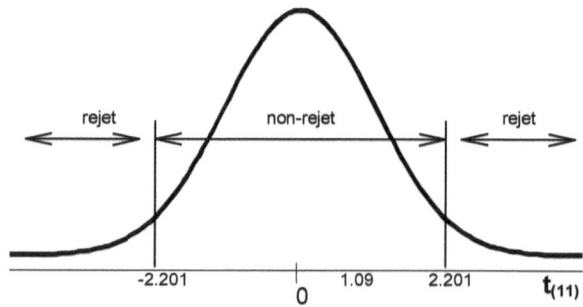

7.11 Intervalle de confiance vs test d'hypothèses

Dans un test d'hypothèses concernant une seule population, on émet deux hypothèses au départ :

$$H_0 : \mu = \mu_0$$

$$H_1 : \mu \neq \mu_0$$

Dans un test d'hypothèses concernant la comparaison de deux populations, on émet aussi deux hypothèses au départ :

$$H_0 : \mu_1 - \mu_2 = C_0$$

$$H_1 : \mu_1 - \mu_2 \neq C_0$$

Si on calcule un intervalle de confiance autour de la statistique et qu'on compare cet intervalle de confiance à l'hypothèse nulle, on peut conclure que :

a. si μ_0 ou C_0 est inclus dans l'intervalle de confiance à $100(1 - \alpha)\%$, on ne peut pas rejeter H_0 au seuil de signification α, et

b. si μ_0 ou C_0 n'est pas inclus dans l'intervalle de confiance à $100(1 - \alpha)\%$, on rejettera H_0 au seuil de signification α.

171

7.11.1 Exemple

Dans l'exemple sur la concentration sanguine de glucose de la section 7.7, on testait une hypothèse nulle :

$$H_0 : \mu = 440$$

À un seuil α de 0,05, on n'a pas rejeté l'hypothèse nulle à cause d'une valeur t_{calc} dans la zone de non-rejet et d'une valeur de p >0,20. Si on calcule un intervalle de confiance sur μ à 95 %, l'intervalle de confiance devrait inclure la valeur 440.

$$IC_{\mu}(95\%) = 407,6 \pm 2,2010\left(119,7/\sqrt{12}\right)$$
$$IC_{\mu}(95\%) = 407,6 \pm 2,2010(34,55)$$
$$IC_{\mu}(95\%) = 407,6 \pm 76,1$$
$$IC_{\mu}(95\%) = [331,5;483,7]$$

Dans l'exemple sur la comparaison du taux de glucose sanguin entre deux groupes ayant des médicaments différents (section 7.8.1), on testait l'hypothèse nulle :

$$H_0 : \mu_1 - \mu_2 = 0$$

$$H_1 : \mu_1 - \mu_2 \neq 0$$

À un seuil α de 0,05, on n'a pas rejeté l'hypothèse nulle parce que la valeur du t calculée était dans la zone de non-rejet. Si on calcule un intervalle de confiance sur µ1 - µ2 à 95%, l'intervalle devrait inclure la valeur 0. Avant de calculer l'intervalle de confiance pour une différence de moyenne, il faut se demander quel estimateur de l'erreur type on doit utiliser. Ici, comme les échantillons sont petits et qu'il n'y a pas d'évidence que les variances populationnelles sont différentes, on utilisera l'estimateur suivant :

$$\sigma_{\overline{x}_1 - \overline{x}_2} \cong s_c \sqrt{\frac{1}{n_1} + \frac{1}{n_2}}$$

$$IC_\mu(95\%) = \overline{x_1} - \overline{x_2} \pm t\left(s_c\sqrt{\frac{1}{n_1} + \frac{1}{n_2}}\right)$$

$$IC_\mu(95\%) = 6 \pm 2,0595(4,5801)$$

$$IC_\mu(95\%) = [-3,43;15,43]$$

Comme prévu, l'intervalle inclut la valeur de l'hypothèse nulle, 0. Si on avait rejeté l'hypothèse nulle dans un test d'hypothèses sur une moyenne ou sur une différence de moyenne, l'intervalle de confiance au même seuil de signification n'aurait pas inclut la valeur de l'hypothèse nulle.

On pourrait aussi calculer un intervalle de confiance pour tester l'hypothèse nulle d'égalité des moyennes sur des mesures appariées comme dans notre exemple sur la pression artérielle (section 7.10.1).

$$IC_D(95\%) = estimateur \pm t_{(\alpha;dl)}(erreurtype)$$

$$= (\overline{d}) \pm 2,2010 * \frac{s_d}{\sqrt{n}}$$

$$= 1,83 \pm 2,2010(1,68)$$

$$= 1,83 \pm 3,70$$

$$= [-1,87;5,53]$$

Comme l'intervalle de confiance inclut le 0, on tire la même conclusion qu'avec le test d'hypothèses : au seuil de confiance de 0,05, il n'y a pas d'évidence que la différence moyenne (dans la population) entre la pression systolique avant et après l'application du stimulus est différente de 0. Ou encore, il n'y a pas d'évidence statistique que le stimulus entraîne une variation de la pression artérielle systolique dans la population d'où l'on a tiré notre échantillon.

7.12 Calcul de la taille échantillonnale

En recherche, la détermination de la taille échantillonnale est importante pour deux raisons principales :

a. si n est trop petit, on peut ne pas avoir assez de puissance de test pour découvrir une différence réelle entre les groupes comparés;

b. si n est trop grand, ça engendre des coûts trop élevés pour des résultats qui auraient pu être observés avec moins de sujets (ou d'observations).

On doit calculer la taille échantillonnale *a priori* à partir de quatre facteurs :

a. le seuil α ;

b. la différence $|\mu_0 - \mu_1|$ ou la valeur μ_0 « cliniquement importante » à détecter ;

c. β et;

d. la variance de la variable σ^2 (qui n'est pas sous le contrôle du chercheur).

Dans les sections suivantes, on donnera des formules courantes pour calculer la taille échantillonnale.

7.12.1 Pour un échantillon ou un intervalle de confiance sur une moyenne

La formule 7.18 est utilisée pour calculer la taille échantillonnale pour tester une hypothèse sur une moyenne populationnelle (donc pour une variable dépendante numérique).

FORMULE 7.18

$$n = \frac{\sigma^2 \left(\left| z_{\alpha/2} \right| + \left| z_{\beta} \right| \right)^2}{\Delta^2}$$

Si σ^2 augmente, la taille échantillonnale doit augmenter en conséquence. Considérons deux variables numériques avec des hypothèses similaires : celle qui a la plus grande variance populationnelle nécessitera un échantillon plus grand pour tester l'une hypothèse. Si on diminue le seuil de signification α, la valeur absolue de z au seuil de signification augmente et on doit augmenter la taille échantillonnale en conséquence. Si on veut augmenter le pouvoir $(1 - \beta)$ du test, on diminue β, la valeur absolue de z à β augmente et on doit augmenter la taille échantillonnale en conséquence. Si on augmente la différence cliniquement significative à découvrir (la distance entre μ_0 et μ_1, i.e. Δ), on peut diminuer la taille échantillonnale en conséquence.

Cette formule nous donne la taille d'échantillon minimum pour trouver un résultat cliniquement significatif aux conditions de α, β et Δ prédéterminées.

7.12.2 Pour deux échantillons indépendants (ou un intervalle de confiance sur une différence de moyennes)

La formule 7.19 permet de calculer la taille échantillonnale de deux échantillons tirés de deux populations différentes et indépendantes lorsqu'on veut tester une hypothèse sur la différence entre ces deux moyennes.

FORMULE 7.19
$$n_T = \frac{\sigma^2 \left(\left|z_{\alpha/2}\right| + \left|z_\beta\right|\right)^2 \left(1/p_1 + 1/p_2\right)}{\Delta^2}$$

n_T indique la taille totale des deux échantillons $(n_1 + n_2)$. Encore une fois, si σ^2 (présuppose que les variances populationnelles sont équivalentes) augmente, la taille échantillonnale doit augmenter en conséquence. Si on diminue le seuil de signification α, la valeur absolue de z au seuil de signification augmente, et on doit augmenter la taille échantillonnale en conséquence. Si on veut augmenter le pouvoir $(1 - \beta)$ du test, on diminue β, la valeur absolue de z à β augmente et on doit augmenter la taille échantillonnale en conséquence. Si on augmente la différence cliniquement significative à découvrir (la distance entre μ_0 et μ_1, c'est-à-dire Δ), on peut diminuer la taille échantillonnale en conséquence.

La proportion p_1 est la quantité d'unités dans le groupe 1 divisé par le nombre total d'unités, alors que p_2 est la quantité d'unités dans le groupe 2 divisé par le nombre total d'unités. Si $p_1 = p_2 = 0,5$, les groupes sont égaux et la taille échantillonnale est à un minimum. Si on change les proportions, on doit augmenter la taille échantillonnale en conséquence. Cette formule nous donne les tailles d'échantillons minimum pour trouver un résultat cliniquement significatif aux conditions prédéterminées.

7.13 Test d'hypothèses sur une proportion

Plusieurs questions d'intérêt pour les cliniciens dans le domaine de la santé portent sur les proportions populationnelles. Quelle proportion de patients ayant reçu un certain traitement récupèrent rapidement? Quelle proportion d'une population a une certaine maladie? Pour estimer une proportion populationnelle, on procédera de la même façon que pour estimer une moyenne populationnelle. On tire un échantillon de la population, on calcule une proportion échantillonnale « p ». Cette proportion est utilisée comme estimateur ponctuel de la proportion paramétrique « π ». Supposons qu'on soit intéressé à évaluer la proportion de la population qui porte régulièrement la ceinture de sécurité en automobile (dans une région du monde où le port n'est pas obligatoire). Lors d'un sondage chez 400 adultes de cette population, 270 rapportent porter régulièrement leur ceinture de sécurité en voiture. Peut-on conclure sur les bases de ces données échantillonnales que la proportion populationnelle est différente de 50 %?

1. Nature des variables : La variable dépendante est catégorielle. Tel qu'illustré à la figure 7.6, on peut représenter les fréquences observées à l'aide d'un diagramme en bâton. Par contre, ce qui nous est importe est la proportion des automobilistes qui portent régulièrement leur ceinture de sécurité. Dans ce cas-ci, on ne considère pas de variable indépendante.

2. Postulats : Si on postule que $n\pi$ et $n(1 - \pi)$ sont supérieures à 10, selon le théorème de la limite centrale, « p » aura une distribution d'échantillonnage normale.

3. Hypothèses statistiques :

H_0: π = 0,50

H_1: $\pi \neq$ 0,50

4. Choix de la statistique : La statistique est p.
5. Distribution de la statistique : Si les postulats sont vrais, « p » suit une distribution normale avec une moyenne π et une erreur type sous H_0 selon l'équation 7.20.

FORMULE 7.20

$$\sigma_p = \sqrt{\frac{\pi_0(1-\pi_0)}{n}} = \sqrt{\frac{0,5*0,5}{400}} = 0,025$$

Remarquez que le calcul de l'erreur type se fait à partir des proportions de l'hypothèse nulle. Le test est basé sur la distribution qu'on assume, la distribution sous H_0.

6. Règle décisionnelle : Choisissons α = 0,05.
7. Calcul du test : Le test statistique dans ce cas est celui démontré à la formule 7.21

$$z_{calc} = \frac{p - \pi_0}{\sigma_p}$$

FORMULE 7.21

$$z_{calc} = \frac{0,675 - 0,5}{0,025} = \frac{0,175}{0,025} = 7$$

8. Décision statistique : Les valeurs de z au seuil de α = 0,05 qui délimitent la zone de non-rejet sont ±1,96. La valeur de z_{calc} étant de 7, nous devons rejeter l'hypothèse nulle parce qu'elle se trouve dans la région de rejet.

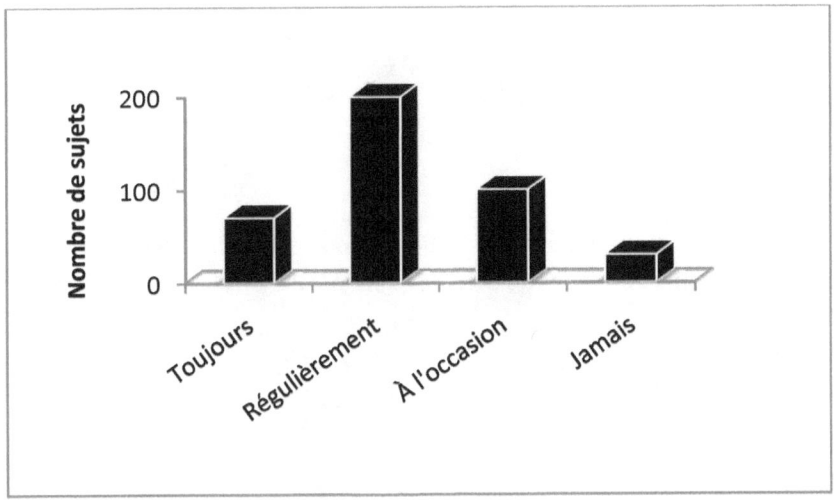

9. Conclusion et degré de signification : On conclut que la proportion de gens dans cette population qui portent régulièrement leur ceinture de sécurité est différente de 0,5. En fait, on peut dire que la proportion de gens qui portent régulièrement leur ceinture de sécurité est supérieure à 50 % parce que la proportion échantillonnale est significativement plus grande que 0,5, p < 0,0002.

7.14 Test d'hypothèses sur une différence de proportions

Le test le plus fréquemment utilisé pour comparer deux proportions dans deux population est celui qui suppose que les proportions sont égales ou encore que la différence entre les deux proportions est équivalente à 0. Il existe d'autres hypothèses qui peuvent être testées mais on se concentrera sur la plus fréquente des hypothèses. Lorsque l'hypothèse nulle est que la différence $p_1 - p_2$ est de 0, on suppose que $p_1 = p_2$, et c'est cette supposition qui guide le calcul du test. On peut ainsi combiner les deux échantillons pour calculer une proportion commune selon l'équation 7.22 dans laquelle x_1 et x_2 correspondent

178

au nombre d'occurrences du phénomène d'intérêt dans les échantillons 1 et 2 respectivement.

FORMULE 7.22

$$p_c = \frac{x_1 + x_2}{n_1 + n_2}$$

Cette proportion commune est aussi utilisée pour estimer l'erreur type de la différence de proportions comme dans l'équation 7.23.

FORMULE 7.23

$$\sigma_{(p_1 - p_2)} \cong s_{(p_1 - p_2)} \sqrt{\frac{p_c(1 - p_c)}{n} + \frac{p_c(1 - p_c)}{n_2}}$$

Le test statistique devient alors tel qu'illustré à la formule 7.24.

FORMULE 7.24

$$z_{calc} = \frac{(p_1 - p_2) - (p_1 - p_2)_0}{s_{(p_1 - p_2)}}$$

Prenons un exemple. Supposons que 35 sur 52 joueurs de basketball ayant souffert une blessure à une articulation pendant la saison ont dû être immobilisés pendant au moins 3 jours alors que 49 sur 112 joueurs de hockey ayant souffert une blessure à une articulation pendant la saison ont dû être immobilisés pendant au moins 3 jours. On veut savoir si ces proportions sont comparables ou non.

1. Nature des variables : La variable dépendante est catégorielle. La variable indépendante est le type de sport.

2. Postulats : Si on postule que $n\pi$ et $n(1 - \pi)$ sont supérieures à 10, selon le théorème de la limite centrale, « p » aura une distribution d'échantillonnage normale.

179

3. Hypothèses statistiques :

$$H_0: \pi_1 - \pi_2 = 0$$

$$H_1: \pi_1 - \pi_2 \neq 0$$

4. Choix de la statistique : La statistique est $p_1 - p_2$.
5. Distribution de la statistique : Si les postulats sont vrais, $p_1 - p_2$ suit une distribution normale avec une moyenne 0 et une erreur type sous H_0 selon l'équation 7.23.
6. Règle décisionnelle : Choisissons $\alpha = 0,05$. Les valeurs de z qui délimiteront la zone de non-rejet sont ±1,96.
7. Calcul du test :

$$z_{calc} = \frac{(p_1 - p_2) - (p_1 - p_2)_0}{s_{(p_1 - p_2)}}$$

$$z_{calc} = \frac{0,2356 - 0}{0,0084}$$

$$z_{calc} = 28,05$$

8. Décision statistique : Les valeurs de z au seuil de $\alpha = 0,05$ qui délimitent la zone de non-rejet sont ±1,96. La valeur de z_{calc} étant de 28,05, nous devons rejeter l'hypothèse nulle parce qu'elle se trouve dans la région de rejet.
9. Conclusion et degré de signification : On conclut que la proportion des joueurs de basketball qui doivent être immobilisés trois jours ou plus suivant une blessure à une articulation est significativement différente (supérieure) à la même proportion chez les joueurs de hockey.

Prenons un autre exemple. Un chercheur est intéressé à comparer les taux de dénutrition chez des enfants d'âge préscolaire dans deux populations. Dans le premier échantillon de $n_1 = 3584$, $x_1 = 43$ enfants montrent des signes de malnutrition sévère. Dans le deuxième échantillon $n_2 = 3831$, $x_1 = 17$ enfants montrent des signent de malnutrition sévère. On désire savoir si les proportions paramétriques (π_1 et π_2) des deux populations sont équivalentes ou non ($\alpha = 0{,}05$).

1. Nature des variables: La variable dépendante est le statut nutritionnel d'enfants et la variable indépendante est catégorielle à deux niveaux. Cependant, nous ne nous intéresserons qu'à la proportion d'enfants ayant une mauvaise nutrition sévère dans chacune des deux populations.

2. Postulats: Si on postule que $n_i\pi_i$ et $n_i(1 - \pi_i)$ sont supérieures à 10, selon le théorème de la limite centrale, « p » aura une distribution d'échantillonnage normale.

3. Hypothèses statistiques:

$$H_0: \pi_1 = \pi_2, \text{ ou encore } \pi_1 - \pi_2 = 0$$

$$H_1: \pi_1 \neq \pi_2, \text{ ou encore } \pi_1 - \pi_2 \neq 0$$

4. Choix de la statistique: La statistique qui nous permettra de tester l'hypothèse nulle sera ($p_1 - p_2$) qui, sous H_0 et si les postulats sont vrais, suivra une distribution normale avec une moyenne ($\pi_1 - \pi_2$)=0. L'erreur type de cette distribution d'échantillonnage est égale à :

$$\sigma_{(p_1-p_2)} \cong s_{(p_1-p_2)}\sqrt{\frac{p_c(1-p_c)}{n} + \frac{p_c(1-p_c)}{n_2}}$$

5. La distribution d'échantillonnage de ($p_1 - p_2$) est illustrée à la figure 7.10. Sous H_0, et si les postulats sont vrais, ($p_1 - p_2$) suivra une distribution normale avec une moyenne ($\pi_1 - \pi_2$)=0. L'erreur type de cette distribution d'échantillonnage est estimée par:

$$s_{p_1-p_2} = \sqrt{p_c(1-p_c)\left(\frac{1}{n_1}+\frac{1}{n_2}\right)}$$

$$p_c = \frac{n_1 p_1 + n_2 p_2}{n_1 + n_2}$$

6. Règle décisionnelle : Choisissons un seuil $\alpha=0{,}05$, c'est-à-dire que les valeurs qui délimiteront la zone de non-rejet seront ±1,96.

FIGURE 7.10 : DISTRIBUTION D'ÉCHANTILLONNAGE DE (P_1 - P_2)

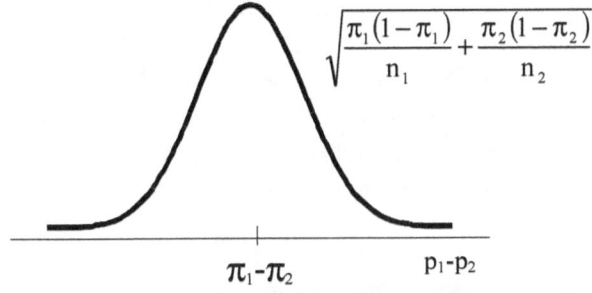

$$\sqrt{\frac{\pi_1(1-\pi_1)}{n_1}+\frac{\pi_2(1-\pi_2)}{n_2}}$$

$\pi_1-\pi_2$ p_1-p_2

7. Calcul du test :

$$t_{calc}(z_{calc}) = \frac{(p_1-p_2)-(\pi_1-\pi_2)_0}{\sqrt{p_c(1-p_c)\left(\frac{1}{n_1}+\frac{1}{n_2}\right)}}$$

$$= \frac{(0{,}011998-0{,}004437)-0}{\sqrt{0{,}005799\left(\frac{1}{3584}+\frac{1}{3831}\right)}}$$

$$= 4{,}27$$

8. Décision statistique : Rejet de H_0.
9. Conclusion et degré de signification : Les deux proportions paramétriques sont différentes, $p < 0{,}0002$

7.15. Test d'hypothèses vs intervalle de confiance pour proportions

Prenons l'exemple dans lequel on s'intéressait à déterminer si la proportion de gens utilisant la ceinture de sécurité (section 7.13) était différente (et de préférence supérieure) à 50 %. Ici, on ne teste pas d'hypothèse et l'erreur type se calcule comme suit :

$$IC_{p_1}(95\%) = p_1 \pm z_{(1-\alpha/2)}\sqrt{\frac{p_1(1-p_1)}{n_1}}$$
$$= 0,675 \pm 1,96 * 0,0234$$
$$= 0,675 \pm 0,0459$$
$$= [0,6291;0,7209]$$

Comme prévu, l'intervalle n'inclut pas le 0,5, l'hypothèse nulle, puisqu'on l'avait rejetée dans le test d'hypothèses. De plus, on est à 95 % certain que la vraie proportion de gens qui portent la ceinture de sécurité se trouve entre 0,6291 et 0,7209, ce qui est supérieur à 0,5.

Maintenant, reprenons l'exemple de la comparaison entre les deux proportions à la section 7.14. Ici, encore, comme on ne teste pas d'hypothèse, l'erreur type estimée se calcule d'une autre façon :

$$IC_{p_1-p_2}(95\%) = (p_1 - p_2) \pm z_{(1-\alpha/2)}\sqrt{\frac{p_1(1-p_1)}{n_1} + \frac{p_2(1-p_2)}{n_2}}$$
$$= 0,007 \pm 1,96 * 0,002$$
$$= 0,007 \pm 0,004$$
$$= [0,003;0,012]$$

Comme le test d'hypothèses nous indiquait de rejeter l'hypothèse nulle, l'intervalle de confiance à 95 % n'inclut pas le 0, comme prévu.

7.16 Détermination de la taille échantillonnale pour l'estimation d'une proportion

On peut déterminer la taille d'un échantillon nécessaire pour tester une hypothèse sur une proportion. En présumant que l'échantillonnage est fait de façon aléatoire et qu'on puisse postuler la normalité de la distribution d'échantillonnage de p (i.e. $n\pi$ et $n(1 - \pi) > 10$), le calcul de la taille échantillonnale se fait selon l'équation 7.25

$$n = \frac{z^2 \pi(1 - \pi)}{d^2}$$

FORMULE 7.25

où d est la moitié de la grandeur de l'intervalle désiré (IC = p ± d) ou encore la différence cliniquement (ou scientifiquement) intéressante. Comme on peut le remarquer, le calcul de n nécessite une connaissance de π, la proportion paramétrique. Si nous n'avons aucune idée de l'ordre de grandeur de π, la méthode la plus conservatrice est de choisir $\pi = 0{,}5$. De cette façon, $\pi(1 - \pi) = 0{,}25$ et est supérieur à n'importe quelle autre valeur de $\pi(1 - \pi)$ et n est à un maximum.

Cette formule est applicable lorsque l'échantillonnage est fait dans une population infinie, lorsque l'échantillonnage se fait avec remplacement ou lorsque $n/N \le 0{,}05$.

7.16.1 Exemple

On planifie un sondage pour évaluer les besoins d'une population en matière de services de santé. On veut déterminer la proportion de cette population qui nécessite des services. Pour ce faire, on veut calculer un intervalle de confiance à 95 % qui aurait une valeur de « d » de ± 0,04.

Si on n'a aucune idée à quoi ressemble la proportion paramétrique, on choisira $\pi = 0{,}5$, et le calcul de la taille échantillonnale sera le suivant :

$$n = \frac{(1{,}96)^2 (0{,}5 * 0{,}5)}{0{,}04^2} = 600{,}25$$

Pour avoir un intervalle de confiance à 95 % dont les limites sont à $\pm 0{,}04$ de la proportion, il nous faudrait donc un échantillon d'au moins 601 individus (à condition que $n/N \leq 0{,}05$). Si, par contre, on sait que la proportion de gens nécessitant des services ne peut dépasser 35 %, le calcul de la taille échantillonnale sera comme suit :

$$n = \frac{(1{,}96)^2 (0{,}35 * 0{,}65)}{0{,}04^2} = 546{,}23$$

Comme prévu, la taille de l'échantillon sera plus petite.

7.17 Exemple du chapitre

Un sondage a été effectué[11] afin de connaître les comportements alimentaires non appropriés (traduction libre de *inappropriate dieting behaviours*) chez des jeunes étudiants. Les sujets consistaient un échantillon aléatoire de jeunes adultes entre 18 et 24 ans. Une des variables auxquelles les auteurs se sont intéressés, en plus des comportements alimentaires, est le nombre d'heures d'activité physique par semaine. Les résultats sont les suivants:

---

[11] Référence 1: (Seymour, 1997)

	Hommes	Femmes
	$\overline{x} = 23,8h/sem$	$\overline{x} = 19,6h/sem$
	$s = 51,4h/sem$	$s = 55,7h/sem$
	$n = 31$	$n = 30$

Il est évident que la distribution de cette variable n'est pas normale (Pourquoi ?). Cependant, la distribution d'échantillonnage de chacune des moyennes est fort probablement normale (n =30 ou 31). On pourrait faire un test de t afin de déterminer si les moyennes populationnelles des hommes ou des femmes sont différentes de 15 heures/semaine. Les variables sont mesurées selon une échelle ratio. Comme nous avons des échantillons de taille respectable, nous n'avons pas à postuler sur la normalité des distributions. Les hypothèses statistiques seront :

$$H_0 : \mu = 15 \text{ h/sem}$$

$$H_1 : \mu \neq 15 \text{ h/sem}$$

La statistique qu'on utilisera pour chacun des échantillons sera $\overline{X}$. Cette statistique, sous l'hypothèse nulle, suit une distribution normale avec une moyenne de 15 et une erreur type de $\sigma/\sqrt{n}$. Comme on ne connaît pas σ, on estimera l'erreur type par $s/\sqrt{n}$ .Choisissons un seuil de signification de 0,05. Dans l'échantillon des femmes, les valeurs de t qui délimiteront la zone de non-rejet seront ± 2,0452 alors que dans l'échantillon des hommes, ces valeurs seront ±2,0423. On peut approximer ces valeurs par les valeurs de z au même seuil (parce qu'elles sont proches). Ainsi, les valeurs qui délimiteront la zone de non-rejet dans les deux tests seront ±1,96. Calculons le test pour chacun des échantillons :

Hommes	Femmes
$t_{calc} = \dfrac{23,8-15}{51,4/5,568} = 0,9533$	$t_{calc} = \dfrac{19,6-15}{55,7/5,477} = 0,4523$

Les valeurs du test calculées étant dans la zone de non-rejet, on ne peut rejeter l'hypothèse nulle. On dit qu'il est possible que le nombre d'heures d'activité physique par semaine soit égal à 15 ou encore que les données sont compatibles avec l'hypothèse nulle (p = 0,3422 et 0,6528).

Prenons une autre référence (O'Sullivan, 1997). Les auteurs de cet article s'intéressent à l'activité électromyographique de deux muscles abdominaux chez des patients souffrant de douleurs dorsales (lombaires) chroniques et chez des sujets normaux. Pour cet exemple, on utilisera les données des sujets normaux. La moyenne et l'écart type de l'activité électromyographique du muscle *Rectus Abdominis* pour l'échantillon de contrôles (n = 10) sont 0,188 ± 0,14. On peut vouloir savoir s'il existe, à un seuil α de 0,05, une différence entre l'activité de ce muscle et l'activité « normale » du muscle oblique interne qui est de 0,9.

La variable est une variable ratio. On doit postuler qu'elle suit une distribution normale dans la population pour faire ce test puisque nous avons les données d'un petit échantillon (n = 10). Les hypothèses statistiques sont :

$$H_0 : \mu = 0,9$$

$$H_1: \mu \neq 0,9$$

La statistique qu'on utilisera est $\overline{X}$. Cette statistique, sous l'hypothèse nulle, suit une distribution normale avec une moyenne de 0,9 et une erreur type de $\sigma/\sqrt{n}$. Comme on ne connaît pas σ, on estimera l'erreur type par $s/\sqrt{n}$. Les valeurs de t qui délimiteront la zone de non-rejet seront ± 2,2622. Calculons le test :

$$t_{calc} = \frac{0,188 - 0,9}{0,14/3,16} = -16,0709$$

La valeur de t_{calc} étant dans la zone de rejet, on rejette l'hypothèse nulle. On dira qu'il est improbable (p < 0,005), considérant les résultats obtenus dans cet échantillon, que l'activité électromyographique du *Rectus Abdominis* soit égale à 0,9 dans cette population.

Finalement, un exemple fictif. Dans un échantillon aléatoire de 113 patients visitant régulièrement leur dentiste, on a déterminé que 17 d'entre eux démontraient des signes sérieux de bruxisme. On a ensuite tenté de savoir si cette proportion était différente de 10 %. Les résultats de l'étude sont présentés au tableau 7.6.

TABLEAU 7.6: PROPORTION DE BRUXEURS (N = 113)

Bruxisme	n	P	z	Sig
Présent	17	0,15044	1,787	0,0742
Absent	96			

Il a fallu conclure que la proportion paramétrique n'était pas statistiquement différente de 10 %. À l'aide de ces informations, déterminez la statistique utilisée, les postulats, la distribution de la statistique, le seuil de signification probablement utilisé et la décision statistique.

Un autre exemple (Lysaght, 1990). L'étude de Lysaght décrit un programme d'entraînement à la relaxation administré chez quatre adultes ayant subi un traumatisme crânien sévère et rapportant un niveau de stress quotidien élevé. La variable dépendante était le niveau de fonction mesuré par le SIP (*Sickness Impact Profile*). Les auteurs avancent la théorie selon laquelle lorsque le niveau de stress est élevé, les gens présentent un plus haut niveau de dysfonction dans leurs activités de la vie quotidienne. L'approche choisie est un devis autocontrôle, c'est-à-dire que chaque sujet est son propre contrôle. On mesure chez le même sujet le niveau de fonction préprogramme (avant l'entraînement) et le niveau de fonction post-programme à deux reprises (fin de l'entraînement et quatre semaines après la fin de l'entraînement).

TABLEAU 7.7: DONNÉES DE *SICKNESS IMPACT PROFILE* PRÉ ET POST-PROGRAMME (N = 4)

Sujet	Pré	Post	d_i
1	22,94	15,45	7,49
2	40,10	36,20	3,90
3	27,09	7,83	19,26
4	26,86	7,22	19,64
Total	116,99	66,70	50,29
Moyenne	29,25	16,67	12,57
Écart-type	7,48	13,54	8,08

On utilise ici les données de l'administration préprogramme et celle prises à quatre semaines post-programme (tableau 7.7). Si on veut déterminer si le programme a eu un effet sur les sujets, il faut comparer les mesures avant et après le programme. Comme les mesures pré-post ont été prises chez le même sujet, elles sont appariées. La variable dépendante est mesurée selon une échelle ratio[12]. Le test approprié est donc (si on postule la normalité) un test de t sur mesures appariées. Prenons, comme les auteurs, un seuil de signification à 0,05.

$$H_0 : D = 0$$

$$H_1 : D \neq 0$$

$$\alpha = 0,05$$

$$dl = 3$$

$$t_{rejet} = \pm 3,1824$$

$$t_{calc} = \frac{\overline{d} - D_0}{s_d / \sqrt{n}} = \frac{12,57 - 0}{8,08 / 2} = 3,11$$

---

[12] Un score de 0 indique une absence de dysfonction. Le score total maximum de cette échelle est 1003.

189

Ainsi, on ne peut rejeter l'hypothèse nulle parce que la valeur du test calculée est dans la zone de non-rejet (0,05 < p < 0,1). Cependant, les auteurs affirment qu'il y a une différence significative au seuil $\alpha = 0,05$. La raison est qu'ils ont fait un test unilatéral. Avec un test unilatéral, la valeur de t qui délimite la région de rejet est 2,3534 (positif parce que les d_i ont été calculés en soustrayant la mesure pré de la mesure post). La valeur de t_{calc} est alors située dans la zone de rejet et on dira qu'il y a une différence significative entre la dysfonction avant et après la période d'entraînement à la relaxation. C'est pourquoi on dit qu'un test unilatéral est plus puissant $(1-\beta)$ qu'un test bilatéral. Voyez-vous des problèmes associés à un test unilatéral par rapport à un test bilatéral ?

Un autre exemple (Castell, 1994). Dans cette étude de Castell, 44 personnes âgées de 50 à 75 ans ont subi des évaluations de force musculaire (quadriceps), de temps de réaction, de contrôle neuromusculaire et d'équilibre (position debout). Les quatre variables ont été mesurées selon des échelles ratio. Comme la distribution des variables semblait présenter une asymétrie droite, les analyses ont été faites sur la transformation logarithmique des mesures. Qu'est-ce que cette transformation logarithmique donne ? Regardons les trois graphiques qui suivent. Le premier graphique (figure 7.11) donne la distribution de fréquence d'une variable fictive. Cette distribution présente une asymétrie droite.

FIGURE 7.11 ASYMÉTRIE DROITE

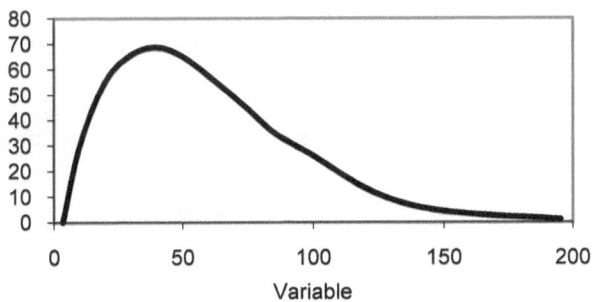

Lorsqu'on transforme la variable par un logarithme (en base 10), la distribution (figure 7.12) devient plus près d'une distribution normale (au moins plus symétrique).

FIGURE 7.12 DISTRIBUTION PLUS OU MOINS SYMÉTRIQUE

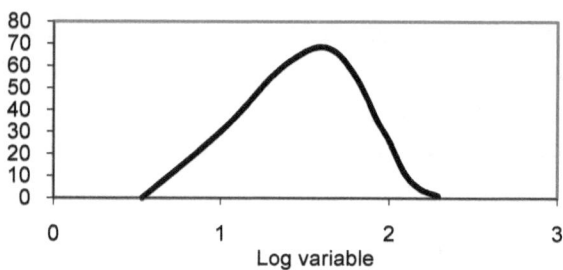

La même chose se produit lorsqu'on extrait la racine carrée de la variable (figure 7.13) : la distribution de fréquence se « normalise »".

FIGURE 7.13 DISTRIBUTION PLUS OU MOINS SYMÉTRIQUE

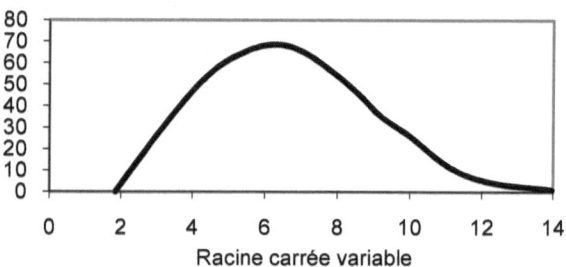

Ces transformations simples peuvent parfois permettre de faire des tests statistiques sur des données qui ne répondaient pas aux postulats à prime abord et pour lesquelles le théorème de la limite centrale ne s'applique pas. Les analyses de cette étude ont été faites sur une transformation logarithmique des données originales. Les résultats sont présentés sous forme de tableau (tableau 7.8).

191

Avant de parler de ces résultats, mentionnons que la transformation de la variable dans ce cas n'était pas nécessaire. La distribution d'échantillonnage des $\overline{d}$ converge vers une distribution normale lorsque « n », le nombre de paires, est supérieur à 30 (n = 40).

On peut remarquer que cinq des sept variables montrent une amélioration statistiquement significative d'un enregistrement à l'autre. Pouvez-vous donner deux raisons pour lesquelles deux des variables donnent des résultats non significatifs ? Y a-t-il d'autres facteurs qui peuvent expliquer le changement significatif observé dans cinq des sept variables[13] ?

TABLEAU 7.8 RÉSULTATS DE TEST COMPARANT LES DONNÉES PRÉ ET POST (N = 40)

Variable	Baseline	10 semaines	% amélioration
Force quadriceps	30,0 (16,5)	33,0 (17,0)	10,1*
Temps de reaction	264 (48)	253 (45)	4,4**
Contrôle neuromusculaire	31,6 (6,4)	32,7 (6,7)	3,4
Va-et-vient			
Yeux ouverts (sol)	78 (33)	69 (30)	11,2
Yeux fermés (sol)	120 (97)	89 (55)	26,1*
Yeux ouverts (foam)	130 (40)	110 (47)	15,0*
Yeux fermés (foam)	175 (137)	154 (121)	13,7*

* p < 0,01, ** p < 0,05, n = 40

Prenons maintenant un exemple de Rosner (Rosner, 1995). Dans une étude sur le tabagisme, Rosner nous fournit les données sur un échantillon de 234 fumeurs. Une des variables documentées est le sexe des sujets. Les fréquences sont données au tableau 7.9.

---

[13] Les auteurs ont pris certaines précautions pour contrôler les variables confondantes.

TABLEAU 7.9 DONNÉES DE GENRE SUR L'ÉCHANTILLON DE FUMEURS (N = 234)

	Fréquence	%	% cumulatif
Hommes	110	47,0	47,0
Femmes	124	53,0	100,0
Total	234	100,0	

D'après ces données, si on considère que l'échantillon est représentatif de la population des fumeurs, peut-on conclure qu'il y a plus de fumeurs hommes ou femmes? Faire le test d'hypothèses approprié.

7.18 Exercices

1. Au cours d'une expérimentation, un chercheur étudie la pression inspiratoire maximale (PIMAX) chez un groupe d'individus. La norme de PIMAX est de 60 cm H_2O. Parce que cette étude est faite chez des personnes souffrant de maladies respiratoires, le chercheur croit que la moyenne de PIMAX de la population d'où il tire son échantillon est différente de celle de cette norme. Il choisit un seuil de signification de 0,05 et forme un échantillon de 9 individus. La moyenne et l'écart type de PIMAX de cet échantillon sont respectivement de 48,64 et de 16,23 cm H_2O. Il vous demande de faire un test statistique pour tester son hypothèse scientifique. (Suivez les neuf étapes de résolution de test d'hypothèses)

2. Des chercheurs ont mesuré la capacité volumique d'une cavité abdominale chez des sujets humains. Un échantillon de 36 individus avait une moyenne et un écart type de 45 ± 5 ml. Est-ce que les données montrent une évidence que cette capacité est différente de 40 ml? (Prenez un seuil de signification de 0,05 et suivez les étapes de résolution de test d'hypothèse.)

193

3. Sur un total de 350 femmes utilisant un test de grossesse, 200 sont effectivement enceintes. À un seuil de signification de 5 %, est-ce que ces résultats indiquent que la proportion de femmes enceintes parmi la population qui passe un test de grossesse est différente de 60 % ?

4. Les administrateurs d'un hôpital ont revu les dossiers de 25 patients ayant une condition chronique et ont établi que le nombre moyen de visites par patient par année (± écart type) était de 4.8 ±2. Si on accepte une erreur alpha de 0.05, est-il possible de conclure que le nombre de visites par année par sujet ayant cette condition est supérieur à 4? Quels postulats devriez-vous faire?

5. Avec les données de la question 4, construisez un intervalle de confiance à 95 %. Que concluez-vous quand à la question du problème 4?

6. Une étude pancanadienne menée en 2000 indique que, sur 2500 ergothérapeutes pratiquant en centre de réadaptation, 1245 disent suivre des cours d'éducation continue visant la qualité de vie au moins six heures par année. Est-ce que ces données sont compatibles avec l'hypothèse que plus de 50 % des ergothérapeutes de ce milieu sont éduqués au moins minimalement sur la qualité de vie (fixons alpha à 0,05)? Testez l'hypothèse par un test d'hypothèses et par un intervalle de confiance.

7. Le tableau suivant montre les concentrations d'hémoglobine de deux échantillons indépendants de 16 enfants. L'échantillon A est tiré d'une population d'enfants souffrant d'anémie ferriprive. L'échantillon B est tiré d'une population d'enfants apparemment normaux. Au seuil de signification de $\alpha = 0,01$, est-ce que ces deux échantillons mettent en évidence une différence entre les moyennes de concentration d'hémoglobine des deux populations?

Échantillon A		Échantillon B	
Numéro du sujet	Concentration hémoglobine	Numéro du sujet	Concentration hémoglobine
1	9,0	1	10,6
2	5,0	2	12,7
3	6,7	3	10,9
4	5,6	4	12,4
5	5,0	5	13,0
6	5,4	6	14,3
7	5,6	7	10,5
8	4,7	8	13,6
9	6,1	9	12,1
10	5,1	10	12,9
11	7,2	11	12,9
12	12,4	12	13,1
13	8,9	13	12,1
14	7,6	14	10,1
15	8,0	15	14,5
16	8,0	16	11,9

8. Suite à de multiples études, des chercheurs ont remarqué que les fumeurs semblaient démontrer une plus grande résistance des voies respiratoires que les non-fumeurs. Cette résistance amène une rétention trachéo-bronchique de particules diverses. Supposons qu'on fasse une étude comparant le pourcentage de rétention trachéo-bronchique de certaines particules dans deux échantillons appariés (selon l'âge et le poids) et qu'on obtienne les résultats du tableau ci-dessous. À un seuil de signification de 0,05, est-ce que les résultats supportent l'hypothèse scientifique que la rétention trachéo-bronchique est différente chez les fumeurs et chez les non-fumeurs ?

	Rétention trachéo-bronchique	
Numéro de sujet	Fumeurs	Non-fumeurs
1	60,6	47,5
2	12,0	13,3
3	56,0	33,0
4	75,2	55,2
5	12,5	21,9
6	29,7	27,9
7	57,2	54,3
8	62,7	13,9
9	28,7	8,9
10	66,0	46,1
11	25,2	29,8
12	40,1	36,2

9. Si, au lieu de faire un test sur mesures appariées, on avait fait un test pour mesures indépendantes, qu'aurait-on obtenu comme conclusion du test d'hypothèses ?

10. Dix animaux de laboratoire ont été soumis à un stress important. Deux mesures de pulsations cardiaques/minute ont été prises, une avant l'expérimentation, l'autre suivant l'expérimentation. Est-ce que les données du tableau ci-dessous montrent que l'expérimentation fait varier le nombre de pulsation par minute à un seuil de signification de 0,05 ?

Numéro du sujet	Mesure avant	Mesure après
1	70	115
2	84	148
3	88	176
4	110	191
5	105	158

Numéro du sujet	Mesure avant	Mesure après
6	100	178
7	110	179
8	67	140
9	79	161
10	86	157

11. Des chercheurs ont comparé la durée d'hospitalisation à la suite d'un accident de la route dans deux hôpitaux différents afin de voir si elle variait d'un institut à l'autre. Dans l'hôpital 1, la moyenne de la durée d'hospitalisation d'un échantillon de 12 patients était de 8,2 jours avec un écart type de 2,8. Dans l'hôpital 2, un échantillon de 12 patients avait une moyenne de 10,4 et un écart type de 1,9. Si ces deux échantillons sont indépendants, qu'il est raisonnable d'assumer que la distribution de la durée d'hospitalisation suit une loi normale et que les variances des deux populations sont égales, faites un test d'hypothèses (α = 0,05) sur l'égalité des moyennes de durée d'hospitalisation dans les deux hôpitaux.

12. Dans une étude sur la dextérité manuelle fine (temps, en secondes, requis pour effectuer une tâche de précision), nous avons comparé un échantillon d'individus en santé à un échantillon d'individus souffrant d'arthrite rhumatoïde. Les résultats sont présentés dans le tableau suivant :

Groupe	N	Moyenne	Écart type
Sain	15	96	35
Arthrite	22	120	40

    A. S'il est raisonnable d'assumer la normalité des distributions et l'égalité des variances populationnelles, peut-on conclure que le temps moyen pour effectuer cette tâche est significativement différent dans les deux populations ? (Utilisez un seuil de signification à 0,01.)

B. Considérez la valeur du degré de signification. Pourriez-vous défendre un rejet de l'hypothèse nulle ?

Bibliographie

Castell, S. (1994). Physical Activity Program for Older Persons: Effect on Balance, Strength, Neuromuscular Control and Reaction Time. *Arch Phys Med Rehabil*, *75*, 648-652.

Daniel, W. (1999). *Biostatistics: a Foundation for Analysis in the Health Sciences* (éd. 7th). New York, NY, USA: Wiley & Sons.

Lysaght, R. B. (1990). The Use of Relaxation Training to Enhance Functional Outcomes in Adults with Traumatic Head Injuries. *Am J Occup Ther*, *44*, 797-801.

O'Sullivan, P. T. (1997). Altered Patterns of Abdominal Muscle Activation in Patients with Chronic Low Back Pain. *Aust Physiother*, *43* (2), 91-97.

Rosner, B. (1995). *Fundamentals of Biostatistics* (éd. 5th). Washington: Wadsworth Publishing Company.

Seymour, M. H. (1997). Inappropriate Dieting Behaviours and Related Lifestyles Factors in Young Adults: Are College Students Different? *J Nut Educ*, *29*, 21-26.

Chapitre 8 : Test de signification entre plusieurs populations

8.1   Présentation du chapitre

Lorsqu'on veut comparer au moins trois moyennes entre elles, on emploie une méthode qui diffère techniquement de celle employée pour comparer deux moyennes. Pour la comparaison de deux moyennes, on basait le test sur la statistique $(\overline{x}_1 - \overline{x}_2)$ ou $\overline{d}$ qu'on transformait ensuite en une variable z ou t afin d'évaluer la vraisemblance de notre hypothèse nulle (le plus souvent, que les moyennes paramétriques étaient égales). Lorsqu'on veut comparer plusieurs moyennes entre elles, on fait appel à une « analyse de variance » (ANOVA). Il peut sembler curieux d'utiliser une analyse de variance quand on veut comparer des moyennes, mais on comprendra plus loin les principes régissant ce test. Pourquoi ne pas faire plusieurs tests comparant deux moyennes à la fois lorsqu'on se trouve dans une situation où l'on veut comparer plusieurs moyennes ? Supposons qu'on veuille comparer les moyennes de cinq populations différentes entre elles. Pour comparer chacune de ces populations deux à deux, il faudrait faire 10 tests de t puisqu'il existe au total 10 combinaisons « deux à deux » possibles [5C2 = 5 ! / 2 ! (5 - 2) !]. Cet exercice ne serait pas seulement long, il donnerait fort probablement de mauvais résultats. Illustrons ceci par un exemple simple. On tire cinq échantillons provenant de la même population, c'est-à-dire cinq échantillons pour lesquels les moyennes paramétriques sont équivalentes (H_0 est vraie). Si on compare les moyennes deux à deux, on a vu qu'il nous faudrait faire 10 tests différents. Si on détermine un seuil de signification $\alpha = 0,05$ pour chacun des tests, la probabilité d'arriver à une bonne conclusion pour chacun de ces tests (c'est-à-dire la probabilité de ne pas rejeter l'hypothèse nulle puisque nos échantillons proviennent de population ayant des moyennes égales) est de 95 %. Par la règle multiplicative des probabilités, si les tests sont indépendants les uns des autres, la probabilité d'arriver à une conclusion juste (ne pas rejeter H_0) dans les 10 cas est de $(0,95)^{10} = 0,5987$. La probabilité de rejeter au moins une H_0 est de $1 - 0,5987 = 0,4013$. Comme on sait que H_0 est vraie dans tous les cas de cet exemple, rejeter une hypothèse nulle constitue une erreur de première espèce (erreur α). En bout de ligne, si on compare toutes les paires de moyennes pour ces cinq échantillons, on aurait la possibilité de commettre une erreur de première espèce 40 % du temps! Le problème devient encore plus compliqué en pratique puisque trois tests de t ou plus basés sur les données d'une même population ne sont pas indépendants. C'est le problème de la multiplicité des tests. L'analyse de variance constitue une méthode pour palier ce problème et tester des différences entre plusieurs moyennes tout en contrôlant α.

Introduisons quelques définitions :

1. Facteur : (aussi appelé critère de classification) variable dont on est intéressé à connaître les effets sur une réponse choisie. Dans une ANOVA, un facteur est une variable indépendante discrète (ou continue groupée). Lorsqu'on étudie l'effet d'un seul facteur dans une ANOVA, on remplace parfois le terme facteur par « traitement ».
2. Niveau de facteur ou traitement : valeur spécifique du facteur.

8.2 ANOVA à UN ou à plusieurs facteurs (ou critères de classification)

Dans une ANOVA à un facteur, on évalue l'effet d'une variable indépendante (discrète) sur une variable dépendante (numérique). Par exemple, on peut être intéressé à connaître l'effet de différentes doses d'un médicament sur la tension artérielle. Ici, le facteur peut avoir par exemple quatre niveaux constitués de quatre doses différentes d'un médicament et la variable dépendante est la tension artérielle.

Cependant, on peut aussi être intéressé à étudier simultanément les effets de la diète et de l'exercice sur le niveau de cholestérol. Si par exemple, le facteur « diète » a trois niveaux (trois diètes différentes) et le facteur « exercice » a quatre niveaux (quatre niveaux d'activité physique), on obtiendra 12 combinaisons possibles des deux facteurs. Ces 12 combinaisons auront une influence sur la variable dépendante, le niveau de cholestérol. Dans ce cas, on devra utiliser une ANOVA à deux critères de classification (ou deux facteurs) pour analyser les données.

Lorsqu'on étudie l'effet de plus d'un facteur sur une variable dépendante, on peut observer ce qu'on appelle une « interaction » entre les facteurs. On dit alors qu'il existe une influence différentielle d'un facteur dépendant du niveau d'un autre facteur. Par exemple, on entend souvent dans les publicités que les antidépresseurs ont un effet bénéfique chez les adultes mais l'effet contraire chez les adolescents. On dira qu'il y a interaction entre le médicament et l'âge parce que l'effet du médicament est différent selon l'âge du sujet. Le devis factoriel permet de vérifier s'il y a présence d'interaction entre les facteurs.

8.3 Statistique utilisée

Avec une ANOVA, la statistique utilisée n'est plus une moyenne ou une différence de moyennes mais plutôt un ratio de variances. Cette statistique ne suivra plus une distribution de z ou de t comme dans les tests d'hypothèses vus jusqu'à présent mais plutôt une distribution F que nous décrirons plus loin.

8.4   Étapes du test d'hypothèses

Pour comparer trois moyennes ou plus, nous suivrons les mêmes neuf étapes que nous avons vues précédemment pour le test d'hypothèses. 1) description des variables, 2) postulats, 3) hypothèses, 4) choix de la statistique, 5) distribution de la statistique, 6) règle décisionnelle, 7) calcul du test, 8) décision statistique, 9) conclusion et degré de signification

8.5 Analyse de variance à un facteur (ou critère de classification)

Le type le plus simple d'ANOVA est l'ANOVA à un critère de classification (*one-way* ANOVA). C'est la généralisation du test de t sur deux moyennes indépendantes. Autrement dit, le test de t sur deux moyennes indépendantes est un cas particulier de l'ANOVA à un critère de classification. On assigne un facteur (traitement) de façon aléatoire à des sujets. On mesure ensuite la variable dépendante et on donne les résultats dans un tableau présentant une certaine structure. Le tableau prendra la forme présentée au tableau 8.1.

Illustrons ceci par un exemple. Tous les sujets de l'étude présentée ici sont au régime. Le chercheur veut savoir s'il existe une différence (dans les deux premières semaines de régime) quant à la perte de poids lorsqu'il ajoute au régime cinq doses différentes d'un médicament anorexigène.

1. Nature des variables : Les cinq doses de médicament constituent les cinq niveaux de la variable indépendante. C'est cette variable qui a le potentiel d'influencer la variable dépendante, la perte de poids. La mesure de la perte de poids (en kg) est une variable continue, numérique, ratio. Les données sont présentées au tableau 8.2.
2. Postulats : Voici les quatre postulats nécessaires pour que l'ANOVA soit possible :
   A. Les k groupes de données (traitements) représentent k échantillons aléatoires et indépendants issus de leur population respective.
   B. Les k populations ont la même variance, soit $\sigma_{*1}^2 = \sigma_{*2}^2 = ... = \sigma_{*k}^2 = \sigma^2$.

	Traitement (facteur, variable indépendante)				
	1	2	...	k	
Observation 1	$X_{1,1}$	$X_{1,2}$	...	$X_{1,k}$	
Observation 2	$X_{2,1}$	$X_{2,2}$	...	$X_{2,k}$	
Observation 3	$X_{3,1}$	$X_{3,2}$	...	$X_{3,k}$	
...	...	...	...		
Observation n	$X_{n_1,1}$	$X_{n_2,2}$	...	$X_{n_k,k}$	
Total	$T_{*1} = \sum_{i=1}^{n_1} X_{i1}$	$T_{*2} = \sum_{i=1}^{n_2} X_{i2}$		$T_{*k} = \sum_{i=1}^{n_k} X_{ik}$	$T_{**} = \sum_{j=1}^{k} \sum_{i=1}^{n_j} X_{ij}$
Moyenne	$\overline{X}_{*1} = \dfrac{T_{*1}}{n_1}$	$\overline{X}_{*2} = \dfrac{T_{*2}}{n_2}$		$\overline{X}_{*k} = \dfrac{T_{*k}}{n_k}$	$\overline{x}_{**} = \dfrac{T_{**}}{n_t}$

x_{ij} = la $i^{ème}$ observation résultant du $j^{ème}$ traitement

i = 1, 2, ..., n_j

n_j = nombre de sujets du traitement j

j = 1, 2, ..., k

k = nombre de traitements

T_{*j} = somme des observations individuelles dans le traitement j

$\overline{X}_{*j}$ = moyenne des observations du traitement j

T_{**} = total de toutes les observations (tous traitements confondus)

$\overline{X}_{**}$ = moyenne « générale » de toutes les observations (tous traitements confondus)

n_t = somme de tous les n_j

C. Chaque population d'où l'on a tiré les échantillons est distribuée normalement avec une moyenne μ et une variance σ^2.

D. Les observations dans les échantillons sont indépendantes.

3. Hypothèses : En général, les hypothèses pour l'ANOVA à un critère de classification sont :

H_0 : $\mu_{*1} = \mu_{*2} = \ldots = \mu_{*k}$ (les moyennes des « k » populations d'où l'on a tiré les « k » échantillons sont égales)

H_1 : au moins une des moyennes μ_{*j} diffère des autres. (au moins une des « k » populations d'où l'on a tiré nos « k » échantillons a une moyenne qui diffère de celle des autres)

Dans notre exemple :

H_0 : $\mu_{*1} = \mu_{*2} = \mu_{*3} = \mu_{*4} = \mu_{*5}$

H_1 : au moins une des moyennes μ_{*j} diffère des autres.

4. Choix de la statistique : La statistique utilisée dans une ANOVA est le ratio de variances (VR).

5. Distribution de la statistique : Sous H_0 et en assumant que les postulats sont remplis, le ratio de variances (VR) suit une distribution F avec les degrés de liberté appropriés.

6. Règle décisionnelle : On choisit un seuil de signification $\alpha = 0,05$. On rejettera l'hypothèse nulle si le VR calculé est supérieur à la valeur de F au seuil α.

7. Calcul du test statistique : Avant de commencer le calcul du test, regardez le diagramme de points des données du tableau 8.3 à la figure 8.1. Portez une attention particulière à la dispersion des points.

	Traitement (dose)					
	1	2	3	4	5	
	1,53	3,15	3,89	8,18	5,86	
	1,61	3,96	3,68	5,64	5,46	
	3,75	3,59	5,70	7,36	5,69	
	2,89	1,89	5,62	5,33	6,49	
	3,26	1,45	5,79	8,82	7,81	
		1,56	5,33	5,26	9,03	
				7,10	7,49	
					8,98	
Total	13,04	15,60	30,01	47,69	56,81	163,15
Moyenne	2,61	2,60	5,00	6,81	7,10	5,10

FIGURE 8.1 : DIAGRAMME DE POINTS DES DONNÉES DU TABLEAU 8.2

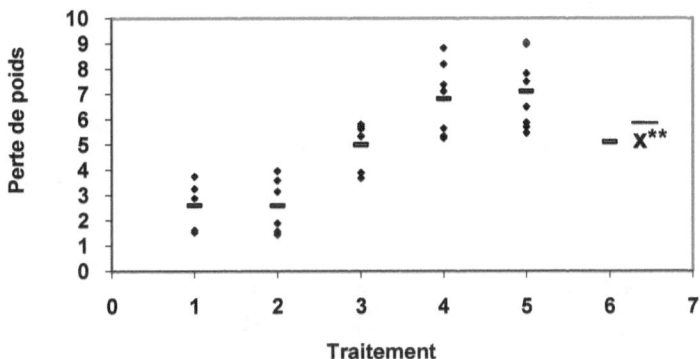

On définit l'ANOVA comme un processus par lequel la variation totale dans un ensemble de données est partagée en composantes attribuables à différentes sources. Nous entendons par variation la somme des déviations au carré des observations par rapport à leur moyenne ou *sum of squares* (voir chapitre 2 pour une explication de la

206

variation). Avant de pouvoir partitionner la variation totale (*total sum of squares*) en ses différentes composantes, on doit la calculer. La variation totale représente combien chacune des observations (x_{ij}), peu importe le groupe, s'éloigne de la moyenne générale $\overline{x}_{**}$ et est donnée par SST (équation 8.1).

FORMULE 8.1

$$SST = \sum_{j=1}^{k} \sum_{i=1}^{n_j} \left(x_{ij} - \overline{x}_{**} \right)^2$$

Ou encore, par la formule de calcul :

FORMULE 8.2

$$SST = \sum_{j=1}^{k} \sum_{i=1}^{n_j} x_{ij}^2 - \left(\frac{T_{**}^2}{n_t} \right)$$

$$n_t = \sum_{j=1}^{k} n_j$$

Dans le calcul de la variation totale, on calcule l'écart entre chacun des points, peu importe le groupe dans lequel il se trouve, et une moyenne générale. Dans l'exemple qui nous intéresse :

$$SST = (1,53^2 + 1,61^2 + ... + 8,98^2) - 163,15^2 / 32$$
$$SST = 994,35 - 26617,92 / 32$$
$$SST = 162,54$$

C'est cette variation totale qu'on séparera en différentes composantes. Les degrés de liberté associés à cette variation sont (n_t-1).

On peut maintenant procéder à la répartition de la variation totale (SST) en ses différentes composantes. En des termes simples, la

207

variation totale se divise en une partie due au traitement (SSTr) et une partie due aux individus (SSE), soit la variation naturelle des individus.

SST = SSTr + SSE

Commençons par calculer la composante de la variation naturelle. Cette composante démontre la façon dont chaque observation (x_{ij}) s'éloigne de la moyenne de son groupe ou traitement $\overline{x}_{*j}$ (*within-group sum of squares* ou *error sum of squares* ou *residual sum of squares*). On calcule la somme des déviations au carré intra-groupe par SSE (équation 8.4).

$$SSE = \sum_{j=1}^{k} \sum_{i=1}^{n_j} \left(x_{ij} - \overline{x}_{*j} \right)^2$$

Ou encore la formule de calcul:

$$SSE = \sum_{j=1}^{k} \sum_{i=1}^{n_j} x_{ij}^2 - \sum_{j=1}^{k} \frac{\left(T_{*j} \right)^2}{n_j}$$

Dans notre exemple, la partie de la variation totale qui est due à la variation des observations par rapport à la moyenne de leur groupe est la suivante :

SSE = 1,53² + 1,61² + ... + 8,98² - [1304² / 5 + 1560² / 6 + 3001² / 6 + 4769² / 7 + 5681² / 8]

SSE = 994,35 - (34,01 + 40,56 + 150,10 + 324,91 + 403,42)

SSE = 994,35 - 953,00

SSE = 41,35

Les degrés de libertés associés avec cette variation sont (n_t-k).

Maintenant, on peut calculer la composante de la variation qui est due au traitement. Cette composante démontre combien chaque moyenne de groupe (traitement) s'éloigne de la moyenne générale (*between-groups sum of squares* ou *treatment sum of squares*). On calcule la somme des déviations au carré inter-groupes par SSTr (équation 8.6).

FORMULE 8.6

$$SSTr = \sum_{j=1}^{k} n_j \left(\overline{x}_{*j} - \overline{x}_{**} \right)^2$$

Ou encore la formule de calcul :

FORMULE 8.7

$$SSTr = \sum_{j=1}^{k} \frac{T_{*j}^2}{n_j} - T_{**}^2 / N$$

On peut calculer cette valeur dans notre exemple :

SSTr = 13,042/ 5 + 15,602/ 6 + 30,012/ 6 + 47,692/7 + 56,812/ 8 - 163,152/ 32
SSTr = 953,00 - 831,81
SSTr = 121,19

Les degrés de liberté associés à cette variation sont (k-1). En réalité, il n'est pas nécessaire de calculer SSTr de cette façon puisqu'on sait que, dans une ANOVA à un critère de classification, la variation totale se décompose en deux : la variation intra-groupe ou résiduelle (SSE) et la variation inter-groupes ou des traitements (SSTr). On aura donc :

SST = SSTr + SSE
SSTr = SST - SSE
SSTr = 162,54 - 41,35
SSTr = 121,19

Il peut être démontré que lorsque les moyennes populationnelles sont égales (lorsque H_0 est vraie) et que les postulats sont remplis, SSE et SSTr divisés par leurs degrés de liberté respectifs sont deux estimés non biaisés de la variance populationnelle σ^2 (la variance de chacune des populations puisqu'elles sont égales).

Le premier estimé de σ^2 est la somme des carrés moyens intra-groupe ou résiduelle (MSE: *error mean squares*) et se calcule par l'équation 8.8.

FORMULE 8.8 $MSE = SSE / (N_T - K)$

Le second estimé de σ^2 est la somme des carrés moyens inter-groupes ou due aux traitements (MSTr : *treatment mean squares*et se calcule par l'équation 8.9.

FORMULE 8.9 $MST_R = SST_R / (K - 1)$

Si l'hypothèse nulle est vraie, on s'attend à ce que ces deux estimés soient relativement près l'un de l'autre parce qu'ils estiment la même chose. Si l'hypothèse nulle est fausse, c'est-à-dire si les moyennes populationnelles ne sont pas égales, on s'attend à ce que la somme des carrés moyens entre les groupes (calculée par la somme des déviations au carré des moyennes de groupe par rapport à la moyenne « générale ») soit plus grande que la somme des carrés moyens intra-groupe Pour bien comprendre le principe de l'analyse de variance, il faut se rappeler que la somme des carrés moyens entre les groupes n'est un bon estimé de la variance populationnelle que si les variances sont égales **et** si l'hypothèse nulle est vraie, c'est-à-dire si les moyennes populationnelles des groupes sont égales.

L'étape suivante est de comparer ces deux estimés pour savoir s'ils sont près l'un de l'autre. Pour ce faire, nous calculons un ratio de variances (VR).

FORMULE 8.10   VR = MSTr / MSE

Si les deux estimés sont près l'un de l'autre, le ratio sera près de 1. Un ratio près de 1 ne nous permettra pas de rejeter l'hypothèse nulle alors qu'une valeur de VR très grande (MSTr > MSE) nous fera rejeter H_0. Les résultats d'une ANOVA sont habituellement présentés sous forme de tableau type (tableau 8.4). Nous présentons les résultats de notre exemple au tableau d'ANOVA 8.5.

TABLEAU 8.4 : TABLEAU D'ANOVA TYPE POUR UNE ANOVA À UN CRITÈRE DE CLASSIFICATION

Source de variation	SS	dl	MS	VR
Traitement	SSTr	(k-1)	MSTr = SSTr / (k-1)	MSTr / MSE
Résiduelle	SSE	(n_t-k)	MSE = SSE / (n_t-k)	
Totale	SST	(n_t-1)		

TABLEAU 8.5 : RÉSULTATS DE L'ÉTUDE SUR L'EFFET DE CINQ DOSES D'UN MÉDICAMENT ANOREXIGÈNE SUR LA PERTE DE POIDS

Source de variation	SS	dl	MS	VR
Traitement	121,19	4	30,30	19,78
Résiduelle	41,35	27	1,53	
Totale	162,54	31		

La distribution F est une distribution de probabilités au même titre que la distribution z ou t (voir figure 8.2). La distribution F est une famille de distributions indexées selon différents degrés de liberté. La distribution que suivra notre statistique dépend des degrés de liberté associés au numérateur du ratio de variance (dans ce cas-ci MSTr) et de ceux associés au dénominateur du ratio de variance (MSE en général). Elle est asymétrique et $0 \leq F \leq \infty$.

FIGURE 8.2 : DISTRIBUTION F

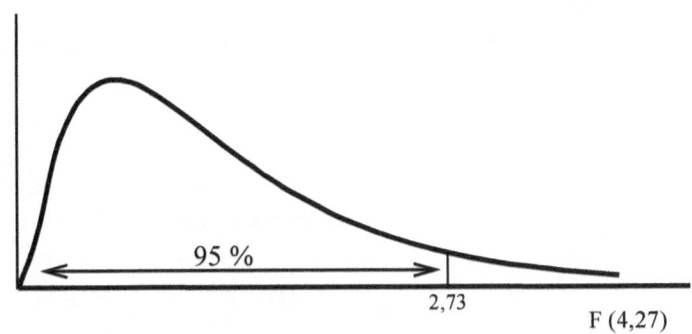

F (4,27)

8. Décision statistique : Une fois que nous avons identifié la distribution que suivra notre statistique, il faut déterminer la valeur de F au seuil de signification. Comme on avait choisi un seuil $\alpha = 0,05$, on peut trouver dans une des tables de probabilité de la distribution F la valeur de F à $\alpha = 0,05$ avec 4 dl au numérateur et 27 dl au dénominateur. Dans notre exemple, la valeur qui délimite la région de rejet est 2,73. Si H_0 est vraie dans ce cas, 95 % des valeurs possibles du ratio de variances seront inférieures à 2,73. Pour toute valeur de F calculée (VR) supérieure ou égale à 2,73, on rejettera H_0. Dans notre exemple, VR = 19,78 ce qui est plus grand que 2,73 ; on rejette H_0.

9. Conclusion et degré de signification : On conclut qu'au moins une des moyennes des populations diffère des autres, c'est-à-dire qu'au moins une des doses d'anorexigène nous donne une moyenne de perte de poids différente dans les deux premières semaines de régime. On peut calculer la probabilité d'obtenir un résultat aussi ou plus extrême que celui observé (une valeur de p). Dans notre exemple, la valeur de

VR = 19,78 est plus grande que la valeur de F à un seuil $\alpha = 0,005$ avec les mêmes degrés de liberté, on conclut donc que $p < 0,005$. À ce point-ci, il nous est impossible de dire quels groupes sont différents des autres.

8.6. Autre exemple

Dans une étude sur les effets du tabagisme sur la santé pulmonaire (White, 1980), des chercheurs ont formé six groupes de sujets selon leur exposition à la fumée due au tabagisme (cigare, cigarette, pipe) et ont évalué leur fonction pulmonaire.

1. Nature des variables : Variable indépendante : variable discrète à six niveaux (selon le niveau exposition à la fumée).
    A. Groupe 1 : groupe de non-fumeurs formé de sujets qui ne fument pas et qui ne sont pas exposés à la fumée (due au tabac) ni à la maison, ni au travail.
    B. Groupe 2 : groupe de fumeurs passifs formé de sujets qui ne fument pas et qui ne sont pas exposés à la fumée (due au tabac) à la maison mais qui travaillent depuis plus de 20 ans dans un endroit fermé contenant de la fumée (due au tabac).
    C. Groupe 3 : groupe de fumeurs qui utilisent soit la pipe, soit le cigare mais qui n'inhalent pas la fumée.
    D. Groupe 4 : groupe de fumeurs légers formé de sujets qui fument et inhalent de 1 à 10 cigarettes par jour et ce, depuis plus de 20 ans.
    E. Groupe 5 : groupe de fumeurs modérés formé de sujets qui fument et inhalent de 11 à 39 cigarettes par jour et ce, depuis plus de 20 ans.
    F. Groupe 6 : groupe de fumeurs lourds formé de sujets qui fument et inhalent 40 cigarettes ou plus par jour et ce, depuis plus de 20 ans.

    Variable dépendante : variable continue FEF (*forced mid-expiratory flow*).

213

2. Postulats : Les six groupes (exposition à la fumée) représentent six échantillons aléatoires et indépendants issus de leur population respective. Les six populations ont la même variance, soit
$$\sigma_{*1}^2 = \sigma_{*2}^2 = \sigma_{*3}^2 = \sigma_{*4}^2 = \sigma_{*5}^2 = \sigma_{*6}^2 = \sigma^2 .$$

Chaque population d'où l'on a tiré les échantillons est distribuée normalement avec une moyenne μ_{*j} et une variance σ^2. Les observations dans chaque groupe sont indépendantes.

3. Hypothèses statistiques : Dans cette étude, les hypothèses statistiques étaient les suivantes :

H_0 : $\mu_{*1} = \mu_{*2} = \mu_{*3} = \mu_{*4} = \mu_{*5} = \mu_{*6}$ (les moyennes populationnelles de FEF de chacun des six groupes sont équivalentes).

H_1 : au moins une des μ_{*j} diffère des autres (au moins un des groupes diffère des autres quant à la moyenne populationnelle de la variable FEF).

4. Choix de la statistique : On prendra la statistique VR.
5. Distribution de la statistique : VR suivra une distribution F avec (k - 1) et (n_t - k) dl.
6. Règle décisionnelle : Les chercheurs ont choisi un seuil de signification de $\alpha = 0,05$
7. Calcul du test : Les résultats sont donnés au tableau 8.5 (ici, par souci d'économie d'espace, on ne vous présente que les résultats sommaires, pas les données brutes).

Comme l'étude avait un n_t=1050, on voit l'utilité des programmes informatisés pour faire l'analyse de ce type de données. Le tableau 8.6 présente la table d'ANOVA pour cette étude.

TABLEAU 8.6 : RÉSULTATS SOMMAIRES DES SIX GROUPES DANS L'ÉTUDE SUR LE TABAGISME

# Groupe	Nom Groupe	Moyenne FEF	Écart type FEF	n_j
1	Non-fumeurs	3,78	0,79	200
2	Fumeurs passifs	3,30	0,77	200
3	Non-inhalateurs	3,32	0,86	50
4	Fumeurs légers	3,23	0,78	200
5	Fumeurs modérés	2,73	0,81	200
6	Fumeurs lourds	2,59	0,82	200

TABLEAU 8.6 : TABLEAU D'ANOVA POUR L'ÉTUDE SUR LE TABAGISME

Source de variation	SS	dl	MS	VR
Traitement	184,38	5	36,88	57,63
Résiduelle	663,87	1044	0,64	
Totale	848,25	1049		

8. Décision statistique : La valeur de F à un seuil $\alpha = 0,05$ avec cinq degrés de liberté au numérateur et 1044 degrés de liberté au dénominateur est comprise entre 2,21 et 2,29. Selon le tableau 8.6 :

$$F_{calc} = VR = 57,63$$

On doit donc rejeter H_0 au seuil de signification de 0,05.

9. Conclusion et degré de signification : Nous devons conclure que les résultats appuient l'hypothèse qu'au moins une des six moyennes populationnelles diffère des autres. Le degré de signification associé à notre résultat est $p < 0,005$. Pour l'instant, on ne peut pas aller plus loin.

8.7 ANOVA à deux facteurs ou critères de classification (une observation par cellule)

L'efficacité de l'ajout du deuxième critère dépend de la capacité du chercheur à établir des blocs homogènes au sein des unités expérimentales. Cette capacité dépend des connaissances du chercheur dans son domaine de recherche. Lorsqu'on réussit à faire des blocs homogènes selon un critère qui a un effet réel sur la variation des observations, la somme des carrés moyens résiduelle dans la table d'ANOVA est diminuée, le ratio de variances du traitement est augmenté et la probabilité de rejeter l'hypothèse nulle est augmentée.

Par exemple, dans plusieurs études impliquant des humains, on sait que l'âge a un impact sur la réponse à un traitement. Si on désire éliminer l'effet de l'âge dans les résultats, les sujets peuvent être regroupés selon des blocs d'âge de façon à ce qu'**un** sujet de chaque groupe d'âge reçoive chaque traitement. Un exemple d'organisation des données est illustré au tableau 8.7.

La variable de « bloc » est, comme la variable « traitement », soit une variable discrète, soit une variable continue groupée. C'est parce que les observations sont catégorisées selon deux critères (selon le bloc et selon le traitement) que la technique pour analyser les données a été baptisée ANOVA à deux critères de classification (*two-way ANOVA*). Le test de t sur mesures appariées est un cas particulier de l'ANOVA à deux critères de classification.

Prenons un exemple. Un physiothérapeute désire comparer trois méthodes d'enseignement pour l'utilisation d'un appareil prothétique. Il croit que l'âge des sujets est un facteur dans la vitesse d'apprentissage. Il veut donc que son étude prenne en considération cette variable.

1. Nature des variables : Les trois méthodes d'enseignement constituent la variable indépendante alors que la variable dépendante est le temps d'apprentissage. Le chercheur forme cinq groupes d'âge et choisit trois personnes dans la même catégorie d'âge (variable contrôlée); les sujets de chaque groupe d'âge se voient attribués aléatoirement un des « traitements » (méthode d'enseignement).

Nous obtenons ainsi trois groupes de traitement et cinq blocs d'âge. Les données sont présentées dans le tableau 8.8.

TABLEAU 8.7 : PRÉSENTATION DES DONNÉES BRUTES POUR UNE **ANOVA** À UN FACTEUR

	Traitement (facteur, variable indépendante)				Total	Moyenne
	1	**2**	**...**	**k**	**Total**	**Moyenne**
Bloc 1	$X_{1,1}$	$X_{1,2}$	...	$X_{1,k}$	$T_{1*} = \sum_{j=1}^{k} x_{1j}$	$\overline{x}_{1*} = \dfrac{T_{1*}}{k}$
Bloc 2	$X_{2,1}$	$X_{2,2}$	...	$X_{2,k}$	$T_{2*} = \sum_{j=1}^{k} x_{2j}$	$\overline{x}_{2*} = \dfrac{T_{2*}}{k}$
	...	...	...			
Bloc n	$X_{n,1}$	$X_{n,2}$	...	$X_{n,k}$	$T_{n*} = \sum_{j=1}^{k} x_{nj}$	$\overline{x}_{n*} = \dfrac{T_{n*}}{k}$
Total	$T_{*1} = \sum_{i=1}^{n} x_{i1}$	$T_{*2} = \sum_{i=1}^{n} x_{i2}$	...	$T_{*k} = \sum_{i=1}^{n} x_{ik}$	$T_{**} = \sum_{j=1}^{k} \sum_{i=1}^{n} x_{ij}$	—
Moyenne	$\overline{x}_{*1} = \dfrac{T_{*1}}{n}$	$\overline{x}_{*2} = \dfrac{T_{*2}}{n}$	...	$\overline{x}_{*k} = \dfrac{T_{*k}}{n}$	—	$\overline{x}_{**} = \dfrac{T_{**}}{kn}$

Où

x_{ij} = la $i^{ème}$ observation résultant du $j^{ème}$ traitement

i = 1, 2, ..., n

n = nombre de blocs

j = 1, 2, ..., k

k = nombre de traitements

T_{*j} = somme des observations individuelles dans le traitement j

$\overline{x}_{*j}$ = moyenne des observations du traitement j

T_{i*} = somme des observations individuelles dans le bloc i

$\overline{x}_{i*}$ = moyenne des observations du bloc i

217

T_{**} = total de toutes les observations (tous traitements ou blocs confondus)

$\overline{X}_{**}$ = moyenne « générale » de toutes les observations (tous traitements ou blocs confondus)

n_t = nombre total d'observations (n_k)

2. Postulats : Nous allons ici énumérer les postulats nécessaires pour que ce type d'ANOVA soit possible :

    A. Chaque observation constitue un échantillon aléatoire indépendant de taille n=1 d'une des kn populations représentées.

    B. Les kn populations ont la même variance, soit $\sigma_1^2 = \sigma_2^2 = \sigma_3^2 = ... = \sigma_{kn}^2 = \sigma^2$.

TABLEAU 8.8 : DONNÉES BRUTES DU TEMPS D'APPRENTISSAGE (EN JOURS)

Groupe d'âge	Méthodes d'enseignement			Total	Moyenne
	A	B	C		
Moins de 20 ans	7	9	10	26	8,67
20 à 29 ans	8	9	10	27	9,00
30 à 39 ans	9	9	12	30	10,00
40 à 49 ans	10	9	12	31	10,33
50 ans et plus	11	12	14	37	12,33
Total	45	48	58	151	
Moyenne	9,0	9,6	11,6		10,07

    C. Chacune des kn populations d'où l'on a tiré les échantillons est distribuée normalement avec une moyenne μ_{ij} et une variance σ^2.

    D. L'effet de traitement et l'effet de bloc sont additifs, c'est-à-dire qu'il n'y a pas d'interaction entre les traitements et les blocs (voir section 8.9.1 du présent chapitre).

3. Hypothèses : D'une manière générale, les hypothèses de ce type d'ANOVA sont :

$$H_0 : \mu_{*1} = \mu_{*2} = ... = \mu_{*k}$$

H_1 : au moins une des moyennes μ_{*j} diffère des autres.

Remarquez que les hypothèses concernent les effets de traitement et non les effets de bloc. C'est habituellement ce qui nous intéresse, les blocs n'étant créés que pour éliminer une source de variation extrinsèque. De plus, on sait que la variable de bloc a un effet sur la variable dépendante. On n'a pas besoin de le vérifier. Dans notre exemple, les hypothèses statistiques sont :

$$H_0 : \mu_{*1} = \mu_{*2} = \mu_{*3}$$

H_1 : au moins une des moyennes μ_{*j} diffère des autres.

4. Choix de la statistique : On utilisera ici aussi le ratio de variances (VR).
5. Distribution de la statistique : Sous H_0 et en assumant que les postulats sont remplis, le ratio de variances (VR) suit une distribution F avec (k-1) et (n-1)(k-1) dl.
6. Règle décisionnelle : On choisira un seuil de signification $\alpha = 0{,}05$. On rejettera l'hypothèse nulle si le VR calculé est supérieur à la valeur de F au seuil α.
7. Calcul du test statistique :

A. Calcul des variations

Avant de pouvoir partitionner la variation totale en ses différentes composantes, on doit la calculer. Comme dans l'ANOVA à un critère de classification, la variation totale représente combien chaque observation (x_{ij}) s'éloigne de la moyenne générale $\left(\overline{x}_{**} \right)$ et est donnée par SST à la formule 8.11.

$$SST = \sum_{j=1}^{k} \sum_{i=1}^{n} \left(x_{ij} - \bar{x}_{**} \right)^2$$

Ou encore la formule de calcul :

$$SST = \sum_{j=1}^{k} \sum_{i=1}^{n} x_{ij}^2 - C$$

Où C est une constante dont la formule est donnée à la formule 8.13.

$$C = \frac{\left(\sum_{j=1}^{k} \sum_{i=1}^{n} x_{ij} \right)^2}{kn} = \frac{T_{**}^2}{kn}$$

Dans l'exemple qui nous intéresse :

$$C = 151^2 / [3*5] = 22801 / 15 = 1520,07$$
$$SST = 7^2 + 9^2 + ... + 14^2 - 1520,07$$
$$SST = 46,93$$

Les degrés de liberté associés avec SST sont (kn - 1)

On peut maintenant procéder à la partition de la variation totale en ses différentes composantes. Dans ce type d'analyse, la variation totale se décompose en trois composantes (au lieu de deux comme dans l'ANOVA à un critère de classification).

SST = SSTR + SSBL + SSE

La variation totale se décompose en une composante due aux traitements, une composante due aux blocs et une composante résiduelle. Commençons par calculer la composante de la variation qui est due au traitement. On calcule la somme des déviations au carré SSTr qui représente la façon dont chaque moyenne des traitements $\left(\overline{x}_{*j}\right)$ s'éloigne de la moyenne générale $\left(\overline{x}_{**}\right)$ par la formule 8.15.

FORMULE 8.15

$$SSTr = n\sum_{j=1}^{k}\left(\overline{x}_{*j} - \overline{x}_{**}\right)^{2}$$

Ou encore la formule de calcul:

$$SSTr = \sum_{j=1}^{k}\frac{T_{*j}^{2}}{n} - C$$

FORMULE 8.16

Où C est la constante vue précédemment.

On peut calculer cette valeur dans notre exemple :

$$SSTr = [45^{2} + 48^{2} + 58^{2}] / 5 - 1520,07$$
$$SSTr = 18,53$$

Les degrés de liberté associés à SSTr sont (k - 1).

Maintenant, on peut calculer la composante de la variation qui est due aux blocs. On calcule la somme des déviations au carré SSBl qui représente la façon dont chaque moyenne de bloc $\left(\overline{x}_{i*}\right)$ s'éloigne de la moyenne générale $\left(\overline{x}_{**}\right)$ en utilisant l'équation 8.17.

FORMULE 8.17

$$SSBl = k\sum_{i=1}^{n}\left(\overline{x}_{i*} - \overline{x}_{**}\right)^{2}$$

Ou encore la formule de calcul:

$$SSBl = \sum_{i=1}^{n} \frac{T_{i*}^2}{k} - C$$

Où C est la constante vue précédemment.

Dans notre exemple, la partie de la variation totale qui est due aux blocs est la suivante :

$$SSBl = [26^2 + 27^2 + ... + 37^2] / 3 - 1520,07$$
$$SSBl = 24,93$$

Les degrés de liberté associés à SSBl sont (n - 1).

Finalement, on peut calculer la variation due à l'erreur (SSE) en utilisant l'équation 8.19.

SSE = SST - SSBL - SSTR

On peut calculer cette valeur dans notre exemple :

$$SSE = 46,93 - 24,93 - 18,53$$
$$SSE = 3,47$$

Les degrés de liberté associés avec SSE sont (n - 1)(k - 1).

B.   Calcul des variances

Il peut être démontré que lorsque les moyennes populationnelles sont égales (lorsque H_0 est vraie) et que les postulats sont remplis, SSTr et SSE divisés par leurs degrés de liberté respectifs sont deux estimés non biaisés de la variance populationnelle σ^2 (dans les kn populations). Le premier estimé de σ^2 est la somme des carrés moyens résiduelle et se calcule par l'équation 8.20.

FORMULE 8.20 $MSE = SSE / (N - 1)(K - 1)$

Le deuxième estimé de σ^2 est la somme des carrés moyens due aux traitements et se calcule par l'équation 8.24.

FORMULE 8.21 $MSTR = SSTR / (K - 1)$

Il existe un troisième estimé de σ^2, MSBl.

FORMULE 8.22 $MSBL = SSBL / (N - 1)$

Si l'hypothèse nulle est vraie (c'est-à-dire si les moyennes des populations sont égales), on s'attend à ce que les estimés MSE et MSTr soient relativement près l'un de l'autre. Si l'hypothèse nulle est fausse, c'est-à-dire si les moyennes populationnelles relatives aux traitements ne sont pas égales, on s'attend à ce que la somme des carrés moyens entre les groupes (due aux traitements) soit plus grande que la somme des carrés moyens résiduelle. L'étape suivante est donc de comparer ces deux estimés pour savoir s'ils sont près l'un de l'autre. Pour ce faire, on calcule le ratio de variances (VR) (équation 8.23).

FORMULE 8.23 $VR_{CALC} = MSTR / MSE$

Les résultats de notre exemple sont présentés au tableau 8.9.

8. Décision statistique : Sous H_0, la statistique suivra une distribution F avec $(k - 1)$ degrés de liberté au numérateur et $(n - 1)(k - 1)$ degrés de liberté au dénominateur. Une fois que nous avons déterminé la distribution que suivra notre statistique, il faut déterminer la valeur de F au seuil de signification.

223

Source de variation	SS	dl	MS	VR
Traitements	18,53	2	9,27	21,38
Blocs	24,93	4	6,23	
Résiduelle	3,47	8	0,43	
Totale	46,93	14		

Comme on avait choisi un seuil $\alpha = 0,05$, la valeur de F à ce seuil avec deux degrés de liberté au numérateur et huit au dénominateur est 4,46. Pour toute valeur de VR_{calc} supérieure à 4,46, on rejettera H_0. Dans notre exemple, $VR_{calc} = 21,38$, ce qui est plus grand que 4,46 : on doit rejeter H_0.

9. Conclusion et degré de signification : On conclut qu'au moins une des méthodes d'enseignement diffère des autres quant à sa moyenne de temps d'apprentissage. On peut calculer la probabilité d'obtenir un résultat aussi ou plus extrême que celui observé (valeur de p). Dans notre exemple, la valeur de $VR_{calc} = 21,38$ est plus grande que la valeur de F à un seuil $\alpha = 0,005$ avec les mêmes degrés de liberté : on conclut donc que $p < 0,005$.

8.8 Exemple

Une équipe multidisciplinaire d'un hôpital désire évaluer cinq méthodes de motivation pour des patients dépressifs traités en psychiatrie. Les sujets sont regroupés selon leur niveau initial de motivation (nul, très bas, bas, moyen) puisque les chercheurs croient que cette variable aura une influence sur la variable de mesure des traitements. À l'intérieur de chaque bloc, les sujets sont assignés aléatoirement à une des cinq méthodes de motivation. Au terme de l'étude, le niveau de motivation post-traitement est déterminé pour chacun des sujets à l'aide d'un score composite (de 0 à 100).

1. Nature des variables : La variable dépendante est le score de motivation au terme de l'étude, une variable numérique, continue, intervalle. Le niveau de motivation initial constitue la variable de bloc. C'est une variable catégorielle à quatre niveaux. La méthode de motivation est la variable indépendante, celle dont on veut mesurer l'effet. C'est une variable catégorielle à cinq niveaux. Les résultats sont présentés au tableau 8.10.

2. Postulats : Les postulats nécessaires pour que ce type d'ANOVA soit possible :

   A. Chaque observation constitue un échantillon aléatoire indépendant de taille n=1 d'une des 20 populations représentées.

   B. Les 20 populations ont la même variance, soit $\sigma_1^2 = \sigma_2^2 = ... = \sigma_{20}^2 = \sigma^2$.

   C. Chacune des 20 populations d'où l'on a tiré les échantillons est distribuée normalement avec une moyenne μ_{ij} et une variance σ^2.

   D. L'effet de traitement et l'effet de bloc sont additifs, c'est-à-dire qu'il n'y a pas d'interaction entre les traitements et les blocs (voir section 8.9.1 du présent chapitre).

3. Hypothèses : Dans notre exemple, les hypothèses statistiques sont :

$$H_0 : \mu_{*1} = \mu_{*2} = \mu_{*3} = \mu_{*4} = \mu_{*5}$$

H_1 : au moins une des moyennes μ_{*j} diffère des autres

4. Choix de la statistique : On utilisera ici aussi le ratio de variances (VR).

5. Distribution de la statistique : Sous H_0 et en assumant que les postulats sont remplis, le ratio de variances (VR) suit une distribution F avec (5-1) dl au numérateur et (4-1)(5-1) dl au dénominateur.

TABLEAU 8.10 : DONNÉES BRUTES DU NIVEAU DE MOTIVATION APRÈS TRAITEMENT

Niveau initial De motivation	Méthode de motivation				
	1	2	3	4	5
Nul	58	68	60	68	64
Très bas	62	70	65	80	69
Bas	67	78	68	81	70
Moyen	70	81	70	89	74

6. Règle décisionnelle : On choisira un seuil de signification α = 0,05. On rejettera alors l'hypothèse nulle si le VR calculé est supérieur à la valeur de F au seuil α (c'est-à-dire si $VR_{calc} \geq 3,26$).

7. Calcul du test statistique : On peut calculer les moyennes et totaux du tableau ainsi que $\Sigma\Sigma x_{ij}^2$ et C pour nous aider dans le calcul du test. Le tableau 8.11 donne les valeurs des totaux et moyennes.

TABLEAU 8.11 : DONNÉES BRUTES SUR LA REMOTIVATION

Niveau initial de motiv.	Méthode de motivation					Total	Moy.
	1	2	3	4	5		
Nul	58	68	60	68	64	318	63,6
Très bas	62	70	65	80	69	346	69,2
Bas	67	78	68	81	70	364	72,8
Moyen	70	81	70	89	74	384	76,8
Total	257	297	263	318	277	1412	
Moy.	64,25	74,25	65,75	79,50	69,25		70,6

$$\Sigma\Sigma x_{ij}^2 = 100854$$
$$C = 99687,2$$

226

Avant de pouvoir partitionner la variation totale en ses différentes composantes, il faut d'abord la calculer.

$$SST = \sum_{j=1}^{k} \sum_{i=1}^{n} x_{ij}^2 - C$$

SST = 100854 - 99687,2
SST = 1166,8

On peut maintenant procéder à la partition de la variation totale en ses différentes composantes.

SST = SSTr + SSBl + SSE

Commençons par calculer la composante de la variation qui est due au traitement :

$$SSTr = \sum_{j=1}^{k} \frac{T_{*j}^2}{n} - C$$

SSTr = [257^2 + 297^2 + 263^2 + 318^2 + 277^2] /4 - 99687,2
SSTr = 632,8

Maintenant, on peut calculer la composante de la variation qui est due aux blocs :

$$SSBl = \sum_{i=1}^{n} \frac{T_{i*}^2}{k} - C$$

SSBl = [318^2 + 346^2 + 364^2 + 384^2] / 5 - 99687,2
SSBl = 471,20

Finalement, on peut calculer la variation due à l'erreur (SSE) de la façon suivante :

SSE = SST - SSBl - SSTr

$$SSE = 1166,8 - 632,8 - 471,2$$
$$SSE = 62,8$$

Les résultats de notre exemple sont présentés dans le tableau 8.12.

TABLEAU 8.12 : TABLE D'ANOVA DE L'EXEMPLE SUR LA MOTIVATION

Source de variation	SS	dl	MS	VR
Traitements	632,80	4	158,20	30,25
Blocs	471,20	3	157,07	
Résiduelle	62,80	12	5,23	
Totale	1166,80	19		

8. Décision statistique : Dans notre exemple, VR_{calc} = 30,25, ce qui est plus grand que 3,26 : on rejette H_0.

9. Conclusion et degré de signification : On conclut qu'au moins une des méthodes de motivation diffère des autres quant à la mesure de la motivation post-traitement, et ce, en contrôlant l'effet de l'âge. On peut calculer la probabilité d'obtenir un résultat aussi ou plus extrême que celui observé (valeur de p). Dans notre exemple, la valeur de VR_{calc} = 30,25 est plus grande que la valeur de F à un seuil α = 0,005 avec les mêmes degrés de liberté : on conclut donc que $p < 0,005$.

8.9 Devis factoriel

Jusqu'à présent, on s'est intéressé à l'effet d'une seule variable indépendante (le traitement) sur la variable dépendante (avec ou sans variable d'appariement). Cependant, il arrive fréquemment qu'on soit intéressé à connaître l'effet de plus d'une variable. Le devis d'analyse de variance par lequel on peut évaluer l'effet de plusieurs variables indépendantes est appelé **devis factoriel**.

8.9.1 Note sur l'interaction

Considérons les données théoriques du tableau 8.13.

Facteur A: Âge	Facteur B : Dose du médicament		
	Dose 1	Dose 2	Dose 3
Âge 1	$\mu_{11} = 5$	$\mu_{12} = 10$	$\mu_{13} = 20$
Âge 2	$\mu_{21} = 10$	$\mu_{22} = 15$	$\mu_{23} = 25$

Ce tableau présente les moyennes populationnelles d'une variable continue influencée par deux facteurs. Le facteur A est l'âge du sujet catégorisé en deux groupes. Le facteur B correspond à trois doses d'un médicament.

Remarquez les caractéristiques importantes suivantes :

1. Si on regarde le facteur A, la différence entre les moyennes des différents niveaux du facteur B est constante.

    $\mu_{11} - \mu_{12} = \mu_{21} - \mu_{22} = 5$

    $\mu_{11} - \mu_{13} = \mu_{21} - \mu_{23} = 15$

    $\mu_{12} - \mu_{13} = \mu_{22} - \mu_{23} = 10$

2. Si on regarde le facteur B, la différence entre les moyennes des niveaux du facteur A est constante.

    $\mu_{11} - \mu_{21} = \mu_{12} - \mu_{22} = \mu_{13} - \mu_{23} = 5$

3. On peut représenter ces données en deux graphiques (voir figure 8.3). On constate que les courbes correspondant aux différents niveaux des deux facteurs sont parallèles.

Ces trois caractéristiques démontrent une **absence d'interaction**. On pourrait modifier les données du tableau précédent afin d'y introduire une interaction. Considérons les données du tableau 8.14.

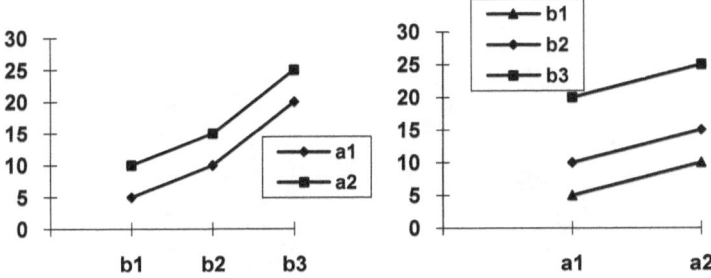

	Dose d'un médicament		
Facteur A: Âge	Dose 1	Dose 2	Dose 3
Âge 1	$\mu_{11} = 5$	$\mu_{12} = 10$	$\mu_{13} = 20$
Âge 2	$\mu_{21} = 15$	$\mu_{22} = 10$	$\mu_{23} = 5$

Remarquez encore les caractéristiques importantes suivantes :

1. Si on regarde le facteur A, la différence entre les moyennes des niveaux du facteur B n'est pas constante.

$$\mu_{11} - \mu_{12} \neq \mu_{21} - \mu_{22}$$

$$\mu_{11} - \mu_{13} \neq \mu_{21} - \mu_{23}$$

$$\mu_{12} - \mu_{13} \neq \mu_{22} - \mu_{23}$$

2. Si on regarde le facteur B, la différence entre les moyennes des niveaux du facteur A n'est pas constante.

$$\mu_{11} - \mu_{21} \neq \mu_{12} - \mu_{22} \neq \mu_{13} - \mu_{23}$$

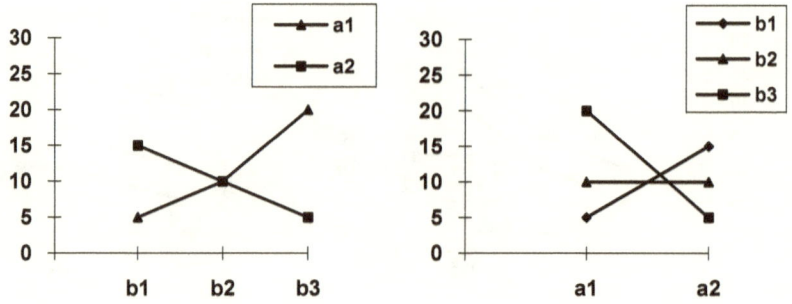

3. On peut représenter ces données en deux graphiques (voir figure 8.4). On constate que les courbes correspondant aux différents niveaux des deux facteurs ne sont pas parallèles.

Lorsque les données démontrent ces caractéristiques, on dit qu'il y a **interaction** entre les deux facteurs. Il y a interaction entre deux facteurs si la variation d'un des facteurs produit un changement différentiel dans la réponse aux différents niveaux d'un autre facteur. L'avantage d'un devis factoriel sur les autres types d'analyses de variance est qu'on peut tester la présence d'interaction entre les facteurs. Le tableau de présentation des résultats prendra la forme du tableau 8.15.

Au tableau 8.15, on a « a » niveaux du facteur A, « b » niveaux du facteur B et « n » observations pour chacune des combinaisons des niveaux. Dans ce type d'analyse, les traitements correspondent à chacune des « ab » combinaisons.

Pour tester l'interaction dans le devis factoriel, on a besoin d'au moins deux observations par cellule de traitement. Dans l'ANOVA à deux critères de classification, nous n'avions qu'une observation par cellule. C'est pourquoi on devait **postuler** qu'il n'y avait pas d'interaction entre les facteurs.

8.9.2 Exemple

Afin d'étudier le temps consacré par les intervenants à la réadaptation individuelle d'accidentés de la route, des données ont été recueillies sur le temps passé avec chaque individu dans sa période de récupération, pour un échantillon total de 80 participants. Les participants ont été catégorisés selon le groupe d'âge de leur intervenant et le degré d'autonomie initial de l'accidenté. Les questions qui intéressent ce chercheur sont :

1. Est-ce que le temps consacré à chaque individu diffère selon le groupe d'âge dans lequel se trouve l'intervenant ?

2. Est-ce que le degré d'autonomie du sujet a une influence sur le temps accordé par l'intervenant ?

3. Y a-t-il une interaction entre l'âge de l'intervenant et le degré d'autonomie du sujet?

Pour répondre à ces questions, on doit faire une ANOVA avec un devis factoriel.

1. Nature des variables : La variable dépendante, « temps consacré aux sujets » est une variable numérique, continue, ratio. Les deux facteurs étudiés (variables indépendantes) sont l'âge des intervenants et le degré d'autonomie des sujets en réadaptation. Comme dans les autres types d'ANOVA, les variables indépendantes doivent être des variables discrètes. L'âge a donc été catégorisé en quatre groupes (20-29 ans; 30-39 ans; 40-49 ans; 50-59 ans). La variable autonomie du patient est une variable ordinale à quatre niveaux (I, II, III, IV).

2. Postulats : Les postulats seront :

A. Les observations de chacune des « ab » cellules constituent un échantillon aléatoire d'observations indépendantes tirées d'une population définie par la combinaison des « ab » facteurs correspondants.

B. Toutes les « ab » populations ont la même variance $\left(\sigma_{11*}^{2} = \sigma_{12*}^{2} = ... = \sigma_{ab*}^{2} = \sigma^{2}\right)$.

C. Chacune des « ab » populations est distribuée normalement avec une moyenne μ_{ab*} et une variance σ^2.

D. Les observations sont indépendantes.

TABLEAU 8.15 : TABLE DE PRÉSENTATION DES DONNÉES SELON UN DEVIS FACTORIEL

Facteur B						
Facteur A	j=1	j=2	...	j=b	Total	Moy.
I=1	X_{111}	x_{121}	...	x_{1b1}		
	...	...	...	...	T_{1**}	$\overline{X}_{1**}$
	X_{11n}	x_{12n}	...	n_{1bn}		
Total	T_{11*}	T_{12*}	...	T_{1b*}		
Moy.	$\overline{X}_{11*}$	$\overline{X}_{12*}$	...	$\overline{X}_{1b*}$		
i=2	X_{211}	x_{221}	...	x_{2b1}		
	...	...	...	...	T_{2**}	$\overline{X}_{2**}$
	X_{21n}	x_{22n}	...	x_{2bn}		
Total	T_{21*}	T_{22*}	...	T_{2b*}		
Moy.	$\overline{X}_{21*}$	$\overline{X}_{22*}$	...	$\overline{X}_{2b*}$		
...	...	...	...	...		
i=a	X_{a11}	x_{a21}	...	x_{ab1}		
	...	...	...	...	T_{a**}	$\overline{X}_{a**}$
	X_{a1n}	x_{a2n}	...	x_{abn}		
Total	T_{a1*}	T_{a2*}	...	T_{ab*}		
Moy.	$\overline{X}_{a1*}$	$\overline{X}_{a2*}$	...	$\overline{X}_{ab*}$		
Total	T_{*1*}	T_{*2*}	...	T_{*b*}	T_{***}	
Moy.	$\overline{X}_{*1*}$	$\overline{X}_{*2*}$	...	$\overline{X}_{*b*}$		$\overline{X}_{***}$

3. Hypothèses statistiques : Le modèle du devis factoriel peut être écrit comme suit :

FORMULE 8.24 $$x_{ijk} = \mu + \alpha_i + \beta_j + (\alpha\beta)_{ij} + E_{ijk}$$

soit qu'une observation type (x) est le résultat de μ, une constante, α, l'effet du facteur A, β, l'effet du facteur B, $(\alpha\beta)$ l'effet de l'interaction entre les deux facteurs et e, l'erreur expérimentale.

D'une manière générale, les hypothèses qu'on peut tester par ce modèle sont :

1. H_0: $\alpha_i = 0$ (ou $\mu_{1**} = \mu_{2**} = ... = \mu_{a**}$)

    H_1: Au moins un des α_i est différent de 0 (ou au moins un des μ_{i**} diffère des autres)

2. H_0: $\beta_j = 0$ (ou $\mu_{*1*} = \mu_{*2*} = ... = \mu_{*b*}$)

    H_1: Au moins un des β_j est différent de 0 (ou au moins un des μ_{*j*} diffère des autres)

3. H_0: $(\alpha\beta)_{ij} = 0$

    H_1: Au moins un des $(\alpha\beta)_{ij}$ est différent de 0.

Pour les besoins de l'exemple, nous allons tester les trois hypothèses. Cependant, il faut garder en mémoire que le fait de tester trois hypothèses sur un même ensemble de données influence le niveau de signification de ce test. Si on choisit un seuil $\alpha = 0,05$ pour chacune des hypothèses, α_1 étant le seuil de signification de la première hypothèse, α_2, le seuil de signification de la deuxième hypothèse et α_3 le seuil de signification de la troisième hypothèse, alors le seuil de signification associé au test des trois hypothèses (α_G) devient :

234

$$\alpha_G < 1 - (1 - \alpha_1)(1 - \alpha_2)(1 - \alpha_3)$$
$$\alpha_G < 1 - (0,95)^3$$
$$\alpha_G < 0,143$$

4. Choix de la statistique : Ici encore, la statistique de test sera le ratio de variances (VR) approprié à chacune des hypothèses nulles à tester.
5. Distribution de la statistique : Sous H_0, en assumant que les postulats soient remplis, les VR suivront une distribution de F avec les degrés de liberté appropriés.
6. Règle décisionnelle : On choisira, pour chacune des hypothèses, un seuil de signification $\alpha = 0,05$. On rejettera les hypothèses nulles si la valeur de VR_{calc} est supérieure à la valeur de F au seuil de signification α avec les degrés de liberté appropriés.
7. Calcul du test statistique :
   A. Calcul des variations

Les résultats du chercheur sont présentés au tableau 8.16. Il peut être démontré que la variation totale (SST) dans ce cas se décompose comme suit :

FORMULE 8.25 $$SST = SSTR + SSE$$

FORMULE 8.26 $$SSTR = SSA + SSB + SSAB$$

Donc :

FORMULE 8.27 $$SST = SSA + SSB + SSAB + SSE$$

C'est-à-dire que la variation totale se répartit en composante due au facteur A, composante due au facteur B, composante due à l'interaction entre les facteurs A et B et en une composante résiduelle. Avant de pouvoir partitionner la variation totale en ses différentes composantes, il faut la calculer. SST représente, comme dans toute ANOVA, la façon dont chacune des observations (x_{ijk}) s'éloigne de la moyenne générale $\left(\overline{x}_{***}\right)$ et se calcule par l'équation 8.28.

235

	Facteur B : Groupe d'âge					
Facteur A	1	2	3	4	Total	Moyenne
Autonomie	20	23	24	29		
1	21	25	25	30		
	20	28	30	28		
	20	30	26	27		
	19	31	23	30	509	25,45
Total	100	137	128	144		
Moyenne	20,0	27,4	25,6	28,8		
Autonomie	20	25	24	28		
2	25	30	28	31		
	22	29	24	26		
	27	28	25	29		
	21	30	30	32	534	26,70
Total	115	142	131	146		
Moyenne	23,0	28,4	26,2	29,2		
Autonomie	30	30	39	40		
3	45	29	42	45		
	30	31	36	50		
	35	30	42	45		
	36	30	40	60	765	38,25
Total	176	150	199	240		
Moyenne	35,2	30,0	39,8	48,0		
Autonomie	31	32	41	42		
4	30	35	45	50		
	40	30	40	40		
	35	40	40	55		
	30	30	35	45	766	38,30
Total	166	167	201	232		
Moyenne	33,2	33,4	40,2	46,4		
Total	557	596	659	762	2574	
Moyenne	27,85	29,80	32,95	38,10		32,18

$$SST = \sum_{i=1}^{a} \sum_{j=1}^{b} \sum_{k=1}^{n} \left(x_{ijk} - \overline{x}_{***} \right)^2$$

La formule de calcul de la variation totale est :

$$SST = \sum_{i=1}^{a} \sum_{j=1}^{b} \sum_{k=1}^{n} x_{ijk}^{2} - C$$

FORMULE 8.29

Où C est une constante définie par :

$$C = \frac{T_{***}^{2}}{abn}$$

FORMULE 8.30

Dans notre exemple, le terme de correction est le suivant :

$$C = 2574^2 / 80 = 82818{,}45$$

Et la variation totale :

$$SST = (20^2 + 23^2 + \ldots + 45^2) - 82818{,}45 = 5741{,}55$$

Les degrés de liberté associés à cette variation sont (abn-1). Tel que mentionné à la formule 8.25, cette variation totale se divise en deux parties : celle due au traitement et la variation résiduelle. La variation due au traitement (SSTr) représente la façon dont les moyennes de chacune des combinaisons $\left(\overline{x}_{ij*} \right)$ s'éloigne de la moyenne générale $\left(\overline{x}_{***} \right)$ et est donnée par la formule 8.31.

$$SSTr = \sum_{i=1}^{a} \sum_{j=1}^{b} \sum_{k=1}^{n} \left(\overline{x}_{ij*} - \overline{x}_{***} \right)^2$$

FORMULE 8.31

Ou encore la formule de calcul:

$$SSTr = \frac{\displaystyle\sum_{i=1}^{a}\sum_{j=1}^{b}T_{ij*}^{2}}{n} - C$$

FORMULE 8.32

Dans notre exemple :

$$SSTr = (100^2 + 137^2 + ... + 232^2) / 5 - 82818,45 = 4801,95$$

Les degrés de liberté associés à cette variation sont (ab-1).

La variation résiduelle (SSE) représente la façon dont chaque individu (x_{ijk}) s'éloigne de la moyenne de son groupe/traitement $\left(\overline{x}_{ij*}\right)$ et est donnée par la formule 8.33.

$$SSE = \sum_{i=1}^{a}\sum_{j=1}^{b}\sum_{k=1}^{n}\left(x_{ijk} - \overline{x}_{ij*}\right)^{2}$$

FORMULE 8.33

Ou encore plus simplement:

FORMULE 8.34   SSE = SST - SSTr

Dans notre exemple :

$$SSE = 5741,55 - 4801,95 = 939,60$$

Les degrés de liberté associés à cette variation sont ab(n-1).

Comme on l'a vu précédemment (formule 8.28), la variation due au traitement se subdivise en différentes parties (SSA, SSB et SSAB). On peut calculer chacune de ces portions de variation. La variation due au facteur A (SSA) représente la façon dont la moyenne de chacun des niveaux du facteur A $\left(\overline{x}_{i**}\right)$ s'éloigne de la moyenne générale $\left(\overline{x}_{***}\right)$ et est donnée par l'équation 8.35.

$$SSA = bn\sum_{i=1}^{a}\left(\overline{x}_{i**} - \overline{x}_{***}\right)^2$$

FORMULE 8.35

Ou encore la formule de calcul:

$$SSA = \frac{\displaystyle\sum_{i=1}^{a}T_{i**}^2}{bn} - C$$

FORMULE 8.36

Dans notre exemple :

SSA = (5092 + 5342 + 7652 + 7662) / 20 - 82818,45 = 2992,45

Les degrés de liberté associés à cette variation sont (a-1).

La variation due au facteur B (SSB) représente la façon dont la moyenne de chacun des niveaux du facteur B $\left(\overline{x}_{*j*}\right)$ s'éloigne de la moyenne générale $\left(\overline{x}_{***}\right)$ et est donnée par l'équation 8.37.

FORMULE 8.37
$$SSB = an\sum_{j=1}^{b}\left(\overline{x}_{*j*} - \overline{x}_{***}\right)^2$$

Ou encore la formule de calcul:

FORMULE 8.38
$$SSB = \frac{\displaystyle\sum_{j=1}^{b}T_{*j*}^2}{an} - C$$

239

Dans notre exemple :

SSB = (5572 + 5962 + 6592 + 7622) / 20 - 82818,45 = 1201,05

Les degrés de liberté associés à cette variation sont (b-1).

La variation due à l'interaction entre les facteurs (SSAB) vise à tester le parallélisme des courbes (voir figures 8.3 et 8.4) et est donnée par l'équation 8.39.

FORMULE 8.39
$$SSAB = n\sum_{i=1}^{a} \sum_{j=1}^{b} \left(\overline{x}_{ij*} - \overline{x}_{i**} - \overline{x}_{*j*} + \overline{x}_{***} \right)^2$$

Ou encore la formule toute simple dérivée de la formule 8.26:

FORMULE 8.40
$$SSAB = SST_R - SSA - SSB$$

Dans notre exemple :

SSAB = 4801,95 - 2292,45 - 1201,05 = 608,45

Les degrés de liberté associés avec cette variation sont (a-1)(b-1).

B.   Calcul des variances

Si les hypothèses nulles sont vraies et que les postulats tiennent, il peut être démontré que SSA, SSB, SSAB et SSE, divisés par leurs degrés de liberté respectifs (donc MSA, MSB, MSAB et MSE), sont tous des estimateurs de la variance populationnelle des traitements, σ^2. C'est donc dire que le test de chacune des hypothèses se fera par les ratios de variance (VR) suivants :

Pour l'hypothèse 1:   VR = MSA/MSE

Si l'hypothèse nulle ($H_0 : \alpha_i = 0$) est fausse, MSA est un estimateur de σ^2 + constante positive, c'est-à-dire que le ratio devient supérieur à 1.

Pour l'hypothèse 2:   VR = MSB/MSE

Si l'hypothèse nulle ($H_0 : \beta_i = 0$) est fausse, MSB est un estimateur de σ^2 + constante positive, c'est-à-dire que le ratio devient supérieur à 1.

Pour l'hypothèse 3:   VR = MSAB/MSE

Si l'hypothèse nulle ($H_0 : (\alpha\beta)_{ij} = 0$) est fausse, MSAB est un estimateur de σ^2 + constante positive, c'est-à-dire que le ratio devient supérieur à 1.

TABLEAU 8.17 : TABLE D'ANOVA TYPE

Source	SS	dl	MS	VR
A	SSA	(a-1)	SSA/(a-1)	MSA/MSE
B	SSB	(b-1)	SSB/(b-1)	MSB/MSE
AB	SSAB	(a-1)(b-1)	SSAB/(a-1)(b-1)	MSAB/MSE
Traitement	SSTr	ab-1		
Résiduelle	SSE	ab(n-1)	SSE/ab(n-1)	
Totale	SST	abn-1		

Chacun de ces ratios, sous l'H_0, suivra une distribution F avec les degrés de liberté appropriés. On peut représenter les résultats dans une table d'ANOVA comme celle du tableau 8.17. En ce qui concerne notre exemple, les résultats sont présentés au tableau 8.18.

8. Décision statistique : Dans ce type d'ANOVA, il n'y a pas une seule décision statistique. Habituellement, on teste l'hypothèse d'interaction en premier. Si l'interaction est significative, il ne sert pas à grand-chose de vérifier les autres hypothèses, parce qu'une interaction peut venir amplifier ou masquer une relation entre chacun des facteurs pris individuellement et la variable dépendante.

Pour tester l'interaction dans notre exemple, la valeur de F à un seuil α = 0,05 avec 9dl au numérateur et 64dl au dénominateur est d'environ 2,04. Nous avons obtenu un VR_{calc} de 4,61, ce qui est significatif. On rejettera donc la troisième hypothèse nulle, c'est-à-dire qu'il existe une interaction entre les facteurs A et B. Pour les fins de l'exercice, nous allons tester les deux autres hypothèses. En ce qui concerne les effets des facteurs A et B, la valeur de F au seuil $\alpha=0,05$ avec 3dl au numérateur et 64dl au dénominateur est d'environ 2,76. Nous avons obtenu un VR pour le facteur A de 67,95 et, pour le facteur B, 27,67. Nous devrions ainsi rejeter ces deux premières hypothèses nulles. **Cependant, il ne faut pas tester les deux premières hypothèses lorsque l'hypothèse d'interaction est significative.**

TABLEAU 8.18 : RÉSULTATS DE L'ÉTUDE SUR LE TEMPS PASSÉ EN RÉADAPTATION SELON LE DEGRÉ D'AUTONOMIE INITIAL DU SUJET (FACTEUR A) ET L'ÂGE DE L'INTERVENANT (FACTEUR B)

Source	SS	dl	MS	VR
A	2992,45	3	997,48	67,95
B	1201,05	3	400,35	27,27
AB	608,45	9	67,61	4,61
Traitement	4801,95	15		
Résiduelle	939,60	64	14,68	
Totale	5741,55	79		

9. Conclusion et degré de signification : En théorie, si l'hypothèse nulle H_0: $\alpha_i = 0$ est rejetée, on en conclut, à un certain seuil de signification, que le facteur A a un effet sur la variable dépendante. Dans notre exemple, la conclusion clinique serait que le niveau d'autonomie du sujet a un effet sur le temps consacré par l'intervenant à la réadaptation. De la même façon, si l'hypothèse nulle H_0: $\beta_j = 0$ est rejetée, on en conclut, à un certain seuil de signification, que le facteur B a un effet sur la variable dépendante. Dans notre exemple, la conclusion clinique serait que l'âge de l'intervenant a un effet sur le temps qu'il consacre à la réadaptation de ses patients. Et si l'hypothèse H_0: $(\alpha\beta)_{ij} = 0$ est rejetée, on en conclut que les facteurs A

et B interagissent. Dans notre exemple, à cause de cette interaction significative, on ne peut aller plus loin. Il faudrait analyser l'effet de l'âge de l'intervenant pour chacun des niveaux d'autonomie des sujets (ou vice versa). Lorsqu'il y a interaction, on est plus intéressé à connaître quelles combinaisons des facteurs sont significatives.

8.10 Exemples

8.10.1 Exemple 1 : Comparaison entre test de t et ANOVA

Dans l'exemple suivant, on compare les résultats entre un t-test pour mesures indépendantes et une analyse de variance à un facteur (ce facteur ayant deux catégories). Le tableau 8.19 donne les données brutes d'une variable numérique pour deux groupes, A et B.

1. Nature des variables : Variable dépendante : numérique; variable indépendante : catégorielle (deux catégories).
2. Postulats : Les postulats concernent l'égalité des variances populationnelles et la normalité des distributions.

3. Hypothèses :

$$H_0 : \mu_1 = \mu_2$$

$$H_1 : \mu_1 \neq \mu_2$$

4. Statistiques :

Test de t : $\overline{\mathbf{x}}_1 - \overline{\mathbf{x}}_2$

ANOVA : VR = MSTr / MSE

TABLEAU 8.19 : DONNÉES BRUTES DES GROUPES A ET B

Sujet	Groupe A	Groupe B
1	8,18	11,32
2	9,93	9,68
3	9,45	14,85
4	12,28	10,26
5	6,29	11,11
6	6,47	8,43
7	9,37	8,95
8	13,27	14,03
9	9,63	13,47
10	9,37	-
Moyenne	9,4213	10,3318
Écart-type	2,1949	2,3936

5. Distribution de la statistique : Dans le test de t, la statistique $\overline{x}_1 - \overline{x}_2$ suit une distribution normale avec une moyenne de $\mu_1 - \mu_2$ et une erreur type égale à $\sqrt{\dfrac{\sigma_1^2}{n_1} + \dfrac{\sigma_2^2}{n_2}}$, une fois standardisée en utilisant un estimateur pour l'erreur type et en assumant l'égalité des variances, la distribution t avec $(n_1 + n_2 - 2)$ dl.

Dans l'ANOVA, le VR suit une distribution F avec $(k-1)$ degré de liberté au numérateur et $(n_t - k)$ degrés de liberté au dénominateur. Remarquez que le nombre de degrés de liberté au dénominateur est le même que le nombre de degrés de liberté au test de t.

6. Règle décisionnelle : $(\alpha = 0,05)$

Dans le test de t, si le $| t_{calc} | > 2,1098$, on rejette H_0.

Dans l'ANOVA, si VR > 4,45, on rejette H_0.

Remarquez que $t^2 = F$.

244

7. Calcul du test : Au tableau 8.20, on présente les résultats du test de Levene, le test utilisé dans plusieurs logiciels pour déterminer si les variances sont égales ou non, un postulat nécessaire au test de t et à l'ANOVA.

TABLEAU 8.20 : TEST DE LEVENE (HOMOGÉNÉITÉ DES VARIANCES)

	Levene's test for equality of variances	
	F	Sig. (p)
Dependent	0,320	0,579

Dans ce test, on vérifie si : H_0 : $\sigma_1^2 = \sigma_2^2$. Comme p > 0,05, on ne rejette pas H_0. On ne doit pas confondre ce test avec les résultats du test de t ou de l'ANOVA. Le test de Levene ne fait que tester le postulat de l'égalité des variances. **Si le test de Levene est significatif (soit p < 0,05), on rejette l'hypothèse d'égalité des variances et on conclut que le postulat (nécessaire à l'ANOVA) est faux.**

On passe ensuite aux résultats du test de t comme tel. La valeur du t_{calc} est -1.864 et le nombre de degrés de liberté est de 17. Un logiciel statistique nous donnerait aussi un degré de signification de p = 0.079677.

Si on faisait ensuite une ANOVA à un critère de classification (le groupe), on obtiendrait les résultats du tableau 8.21.

TABLEAU 8.21 : ANOVA À UN CRITÈRE DE CLASSIFICATION (TABLEAU TIRÉ DE SPSS)

	SS	Df	MS	F_{calc}	Sig (p)
Between groups	17,502	1	17,502	3,475	0,079677
Within groups	85,626	17	5,037		
Total	103,128	18			

245

Remarquez que la valeur du F_{calc} est le carré de la valeur du t_{calc} à l'étape précédente et que les valeurs de p sont équivalentes.

8. Décision statistique : Non-rejet de H_0 dans les deux tests.
9. Conclusion et degré de signification : Il ne semble pas y avoir de différence entre ces deux populations, p = 0,079677. Les deux tests nous donnent des résultats identiques.

8.10.2 Exemple 2 : ANOVA à UN facteur (critère de classification)

Au tableau 8.22, on donne des valeurs d'extension d'une articulation, une mesure numérique continue pour quatre groupes de 10 sujets et la figure 8.5 représente aussi ces données brutes. La variable dépendante est donc continue, numérique alors que la variable indépendante est une variable catégorielle à quatre niveaux correspondant aux quatre groupes. On veut savoir si les groupes « affectent » les valeurs d'extension ou encore si les groupes ont des moyennes d'extension différentes.

Le tableau de données brutes (tableau 8.22) nous suggère une ANOVA à un critère de classification. Il faut postuler que les variances des quatre populations sont équivalentes et que les distributions suivent une distribution normale. Le tableau 8.24 donne les résultats du test de Levene qui teste l'égalité des variances. Comme le test n'est pas significatif, on ne rejette pas l'hypothèse d'égalité des variances.

Nos hypothèses statistiques seront donc $H_0 : \mu_1 = \mu_2 = \mu_3 = \mu_4$ et H_1 : au moins une des moyennes paramétriques diffère des autres. Nous testerons l'hypothèse nulle par la statistique VR = MSTr / MSE. Le VR suit une distribution F avec 3dl au numérateur et 36 au dénominateur. Si on détermine que la règle décisionnelle est $\alpha = 0,05$, la valeur du F délimitant la zone de rejet se trouve entre 2,76 et 2,92 selon les tables de F.

Tableau 8.22 : Sommaire des données brutes d'extension

	Groupe 1	Groupe 2	Groupe 3	Groupe 4
Sujet 1	43,9	89,8	68,4	36,2
Sujet 2	39,0	87,1	69,3	45,2
Sujet 3	46,7	92,7	68,5	40,7
Sujet 4	43,8	93,6	66,4	40,5
Sujet 5	44,2	87,7	70,0	39,3
Sujet 6	47,7	92,4	68,1	40,3
Sujet 7	43,6	86,1	70,6	43,2
Sujet 8	38,9	88,1	65,2	38,7
Sujet 9	43,6	90,8	63,8	40,9
Sujet 10	40,0	89,1	69,2	39,7
$\overline{\text{x}} =$	43,14	89,44	67,95	40,47
s =	3,000	2,218	2,169	2,436

Figure 8.5 Graphique des données brutes d'extension

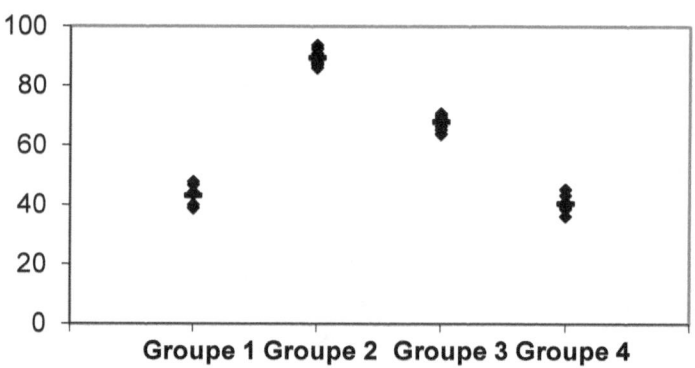

Lorsque les calculs sont faits par ordinateur, on nous donne exactement la valeur de p sans avoir à passer par les valeurs de rejet de F. Le tableau 8.25 donne les résultats de l'ANOVA tels que donnés par un logiciel statistique. La

247

valeur de p = 0.000 nous indique que le degré de signification est inférieure à 0.001. Les résultats sont donnés à trois décimales près.

TABLEAUX 8.23 : DONNÉES DESCRIPTIVES D'EXTENSION (TIRÉ DE SPSS)

		N	Mean	Std. Deviation	Std. Error
Performance	Groupe 1	10	43,14	3,00	0,949
	Groupe 2	10	89,44	2,22	0,701
	Groupe 3	10	67,95	2,17	0,686
	Groupe 4	10	40,47	2,44	0,770
	Total	40	60,25	20,36	3,220

TABLEAU 8.24 : TEST D'HOMOGÉNÉITÉ DES VARIANCES

	Levene	Sig.
Extension	0,422	0,738

TABLEAU 8.25 : RÉSULTATS D'ANOVA POUR LES MESURES D'EXTENSION (TIRÉ DE SPSS)

	SS	df	MS	F	Sig.
Between groups	15953,466	3	5317,822	866,118	0,000
Within group	221,034	36	6,140		
Total	16174,500	39			

Ces résultats nous indiquent qu'il faut rejeter l'hypothèse nulle et conclure qu'au moins une des quatre populations d'où l'on a tiré les échantillons a une moyenne différente des autres. Le logiciel va habituellement un peu plus loin et calcule des analyses *post-hoc* pour déterminer où sont ces différences. Le tableau 8.26 donne l'ensemble des comparaisons deux-à-deux (appelées comparaisons multiples). On peut ainsi déterminer quelles populations sont vraisemblablement différentes. Il semble, selon ce tableau, que seules les moyennes des populations 1 et 4 ne soient pas significativement différentes.

TABLEAU 8.26 : TESTS *POST-HOC*, COMPARAISONS MULTIPLES (TIRÉ DE SPSS)

		Mean Difference (I - J)	Std. Error	Sig.	95% Confidence Interval Lower Bound	Upper Bound
Groupe 1	Groupe 2*	-46,3000	1,108	0,000	-49,2845	-43,3155
	Groupe 3*	-24,8100	1,108	0,000	-27,7945	-21,8255
	Groupe 4	2,6700	1,108	0,093	-0,3145	5,6545
Groupe 2	Groupe 1*	46,3000	1,108	0,000	43,3155	49,2845
	Groupe 3*	21,4900	1,108	0,000	18,5055	24,4745
	Groupe 4*	48,9700	1,108	0,000	45,9855	51,9545
Groupe 3	Groupe 1*	24,8100	1,108	0,000	21,8255	27,7945
	Groupe 2*	-21,4900	1,108	0,000	-24,4745	-18,5055
	Groupe 4*	27,4800	1,108	0,000	24,4955	30,4645
Groupe 4	Groupe 1	-2,6700	1,108	0,093	-5,6545	0,3145
	Groupe 2*	-48,9700	1,108	0,000	-51,9545	-45,9855
	Groupe 3*	-27,4800	1,108	0,000	-30,4645	-24,4955

Notre décision statistique sera donc de rejeter H_0 et de conclure que toutes les populations sont significativement différentes les unes des autres, en termes d'extension, sauf les populations 1 et 4.

8.10.3 Exemple 3 : ANOVA à DEUX facteurs : une observation par cellule

Dans cet exemple, on veut comparer les résultats à un test de performance, une mesure numérique continue pour trois groupes de traitement (traditionnel, novateur ou placebo) chez des patients classifiés comme « jeunes » et « moins jeunes » et appariés selon leur âge. Le tableau 8.27 donne les données brutes pour chacune des six classifications ainsi que pour chacun des groupes de traitement, et la figure 8.6 représente aussi ces données brutes. La variable dépendante est donc continue, numérique alors que le facteur indépendant et la variable d'appariement considérés sont catégoriels : les traitements et les groupes d'âge.

Les hypothèses statistiques sont :

$$H_0 : \mu_{*1} = \mu_{*2} = \mu_{*3}$$

H_1 : au moins une des moyennes paramétriques de traitement diffère des autres.

TABLEAU 8.27 : SOMMAIRE DES DONNÉES BRUTES

	Traditionnel	Novateur	Placebo
Jeune	140	210	220
Moins jeune	100	180	200
$\overline{X} =$	120	195	210
s =	28,28	21,21	14,14

FIGURE 8.6 - GRAPHIQUE DES DONNÉES BRUTES

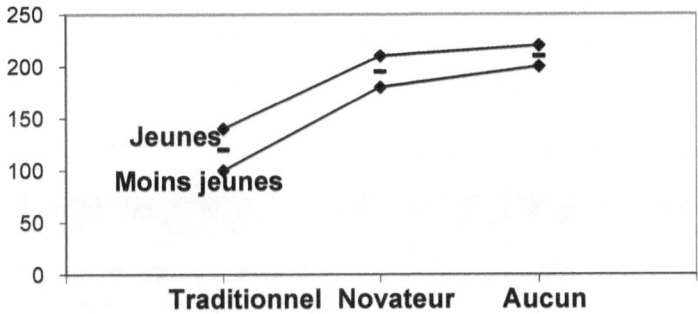

		N	Mean	Std. Deviation	Std. Error
Résultat	Traditionnel	2	120	28,28	20,00
	Novateur	2	195	21,21	15,00
	Aucun	2	210	14,14	10,00
	Total	6	175	46,37	18,93

	95 % Confidence Interval for Mean		Minimum	Maximum
	Lower Bound	Upper Bound		
Traditionnel	-134,124	374,124	100	140
Novateur	4,407	385,593	180	210
Aucun	82,938	337,062	200	220
Total	126,340	223,660	100	220

Il faut postuler que les six populations d'où l'on a tiré les six sujets sont normalement distribuées avec des variances égales et qu'il n'y a pas d'interaction entre l'âge et le traitement. La statistique utilisée est le ratio de variances.

$$VR = MSTr / MSE$$

TABLEAU **8.29** : ANOVA À DEUX FACTEURS (TIRÉ DE **SPSS**)

	SS	Df	MS	F	Sig.
Résidu	100	2	50		
Traitement	9300	2	4650	93,0	0,011
Âge	1350	1	1350	27,0	0,035
Total	10750	5	2150		

Ce ratio de variance suit une distribution F avec 2dl au numérateur et 2 au dénominateur. Admettons que la règle décisionnelle est $\alpha = 0,05$, le F délimitant la région de rejet sera F > 19,00. Le tableau 8.29 donne les résultats de l'ANOVA. La décision statistique sera donc le rejet de H_0 parce que le ratio de variance (MSTr/MSE) est significatif. La conclusion est qu'au moins une des moyennes populationnelles est différente des autres (p = 0,011). Si on décidait de ne pas tenir compte de l'âge, les résultats seraient ceux données au tableau 8.30. Que doit-on conclure en regardant ce tableau?

TABLEAU 8.30 : ANOVA À UN FACTEUR (TIRÉ DE **SPSS**)

	SS	df	MS	F	Sig.
Between groups	9300	2	4650,0	9,621	0,050
Within groups	1450	3	483,3		
Total	10750	5			

8.10.4 Exemple 4 (Corriveau, 1992)

Cette étude rapporte la fidélité inter-juge et test-retest d'une méthode d'évaluation (Bobath) pour des patients ayant souffert d'accident vasculaire cérébral (AVC). Les résultats qu'on rapporte sont ceux de la fidélité inter-juges[14]. Chacun des 18 sujets de l'étude a été évalué quant à sa fonction motrice par trois juges différents. Une analyse de variance a été effectuée afin de déterminer s'il y avait une différence entre les évaluations des trois juges. Il y avait deux variables dépendantes, toutes deux numériques (variant entre 0 et 18). Les auteurs ont utilisé une ANOVA à deux critères de classification (une observation par cellule). Le premier facteur est le « juge » (la variable dépendante qui était la plus importante) et le deuxième, le « sujet » (variable d'appariement puisque les mesures ont été prises chez le même sujet). Cette

---

[14] La fidélité inter-juges nous informe sur la reproductibilité des résultats d'évaluations faites par différents juges (ou évaluateurs). Autrement dit, est-ce que les juges arrivent à la même conclusion lorsqu'ils évaluent des sujets?

forme d'appariement est souvent appelée « mesures répétées » et est utilisée fréquemment pour déterminer si un outil de mesure donne une bonne mesure.

La table d'ANOVA suivante (tableau 8.31) est donnée dans l'article de Corriveau (Corriveau, 1992).

TABLEAU 8.31 : ANOVA À DEUX CRITÈRES DE CLASSIFICATION

Source	Df	SS	MS	F	P
Patients	17	332,981	18,999	11,658	0,0001
Raters	2	21,148	10,574	9,582	0,0005
Residual	34	37,519	1,103		
Total	53	381,648			

Ici, le *rater* correspond à la variable « traitement », c'est-à-dire que l'on cherche à savoir s'il y a une différence significative d'une juge à l'autre lorsqu'ils évaluent les mêmes sujets. Les « patients » sont les différents niveaux de la variable « blocs » et *residual* correspond à la variation non expliquée par les variables de traitement ou de bloc.

Les résultats indiquent que les jugent avaient des résultats significativement différents. On aurait tendance à dire que la méthode n'est pas très fidèle; cependant, jetons un coup d'œil aux statistiques descriptives comme à la figure 8.7.

Les auteurs mentionnent que s'il y a une différence réelle entre les juges, elle n'est pas cliniquement significative (environ 1,5 point sur l'échelle de fonction). D'où l'importance d'avoir une bonne idée des instruments de mesure cliniques utilisés.

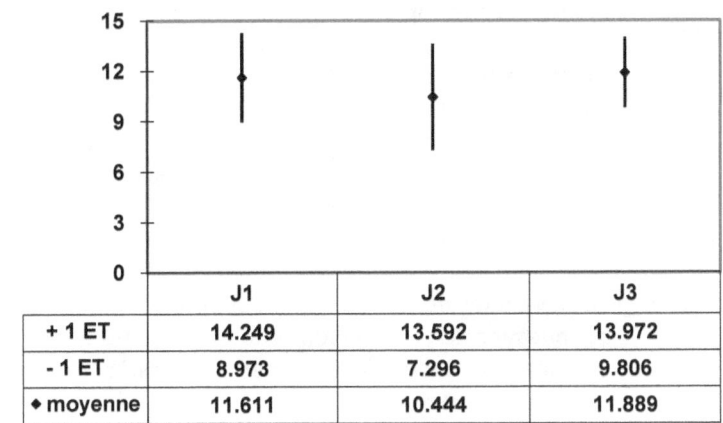

	J1	J2	J3
+ 1 ET	14.249	13.592	13.972
- 1 ET	8.973	7.296	9.806
◆ moyenne	11.611	10.444	11.889

Juges

8.11 Exercices

1. Le nombre de pulsations cardiaques par minute a été enregistré pour quatre groupes indépendants de sujets adultes: (A) contrôles normaux, (B) sujets souffrant d'angine, (C) sujets hypertendus et (D) sujets ayant eu un infarctus du myocarde. Les résultats sont présentés dans le tableau suivant :

A	B	C	D
83	81	75	61
61	65	68	75
80	77	80	78
63	87	80	80
67	95	74	68
89	89	78	65
71	103	69	68
73	89	72	69
70	78	76	70
66	83	75	79
57	91	69	61

En suivant les étapes du test d'hypothèses, déterminez si ces données sont compatibles avec l'hypothèse nulle d'égalité des moyennes populationnelles. (Prenez $\alpha = 0,05$).

2. On a choisi des échantillons aléatoires de trois populations différentes selon leur exposition à un pesticide particulier. De ces trois échantillons, nous avons mesuré le niveau d'acétylcholinestérase sanguine pour chacun des sujets. Le tableau suivant présente les données (groupes indépendants).

    En suivant les étapes du test d'hypothèses, déterminez si ces données mettent en évidence des différences entre ces trois populations quant à la moyenne d'acétylcholinestérase sanguine. (Prenez $\alpha = 0,05$).

Population 1	Population 2	Population 3
6,4	6,5	7,3
6,6	6,8	7,5
6,8	7,0	7,8
6,9	7,1	7,9
9,5	9,7	10,8
6,1	6,2	6,9
7,5	7,7	8,5
8,2	8,4	9,4
4,1	4,2	4,6
5,5	5,6	6,3

3. Le nombre de cycles respiratoires par minute a été mesuré chez huit animaux de laboratoire soumis successivement à trois concentrations différentes de monoxyde de carbone (faible, moyen, élevé). Les résultats des huit animaux sont présentés dans le tableau suivant :

Niveau d'exposition		
Faible	**Moyen**	**Élevé**

	Faible	Moyen	Élevé
1	36	43	45
2	33	38	39
3	35	41	33
4	39	34	39
5	41	28	33
6	41	44	26
7	44	30	39
8	45	31	29

Pouvez-vous conclure (à un seuil $\alpha = 0,05$), en suivant les étapes du test d'hypothèses, que ces données sont en accord avec une différence dans le nombre moyen de cycles de respiration par minute, selon le niveau de l'exposition au monoxyde de carbone ?

4. Les données du tableau suivant rapportent la quantité d'un certain agent chimique présent dans les tissus de 26 animaux de laboratoire. Ces animaux représentent quatre espèces différentes. Testez l'hypothèse nulle que, en moyenne, les quatre espèces démontrent la même quantité de cet agent dans leurs tissus. (Prenez $\alpha = 0,05$).

Espèce			
1	**2**	**3**	**4**
65,7	186,7	86,8	139,1
70,3	176,0	102,6	147,5
76,1	188,5	84,4	130,0
78,3	178,9	90,3	150,1
68,7	180,2	98,0	142,1
72,1		88,5	144,4
76,1			138,3
80,2			

5. Une étude a été menée pour tester l'effet de quatre différentes substances coagulantes. Des échantillons de sang ont été prélevés chez 11 sujets et divisés en quatre parties égales. Chacune des parties a été assignée aléatoirement à une des quatre substances et l'expérimentateur a mesuré le temps de coagulation (en minutes) des échantillons. Les résultats sont présentés au tableau suivant :

	Substance			
Sujet	1	2	3	4
A	1,5	1,8	1,7	1,9
B	1,4	1,4	1,3	1,8
C	1,8	1,6	1,5	1,9
D	1,3	1,2	1,2	1,5
E	2,0	2,1	2,2	2,6
F	1,1	1,0	1,0	1,6
G	1,5	1,5	1,5	1,7
H	1,5	1,6	1,5	1,7
I	1,2	1,0	1,3	1,8
J	1,5	1,6	1,6	1,9
K	1,2	1,3	1,2	1,9

Est-ce que ces données nous permettent de conclure, à un seuil de signification de $\alpha=0,05$, que ces agents ont des effets différents sur le temps de coagulation?

6. Complétez cette table d'ANOVA et déterminez quel type d'ANOVA a été utilisé.

Source	SS	dl	MS	VR	p
Traitement	154,9199	4	?	?	?
Résiduelle	?	?	?		
Totale	200,4773	39			

Si, dans cette étude, on avait choisi un seuil de signification de 0,05, qu'aurait-on décidé face à l'hypothèse nulle ?

7. Complétez la table d'ANOVA suivante et déterminez quel type d'ANOVA a été utilisé.

Source	SS	dl	MS	VR	p
Traitement	?	3	?	?	?
Bloc	183,5	3	?		
Résiduelle	26,0	?	?		
Totale	709,0	15			

Si, dans cette étude, on avait choisi un seuil de signification de 0,05, qu'aurait-on décidé face à l'hypothèse nulle ?

8. Si on se réfère aux deux exercices précédents, on peut remarquer que la variation totale (SST) est beaucoup plus importante au numéro 6 qu'au numéro 5. Comment interprétez-vous cette observation?

9. Considérez la table d'ANOVA suivante :

Source	SS	dl	MS	VR
Traitement	5,058	2	2,529	1,044
Résiduelle	65,421	27	2,423	

9.1 Quel type d'ANOVA a-t-on employé ?

9.2 Combien de traitements a-t-on comparés ?

9.3 Combien d'observations ont été considérées ?

9.4 Que peut-on conclure quant à l'hypothèse nulle au seuil de signification de 0,05?

10. Considérez la table d'ANOVA suivante :

Source	SS	dl	MS	VR
Traitement	231,5054	2	115,7527	2,824
Bloc	98,5000	7	14,0714	
Résiduelle	573,7500	14	40,9821	

10.1 Quel type d'ANOVA a-t-on employé ?

10.2 Combien de traitements a-t-on comparés ?

10.3 Combien d'observations ont été considérées ?

10.4 Que peut-on conclure quant à l'hypothèse nulle au seuil de signification de 0,05 ?

Bibliographie

Corriveau, H. A. (1992). An Evaluation of the Hemiplegic Patient Based on the Bobath Approach: A Reliability Study. *Disabil Rehabil , 14* (2), 81-84.

White, F. F. (1980). Small-airways dysfunction in nonsmokers chronically exposed to tobacco smoke. *NEJM , 302* (13), 720-723.

Chapitre 9 : Régression linéaire simple et corrélation

9.1 Présentation du chapitre

Il arrive qu'on soit intéressé à connaître la relation qui existe entre deux variables (ex: âge et pression artérielle ou encore statut socio-économique et niveau d'éducation, etc.). La régression est un outil utile pour déterminer le type de relation qui existe entre deux variables. Le but ultime de la régression est de **prédire** la valeur d'une variable et **d'estimer** des paramètres étant donné la valeur d'une autre variable. L'analyse de corrélation, quant à elle, vise à déterminer la *force* de la relation entre les variables à l'étude.

9.2 Le modèle de régression linéaire

Un chercheur qui veut analyser un ensemble de données par la méthode de régression linéaire simple doit avoir une confiance au moins théorique que la relation qui existe entre les variables dans la population est linéaire, c'este-à-dire que l'on peut tracer une droite qui passe par le nuage de points et on représente assez bien la relation entre les deux variables (voir figure 9.1). Dans le modèle de régression linéaire simple, on s'intéresse à deux variables numériques, x et y. Par convention, on considère la variable x comme la variable indépendante et la variable y comme la variable dépendante. On parle alors de *régression de y sur x*. La figure 9.1 montre un exemple théorique de ce à quoi ressemble une régression linéaire.

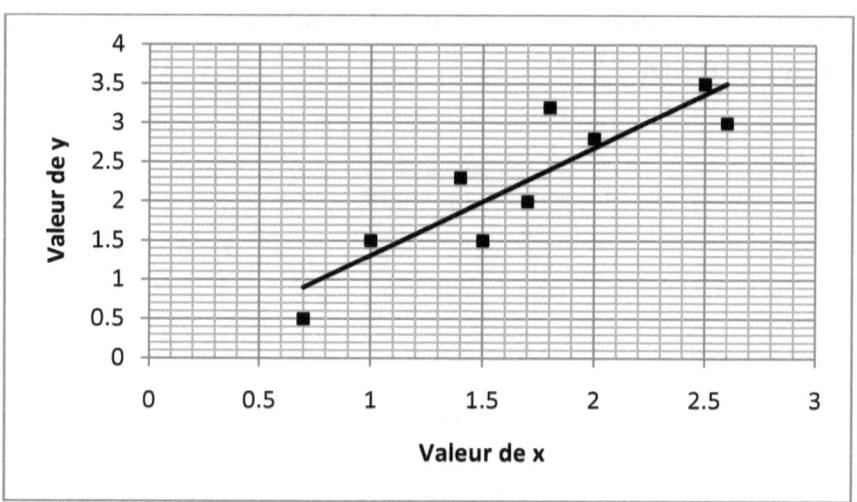

9.2.1 Postulats de la régression linéaire simple

9.2.1.1 Valeurs fixes de x

Nous n'aborderons ici que le modèle de régression classique. Dans ce modèle, les valeurs de x sont présélectionnées par le chercheur et ne peuvent pas varier. On dit que la variable x est une variable non aléatoire ou une variable mathématique. D'autres modèles permettent d'avoir une variable x aléatoire.

9.2.1.2 Erreur de mesure de x

On postule que la variable x n'a pas d'erreur de mesure. Comme aucune mesure n'est parfaitement précise, on doit s'assurer que l'erreur de mesure sur x est minime.

261

9.2.1.3 Sous-population de y

Pour chaque valeur de x, il existe une sous-population de valeurs de y. Pour que les procédures d'inférence usuelles soit valides, il faut assumer que ces sous-populations sont distribuées normalement.

9.2.1.4 Égalité des variances

On postule que les variances des sous-populations de y sont égales pour toute valeur de x.

9.2.1.5 Linéarité

Les moyennes des sous-populations de y sont disposées sur une ligne droite. Ce postulat peut être exprimé symboliquement par :

FORMULE 9.1
$$\mu_{y|x} = \beta_0 + \beta_1 x$$

où $\mu_{y|x}$ est la moyenne de la sous-population des valeurs de y pour une valeur particulière de x, x correspond à chacune des valeurs fixes de la variable indépendante, β_0 et β_1 sont les coefficients de régression. Géométriquement parlant, β_0 représente l'ordonnée à l'origine et β_1 la pente de la droite sur laquelle on présume que les moyennes des sous-populations reposent.

FIGURE 9.2 : REPRÉSENTATION DU MODÈLE DE RÉGRESSION LINÉAIRE SIMPLE

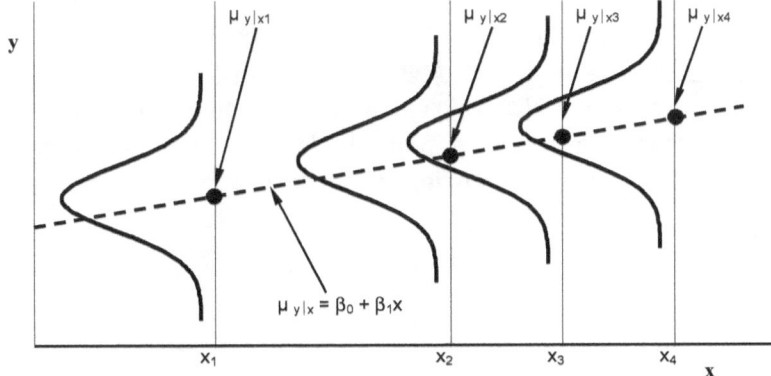

262

9.2.1.6 Indépendance des y

Les valeurs de y sont statistiquement indépendantes. Ces postulats pour le modèle linéaire simple sont représentés schématiquement à la figure 9.2.

9.3 Procédure de base

Dans le processus de détermination de la relation entre deux variables, lorsque les connaissances sur la nature de la relation sont limitées, les chercheurs emploient souvent la stratégie suivante :

1. On assume que la relation est linéaire ;

2. On détermine si les postulats sont vrais ;

3. On détermine, avec les données échantillonnales, l'équation de régression qui ajuste le mieux les données ;

4. On évalue l'équation pour se donner une idée de la *force* de la relation et de *l'utilité* de l'équation dans la prédiction et l'estimation ;

5. Si les données semblent se conformer au modèle linéaire, on utilise l'équation pour prédire et estimer; si non, on change d'approche.

Lorsqu'on utilisera l'équation de régression pour **prédire**, on prédira des valeurs individuelles de y probables (à un niveau de certitude prédéterminé) étant donné une valeur de x. Lorsqu'on utilisera l'équation de régression pour **estimer**, on estimera la moyenne probable (à un niveau de certitude prédéterminé) de la sous-population des valeurs de y étant donné une valeur de x.

9.4 Équation de régression

La première étape dans la détermination de l'équation est de regarder le diagramme de points des deux variables. Prenons un exemple. Dans une étude sur la relation entre les scores de deux tests qu'on suppose équivalents, on a administré un premier test (x) à des sujets. Des résultats du premier test, on a choisi certains scores pour lesquels on désirait évaluer la correspondance avec le deuxième test. Aux sujets qui présentaient ces scores prédéterminés, on a administré le second test (y). Le tableau 9.1 donne les valeurs de deux tests. Si on construit le diagramme de points de ces données, on obtient le diagramme de la figure 9.3.

À cette même figure 9.3, les points semblent graviter autour d'une ligne droite invisible. Si on essayait de tracer cette ligne à main levée, il est fort probable que pour chaque personne qui essaierait, on obtiendrait une ligne légèrement différente. Il faut donc trouver une façon **objective et unique** de tracer cette ligne « imaginaire ». On utilisera une méthode courante : la droite des « moindres carrés ».

TABLEAU 9.4 : DONNÉES BRUTES SUR LES RÉSULTATS DES TESTS 1 ET 2

Individu	Premier test	Second test
1	50	66
2	55	64
3	60	61
4	65	72
5	70	79
6	75	80
7	80	95
8	85	110
9	90	100
10	95	109
11	100	118

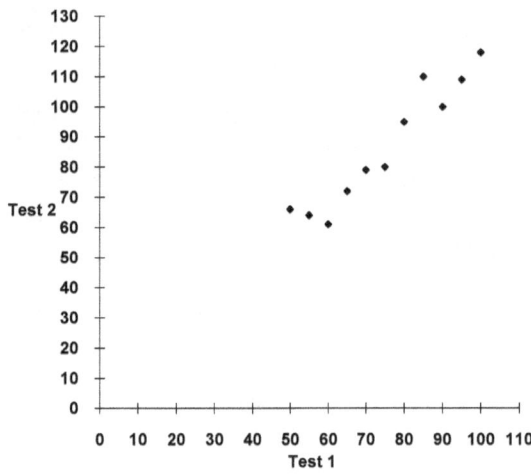

9.4.1 Droite des moindres carrés

D'une manière générale, en algèbre, une droite est donnée par l'équation 9.2.

FORMULE 9.2 $Y = A + BX$

où « y » est la valeur sur l'axe vertical, « a » est l'ordonnée à l'origine (le point où la droite coupe l'axe des y), et « b » est la pente de la droite (l'ampleur du changement de y pour chaque unité de x). En régression simple, on utilise la notation $\mu_{y|x} = \beta_0 + \beta_1 x$ lorsqu'on parle de la droite de régression d'une population. On peut estimer cette droite par l'équation 9.3.

$$\hat{y} = b_0 + b_1 x$$

FORMULE 9.3

Dans un échantillon de données brutes comme celui donné au tableau 9.1, on peut obtenir les valeurs de « b_0 » et de « b_1 » par les formules 9.4 et 9.5.

265

$$b_1 = \frac{\sum (y - \bar{y})(x - \bar{x})}{\sum (x - \bar{x})^2}$$

$$= \frac{n\sum xy - \sum x \sum y}{n\sum x^2 - \left(\sum x\right)^2}$$

FORMULE 9.5

$$b_0 = \frac{\sum y - b_1 \sum x}{n}$$

$$= \bar{y} - b_1 \bar{x}$$

et lorsqu'on résout dans notre exemple, on obtient :

$$b_1 = 1{,}18 \quad b_0 = -1{,}7727$$

L'équation linéaire pour la droite des moindres carrés échantillonnale qui décrit la relation entre le score au test 1 (x) et celui au test 2 (y) est :

$$\hat{y} = -1{,}7727 + 1{,}18x$$

Cette équation nous informe que « b_0 » est négatif, c'est-à-dire que la droite coupe l'axe des y sous l'origine et que la pente « b_1 » est positive, c'est-à-dire que la droite va du coin inférieur gauche du plan au coin supérieur droit. On voit aussi que chaque fois que x (le premier test) augmente d'une unité, y (le second test) augmente de 1,18 unité. Le symbole $\hat{y}$ nous dit que c'est une valeur de y qui a été calculée à partir de l'équation et non une valeur provenant de l'échantillon. On nomme cette valeur un « y prédit ». Si on représente cette droite des moindres carrés sur notre graphique, on obtient le résultat de la figure 9.4.

Les points observés ne sont pas tous alignés sur cette droite des moindres carrés. Ils dévient d'une certaine quantité. La droite que nous avons tracée est la meilleure, en ce sens que **la somme des distances verticales (déviations) au carré des données observées (y_i) à cette droite est plus petite que la somme** des déviations verticales au carré des données observées par rapport à n'importe quelle autre droite.

FIGURE 9.4 : DONNÉES OBSERVÉES ET DROITE DES MOINDRES CARRÉS

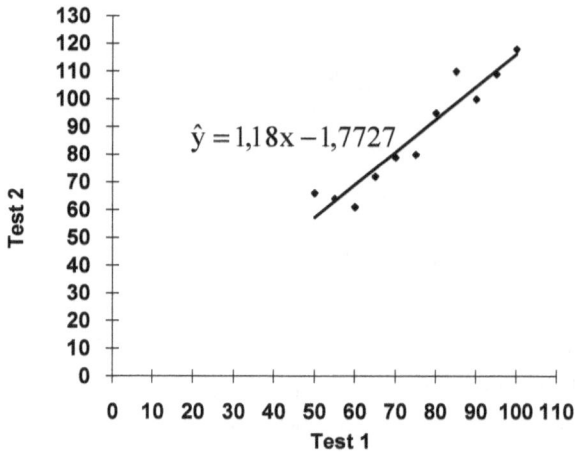

9.5 Évaluation de la droite de régression

Une fois obtenue, la droite de régression doit être évaluée pour déterminer si elle décrit bien la relation entre les variables et son utilité dans la prédiction et l'estimation.

Si β_1 (la pente de régression paramétrique) était de 0 dans la population, l'équation de régression serait, à toutes fins pratiques, inutile dans la prédiction de valeurs ou l'estimation de paramètres. Autrement dit, peu importe la valeur de x, y serait égal à une constante (β_0). Il nous faudrait donc faire un test sur la droite de régression de l'échantillon afin de déterminer si celle de la population est, selon toutes probabilités, différente de 0. Lorsqu'un test d'hypothèses sur β_1 ne peut rejeter l'hypothèse nulle ($H_0 : \beta_1 = 0$), en assumant que nous n'avons pas commis une erreur de deuxième espèce, on peut conclure deux choses : (1) que la relation entre x et y n'est pas linéaire, ou

267

(2) que si une relation linéaire entre x et y existe, elle n'est pas assez importante pour que x nous aide à prédire et estimer y.

Lorsqu'un test d'hypothèse sur β_1 nous fait rejeter l'hypothèse nulle ($H_0 : \beta_1 = 0$), en assumant que nous n'avons pas commis une erreur de première espèce, on peut conclure :

1. que le modèle de régression linéaire simple ajuste bien les données de l'échantillon, et
2. que la relation entre x et y est linéaire et assez importante pour justifier l'utilisation de x pour prédire et estimer y.

On voit donc qu'avant d'utiliser une équation de régression linéaire pour prédire et estimer, il faut tester l'hypothèse nulle H_0: $\beta_1 = 0$.

9.6 Le coefficient de détermination

Si x n'avait pas d'effet sur y, la droite de régression aurait une pente $\beta_1 = 0$ et $\hat{y} = \overline{y}$. Une façon d'évaluer la force de la relation représentée par l'équation de régression est de comparer la dispersion des points autour de la droite de régression $(\hat{y})$ par rapport à la dispersion des points autour de la droite de la moyenne des valeurs échantillonnales de y $(\overline{y})$. La figure 9.5 nous donne une idée de la dispersion relative des points autour des deux droites.

Il est évident, dans ce cas, que la dispersion des points autour de la droite de régression est moins importante que la dispersion des points autour de la droite moyenne $(\overline{y})$. On peut mesurer de façon objective l'importance relative de ces dispersions par le **coefficient de détermination**[15].

Pour calculer le coefficient de détermination, il faut commencer par calculer la dispersion de chacune des observations (y_i) autour de la droite moyenne $(\overline{y})$.

---

[15] Le coefficient de détermination a plus d'une interprétation. Ici on ne parle que du pourcentage de variance de y expliquée par une variable x.

Cette dispersion se calcule par SST (la somme des carrés totale ou *total sum of squares*) dont la formule est donnée par l'équation 9.6.

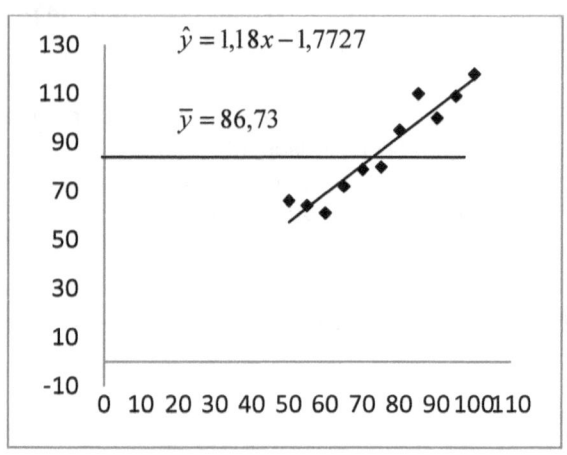

$$SST = \sum (y_i - \bar{y})^2$$

FORMULE 9.6

$$= \sum y_i^2 - \frac{\left(\sum y_i\right)^2}{n}$$

Dans notre exemple, SST = 4190,18. Cette dispersion « totale » se subdivise en dispersion « expliquée » par la droite de régression (SSR) et dispersion des observations autour de la droite de régression (SSE). On peut calculer SSR, la dispersion expliquée par la droite de régression, par la formule 9.7.

FORMULE 9.7

$$SSR = \sum (\hat{y} - \bar{y})^2$$
$$= b_1^2 \sum (x_i - \bar{x})^2$$
$$= b_1^2 \left[\sum x_i^2 - \frac{\left(\sum x_i\right)^2}{n} \right]$$

269

Dans notre exemple, SSR = 3829,1. La dispersion résiduelle (SSE), ou la dispersion qui n'est pas expliquée par la droite de régression, correspond à la dispersion des observations autour de la droite de régression. D'une manière pratique, on l'obtient par soustraction tel que démontré par la formule 9.8.

$$SST = SSR + SSE$$
$$SSE = SST - SSR$$

Dans notre exemple, SSE = 361,08. Si l'équation de régression est utile dans la description de la relation entre les variables, la dispersion expliquée par la régression devrait constituer une grande proportion de la dispersion totale. On déterminera alors l'importance de cette proportion en faisant le ratio de SSR sur SST comme dans l'équation 9.9. Le résultat est le coefficient de détermination (r^2).

$$r^2 = \frac{SSR}{SST}$$

Dans notre exemple, r^2 = 0,91. Le coefficient de détermination échantillonnal (r^2) nous renseigne sur le pourcentage de la variation totale d'une variable (ici, y) expliquée par une autre variable (ici, x). On peut aussi dire que r^2 représente la proportion de la variation totale de y dans l'échantillon expliquée par la droite de régression. Le coefficient de détermination échantillonnal (r^2) est un estimé du coefficient de détermination populationnel, ρ^2.

La plus grande valeur que r^2 peut prendre est 1, résultat qui arrive lorsque toute la variation des y_i est expliquée par la régression. Lorsque r^2 = 1, tous les points observés dans notre échantillon sont sur la droite de régression. La plus petite valeur que r^2 peut prendre est 0, résultat qui arrive lorsque la droite de régression et la droite moyenne des valeurs de y coïncident. Dans cette situation, la droite de régression n'explique pas plus la dispersion des observations que la droite moyenne $(\overline{y})$.

9.7 Tests d'hypothèses sur la pente

Tel que souligné précédemment, si deux variables numériques sont associées, la variable indépendante peut aider à prédire une autre variable, la variable dépendante. Une des façons de déterminer si les variables sont associées, est de juger si la pente de la droite de régression qui décrit la relation est différente de 0. Deux approches courantes sont l'analyse de variance et le test de t qu'on décrira dans les prochaines sections. Ici, quand on parle de test de t et d'ANOVA, on ne parle pas de comparer des populations mais plutôt d'utiliser des distributions standardisées (la distribution F et la distribution t) pour tester notre hypothèse nulle.

9.7.1 Test d'hypothèses à l'aide de la statistique F

L'exemple suivant illustre une des méthodes pour arriver à une conclusion concernant la relation entre x et y en testant la pente de la droite de régression. Référez-vous à l'exemple sur la comparaison des deux tests du présent chapitre (Tableau 9.1 et figure 9.3).

1. Nature des variables : Les variables dépendantes et indépendantes sont deux variables continues, intervalles. La variable indépendante prend des valeurs fixes.
2. Postulats : On présume que les postulats du modèle de régression linéaire simple sont vrais (voir section 9.2.1).
3. Hypothèses statistiques :

    $H_0: \beta_1 = 0$

    $H_1: \beta_1 \neq 0$

4. Choix de la statistique : À partir des trois variations calculées jusqu'à présent, on peut faire une table d'ANOVA qui prendra la forme générale du tableau 9.2.

TABLEAU 9.2 : TABLE D'**ANOVA** TYPE POUR LA RÉGRESSION LINÉAIRE SIMPLE

Source	SS	Dl	MS	VR
Régression	SSR	1	SSR/1	MSR/MSE
Résiduelle	SSE	(n - 2)	SSE/(n - 2)	
Totale	SST	(n - 1)		

MSE est toujours un estimateur de σ^2, la variance des sous-populations $\sigma_{y|x}$. **Sous H_0** ($\beta_1 = 0$), MSR est aussi un estimateur de σ^2. On choisira donc dans ce cas le ratio de variance (VR=MSR/MSE) comme statistique de test. Ce ratio se rapprochera de 1 sous l'hypothèse nulle et augmentera si $\beta_1 \neq 0$.

5. Distribution de la statistique : D'une manière générale, les degrés de liberté associés avec SSR égalent le nombre de coefficients dans l'équation de régression (b_0 et b_1 dans le cas de régression linéaire simple) moins 1. Les degrés de liberté associés avec SSE égalent le nombre d'observations indépendantes (le nombre de couples x/y) moins le nombre de constantes dans l'équation de régression (2 pour la régression linéaire simple). Sous H_0, le ratio de variance en régression linéaire simple suivra donc une distribution F avec les degrés de liberté appropriés (1 dl au numérateur et (n-2) dl au dénominateur).

6. Règle décisionnelle : On choisira un seuil de signification $\alpha=0,05$. La valeur de F à partir de laquelle on pourra rejeter l'hypothèse nulle dans notre exemple est donc 5,12.

7. Calcul du test : Le tableau 9.3 illustre les résultats ANOVA de notre exemple.

TABLEAU 9.3 : TABLE D'**ANOVA** POUR L'EXEMPLE DE LA RÉGRESSION LINÉAIRE SIMPLE ENTRE LES DEUX TESTS

Source	SS	Dl	MS	VR
Régression	3829,1	1	3829,1	95,44
Résiduelle	361,08	9	40,12	
Totale	4190,18	10		

8. Décision statistique : Sur la base des résultats de l'analyse de variances, $VR_{calc} = 95,44$ étant plus grand que 5,12, on doit rejeter H_0.

9. Conclusion et degré de signification : On conclut, à un seuil de signification de 0,05, que la pente de la droite de régression dans la population sous-jacente est différente de 0. On peut conclure que x, le score au test 1, est un « prédicteur » de y, le score au test 2. Ou encore, qu'il existe une relation linéaire significative entre le score au test 1 et le score au test 2. Pour ce test, on a $p < 0,005$.

9.7.2 Test d'hypothèses à l'aide de la statistique t

Pour le prochain exemple, imaginons qu'on veuille savoir s'il existe une relation entre le niveau de testostérone sanguin et l'âge à la première condamnation criminelle chez des jeunes prisonniers mâles.

1. Nature des variables : D'une façon arbitraire, nous allons prendre comme variable dépendante le niveau de testostérone. La variable indépendante sera donc l'âge à la première condamnation. En fait, le choix de l'âge à la première condamnation comme variable indépendante est un choix pratique. Dans le modèle de régression linéaire simple classique, le chercheur doit choisir des valeurs fixes de x et l'erreur de mesure de x doit être négligeable. Cette variable est facile d'accès (disponible dans les dossiers des prisonniers) et plus simple à mesurer que le niveau de testostérone qui requiert un test supplémentaire avant l'échantillonnage des sujets. Les deux variables sont numériques, continues, ratio. La variable indépendante prendra les valeurs fixes d'entiers entre 11 et 30 ans, inclusivement.

2. Postulats : On présume que les postulats du modèle de régression linéaire simple sont vrais (voir section 9.2.1).

3. Hypothèses statistiques :

$$H_0: \beta_1 = 0$$

$$H_1: \beta_1 \neq 0$$

273

4. Choix de la statistique : β_1 est une constante populationnelle. « b_1 », la pente de la droite de régression échantillonnale, est un estimateur ponctuel non biaisé de β_1. Elle a donc une distribution d'échantillonnage qu'on pourra utiliser.

5. Distribution de la statistique : Lorsque les postulats du modèle linéaire sont remplis, la statistique b_1 (fig. 9.6) suit une distribution normale avec une moyenne β_1 (la pente de la droite de régression dans la population) et une variance tel que décrite à la formule 9.10.

FORMULE 9.10

$$\sigma_{b_1}^2 = \frac{\sigma_{y|x}^2}{\sum (x_i - \bar{x})^2}$$

FIGURE 9.6: DISTRIBUTION D'ÉCHANTILLONNAGE DE B_1

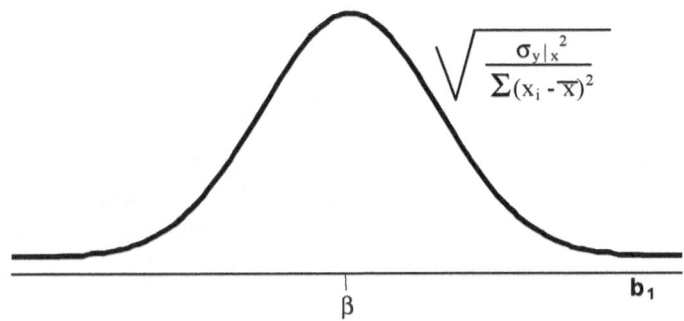

où $\sigma_{y|x}^2$ est la variance des sous-populations de y pour chacune des valeurs de x. Plus souvent qu'autrement, $\sigma_{y|x}^2$ est inconnue et sera estimée par $s_{y|x}^2$. On calcule cette variance avec l'équation 9.11

$$s_{y|x}^2 = \frac{n-1}{n-2}\left(s_y^2 - b_1^2 s_x^2\right)$$

$$= \frac{\sum (y_i - \hat{y})^2}{n-2}$$

$$= MSE$$

À la figure 9.5, on voit que la variance de la distribution des b_1 a comme variance $\sigma_{b_1}^2$. L'estimateur de $\sigma_{b_1}^2$ sera donc $s_{b_1}^2$ et se calculera par l'équation 9.12.

$$s_{b_1}^2 = \frac{s_{y|x}^2}{\sum (x_i - \bar{x})^2}$$

FORMULE 9.12

$$= \frac{MSE}{\sum x_i^2 - {\left(\sum x_i\right)^2}\big/ n}$$

6. Règle décisionnelle : Prenons un seuil $\alpha = 0{,}05$.
7. Calcul du test : On peut standardiser notre statistique de test tel qu'indiqué à la formule 9.13. Cette statistique standardisée suit une distribution t avec (n-2) degrés de liberté.

FORMULE 9.13

$$t = \frac{b_1 - \beta_{1|0}}{s_{b_1}}$$

Dans notre exemple, les données sont celles du tableau 9.4 et le diagramme de dispersion est illustré à la figure 9.7.

En regardant ce graphique de dispersion, il semble possible d'ajuster une droite de régression sur ces données. On calcule l'équation de régression de cet échantillon de la façon suivante :

$$b_1 = \frac{15(227770) - 277 * 13380}{15(5555) - 76729}$$

$$b_1 = \frac{-289710}{6596} = -43{,}92$$

$$b_0 = \frac{13380 - (-43{,}92)\,277}{15} = 1703{,}06$$

TABLEAU 9.4 : DONNÉES DE L'ÂGE À LA PREMIÈRE CONDAMNATION (ANNÉES) VS NIVEAU DE TESTOSTÉRONE

Âge première condamnation	Niveau de testostérone	Âge première condamnation	Niveau de testostérone
11	1305	18	1150
12	1000	20	605
13	1175	21	690
14	1495	23	700
15	1060	24	625
16	800	27	610
16	1005	30	450
17	710		

FIGURE 9.7 : GRAPHIQUE DE DISPERSION DES DONNÉES

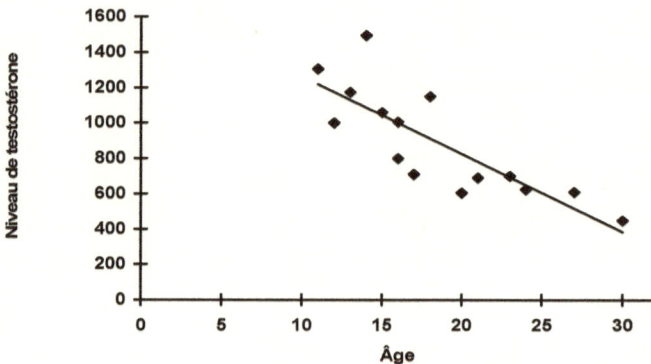

On remarque que la pente est négative, c'est-à-dire que lorsque l'âge à la première condamnation augmente, le niveau de testostérone diminue. De plus, chaque fois que l'âge à la première condamnation varie d'une unité, le niveau de testostérone varie d'environ 44 unités. L'ordonnée à l'origine est positive, la droite de régression coupant l'axe des y approximativement à la valeur 1703. L'équation de régression échantillonnale est donc :

$$\hat{y} = 1703,06 - 43,92x$$

On doit ensuite calculer la valeur de $s_{b_1}^2$. Pour ce faire, nous devons d'abord calculer $s_{y|x}^2$.

$$s_{y|x}^2 = \frac{14 \ (91520,71 - 1928,97 * 31,41)}{13} = 33311,12$$

On peut enfin calculer $s_{b_1}^2$:

$$s_{b_1}^2 = \frac{33311,12}{5555 - 5115,27} = 75,75$$

si on standardise la variable b_1 on obtient :

$$t = \frac{b_1 - \beta_{1|o}}{s_{b_1}} = \frac{-43,92 - 0}{8,70} = -5,05$$

8. Décision statistique : Les valeurs de t qui bornent la zone de non-rejet sont $t_{(0,05;13)} = \pm 2,1604$. Comme t_{calc} (-5,05) se trouve dans la zone de rejet de l'hypothèse nulle, on rejette H_0.

9. Conclusion et degré de signification : On conclut que la pente de la droite de régression dans la population qui nous intéresse est différente de 0. L'âge à la première condamnation est donc un « prédicteur » du niveau de testostérone dans une population de jeunes prisonniers mâles. L'implication pratique d'une telle conclusion est qu'on peut espérer avoir de meilleures prédictions et estimations du niveau de testostérone en utilisant l'équation de régression que si on ignore la relation entre x et y. Il serait sans doute plus intéressant de prédire l'âge à la première condamnation à partir du niveau de testostérone. Voyez-vous des implications problématiques avec cette dernière prédiction ?

9.7.3 Intervalle de confiance sur β_1

Une autre méthode pour tester l'hypothèse nulle que $\beta_1 = 0$ et qui est dérivée du test de t, est de faire un intervalle de confiance sur β_1. On se souviendra de la formule générale de l'intervalle de confiance (formule 9.14).

FORMULE 9.14   IC = ESTIMATEUR ± (COEFFICIENT DE CONFIANCE) (ERREUR TYPE)

Dans le calcul d'un intervalle de confiance sur β_1, l'estimateur est b_1, le coefficient de confiance est la valeur de t avec (n - 2) degrés de liberté au seuil de signification désiré et l'erreur type est σ_{b_1} estimée par s_{b_1}. Dans notre exemple sur la relation entre le niveau de testostérone et l'âge à la première condamnation, l'intervalle de confiance sur β_1 est :

$$IC_{\beta_1}(95\%) = b_1 \pm t_{(0,05;13)}s_{b_1}$$
$$= -43,92 \pm 2,1604 * 8,70$$
$$= -43,92 \pm 18,80$$
$$= \left[-62,72; -25,12\right]$$

Comme l'intervalle de confiance n'inclut pas 0, on peut conclure à un seuil de 0,05 que la pente de la droite de régression de y sur x n'est pas nulle. La conclusion est la même que celle retrouvée en 9.7.2.

9.8 Utilisation de l'équation de régression dans la prédiction et l'estimation

On peut utiliser l'équation de régression de deux façons principales :

1. Pour prédire quelles valeurs de y sont probables étant donné une valeur de x. Lorsque les postulats du modèle de régression linéaire tiennent, on fait un **intervalle de prédiction**;
2. Pour estimer la moyenne de la sous-population de y qui existe à une valeur particulière de x. Lorsque les postulats du modèle de régression linéaire tiennent, on fait un **intervalle de confiance** sur le paramètre à estimer ($\mu_{y|x}$).

9.8.1 Intervalle de prédiction

Reprenons l'équation mettant en relation l'âge à la première condamnation et le niveau de testostérone de jeunes prisonniers mâles. L'équation de régression est la suivante :

$$\hat{y} = 1703,06 - 43,92x$$

Supposons qu'on veuille prédire le niveau de testostérone d'un jeune qui a eu sa première condamnation à 19 ans, on substitue x dans l'équation par 19 et on obtient une valeur prédite de y :

$$\hat{y} = 1703,06 - 43,92 * 19 = 868,58$$

Ainsi, pour ce jeune, condamné pour la première fois à 19 ans, la valeur prévue (à l'aide de la régression) de son niveau de testostérone serait de $\hat{y} = 868,58$. Cependant, quelle est la précision de cette prédiction? Il serait préférable de déterminer un intervalle dans lequel on a une probabilité connue de retrouver la vraie valeur de testostérone pour ce sujet. C'est le but de l'intervalle de prédiction. L'intervalle de prédiction à 100(1 - α)% est donné par la formule 9.15.

FORMULE 9.15

$$IP_{\hat{y}|x_p}(1-\alpha)\% = \hat{y} \pm t_{(\alpha;n-2)}\sqrt{s^2_{y|x} + s^2_{\hat{y}}}$$

$$= \hat{y} \pm t_{(\alpha;n-2)}s_{y|x}\sqrt{1 + \frac{1}{n} + \frac{(x_p - \bar{x})^2}{\sum(x_i - \bar{x})^2}}$$

$$= \hat{y} \pm t_{(\alpha;n-2)}\sqrt{MSE}\sqrt{1 + \frac{1}{n} + \frac{(x_p - \bar{x})^2}{\sum x_i^2 - (\sum x_i)^2/n}}$$

où x_p est la valeur de x à laquelle on veut prédire y. Si on veut prédire avec une précision de 95 % le niveau de testostérone pour un sujet condamné pour la première fois à 19 ans, on aura :

$$IP_{\hat{y}|19}(95\%) = 868,58 \pm 2,1604\sqrt{33311,12}\sqrt{1 + \frac{1}{15} + \frac{(19 - 18,47)^2}{5555 - 5115,27}}$$

$$= 868,58 \pm 2,1604 * 182,51 * 1,03$$

$$= 868,58 \pm 406,15$$

$$= [462,43 ; 1274,73]$$

On peut calculer un intervalle de prédiction pour chacune des valeurs de x_p. Des intervalles à 95 % sont compilés au tableau 9.5 et sont illustrés par la suite à la figure 9.8.

TABLEAU 9.5 : INTERVALLES DE PRÉDICTION

x	y prédit par l'équation	Étendue de l'intervalle	Limite inférieure	Limite supérieure
11	1219,94	±431,39	788,55	1651,33
14	1088,18	±416,46	671,72	1504,64
17	956,42	±408,82	547,60	1365,24
20	824,66	±408,90	415,76	1233,56
23	692,90	±416,69	276,21	1109,59
26	561,14	±431,77	129,37	992,91
29	429,38	±453,41	-24,03	882,79

FIGURE 9.8: ILLUSTRATION DES INTERVALLES DE PRÉDICTION

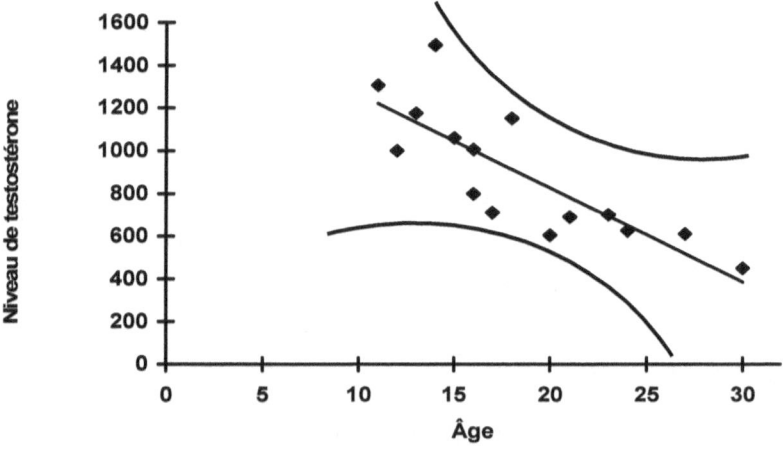

Si on relie chacun des points maximums des intervalles de prédiction par une ligne courbe et qu'on fait la même chose avec les points minimums, on remarque que l'étendue de l'intervalle de prédiction n'est pas constante pour toutes les valeurs de x. Plus on s'éloigne de la moyenne $\overline{x}$ (18,47), moins l'intervalle est précis. L'interprétation de l'intervalle de prédiction est semblable à l'interprétation de l'intervalle de confiance. Si, pour tous les échantillons de taille n dont on détermine la droite de régression échantillonnale, on calcule un intervalle de prédiction à $100(1-\alpha)$ % pour la valeur de x_p, $100(1-\alpha)$ % de ces intervalles de prédiction incluront la vraie valeur de testostérone de l'individu.

9.8.2 Intervalle de confiance sur $\mu_{y|x}$

Au lieu de s'intéresser à une valeur individuelle de y étant donné une valeur de x, on peut être intéressé à connaître la valeur **moyenne** de la sous-population de y à une valeur donnée de x $(\mu_{y|xp})$. L'équation de régression est toujours la même :

$$\hat{y} = 1703,06 - 43,92x$$

Supposons qu'on veuille estimer avec une précision de 95 % le niveau moyen de testostérone de la sous-population de jeunes qui ont leur première condamnation à 19 ans. Pour ce faire, on calcule un intervalle de confiance sur $\mu_{y|x}$ selon l'équation 9.16.

FORMULE 9.16

$$IC_{\mu|x_p}(1-\alpha)\% = \hat{y} \pm t_{(\alpha;n-2)}\sqrt{s_{\hat{y}}^2}$$

$$= \hat{y} \pm t_{(\alpha;n-2)}s_{y|x}\sqrt{\frac{1}{n} + \frac{(x_p - \overline{x})^2}{\sum(x_i - \overline{x})^2}}$$

$$= \hat{y} \pm t_{(\alpha;n-2)}\sqrt{MSE}\sqrt{\frac{1}{n} + \frac{(x_p - \overline{x})^2}{\sum x_i^2 - \left(\sum x_i\right)^2 \big/ n}}$$

En faisant les substitutions appropriées, on obtient un intervalle de confiance sur $\mu_{y|x}$ pour $x_p = 19$:

$$IC_{\mu|19}(95\%) = 868{,}58 \pm 2{,}1604\sqrt{33311{,}12}\sqrt{\frac{1}{15} + \frac{(19-18{,}47)^2}{5555 - 5115{,}27}}$$

$$= 868{,}58 \pm 2{,}1604 * 182{,}51 * 0{,}26$$

$$= 868{,}58 \pm 104{,}20$$

$$= \left[764{,}38 ; 972{,}78\right]$$

On peut interpréter cet intervalle comme suit: si on prenait tous les échantillons de n = 15 de notre population, qu'on calculait l'équation de régression puis un intervalle de confiance sur $\mu_{y|19}$ à un seuil de confiance de 0,95, on peut s'attendre à ce que 95 % de tous les intervalles calculés incluent la vraie moyenne de la sous-population de y pour x = 19. On est donc confiant à 95 % que l'intervalle (764,38 ; 972,78) inclut la vraie moyenne du niveau de testostérone de la sous-population de y dont l'âge à la première condamnation est de 19 ans.

L'intervalle de confiance sur $\mu_{y|x}$ a toujours une étendue plus petite que l'intervalle de prédiction sur des valeurs individuelles de y. Une fois de plus, l'étendue de l'intervalle n'est pas constante pour toutes les valeurs de x. Plus on s'éloigne de la moyenne des x, moins l'intervalle est précis.

9.9 Le coefficient de corrélation

Le coefficient de corrélation est une mesure d'association standardisée entre deux variables. Il décrit la force de la relation linéaire entre deux variables, x et y. Le coefficient de corrélation populationnel, ρ, est obtenu en extrayant la racine carrée du coefficient de détermination, ρ^2. Dans un échantillon, le coefficient de corrélation, r (estimateur de ρ), est aussi obtenu en extrayant la racine carrée du coefficient de détermination, r^2 (estimateur de ρ^2).

Comme le coefficient de détermination prend des valeurs entre 0 et 1, le coefficient de corrélation peut prendre des valeurs entre -1 et +1. Si ρ = 1, il existe une parfaite corrélation linéaire directe entre x et y, alors que si ρ = -1, il existe une parfaite corrélation linéaire inverse. La figure 9.10 illustre, pour un échantillon, r = -1.

FIGURE 9.10 : ILLUSTRATION DE R = -1

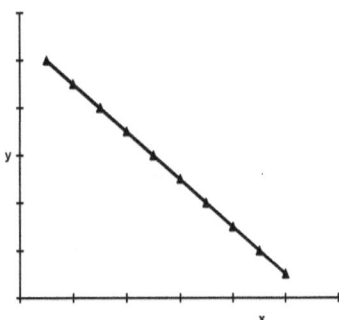

Le signe que prend le coefficient de corrélation est le même que celui du coefficient de la pente de la droite de régression. Il existe des tests spécifiques pour vérifier, à partir de r, si $\rho = 0$, tests qui ne sont pas abordés ici. Tout ce qu'on peut dire est que si le test sur la pente de régression est significatif (H_0 : $\beta_1 = 0$), le test sur le coefficient de corrélation (H_0 : $\rho_{xy} = 0$) sera aussi significatif. La valeur du coefficient de corrélation entre deux variables ne dépend pas de la métrique. Cependant, ρ est sensible aux valeurs extrêmes (*outliers*). Une mesure d'association plus robuste serait le coefficient de Spearman (*rank*)[16].

L'équation 9.17 permet de calculer le coefficient de corrélation directement (sans passer par le coefficient de détermination) et d'obtenir son signe.

FORMULE 9.17
$$r = \frac{\sum (x_i - \overline{x})(y_i - \overline{y})}{\sqrt{\sum (x_i - \overline{x})^2 \sum (y_i - \overline{y})^2}}$$

---

[16] Il existe plusieurs autres mesures d'association qu'on nomme de façon générale « coefficients de corrélation ». Chacune présente des avantages et des inconvénients. Leur utilisation dépend du niveau de mesure des variables et de l'interprétation qu'on veut en tirer.

L'erreur de mesure fait diminuer la valeur du coefficient de corrélation (augmentation de SSE). Ce phénomène s'appelle l'atténuation. Pour une même mesure de SSE, le coefficient de corrélation va augmenter à mesure que l'étendue des x augmente.

En termes de covariance, la corrélation r_{XY} est une forme standardisée de la covariance Cov (X, Y) :

FORMULE 9.18
$$r_{XY} = Cov(X,Y)/s_X s_Y$$

où

$$Cov(X,Y) = \left[\sum_{i=1}^{n} (X_i - \bar{X})(Y_i - \bar{Y}) \right] / (n-1)$$
FORMULE 9.19

.

La covariance entre deux variables X et Y est une forme de moyenne du produit des scores centrés. Conceptuellement, la corrélation et la covariance expriment le même concept de concomitance ou de covariation : X et Y varient conjointement, lorsque l'une augmente, l'autre augmente ou diminue conjointement. Il convient de noter cependant que leur métrique est différente, alors que r_{XY} est une mesure standardisée qui varie entre -1 et 1, les valeurs numériques de Cov (X, Y) dépendent de l'échelle de mesure des variables initiales X et Y et peuvent prendre n'importe quelle valeur.

9.10 Mauvaises applications de la régression et de la corrélation

9.10.1 Extrapolation
Il faut être prudent lorsqu'on extrapole avec les estimations et les prédictions (fig. 9.11). La droite de régression ajuste les données entre x_{min} et x_{max} mais on ne sait pas si à l'extérieur de ces bornes la relation est linéaire.

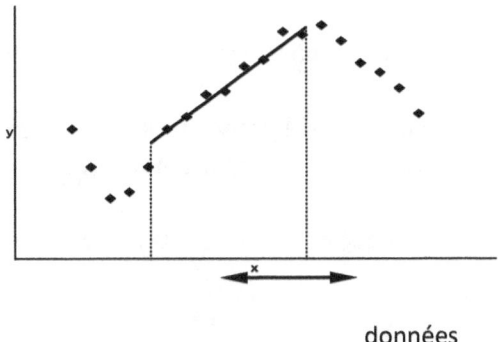

données

9.10.2 Causalité

Deux variables qui sont associées n'ont pas nécessairement de lien de causalité. En général, une preuve de causalité vient de plusieurs études expérimentales dans lesquelles les chercheurs ont volontairement fait varier une variable indépendante pour constater que la variable dépendante covarie. Les données observationnelles suggèrent une relation mais n'établissent pas de lien de cause à effet (voir figure 9.12).

FIGURE 9.12 : RÉGRESSION DU NOMBRE D'INFIRMIÈRES À DOMICILE (PAR QUARTIER) SUR LE NOMBRE DE MORTS (PAR QUARTIER)

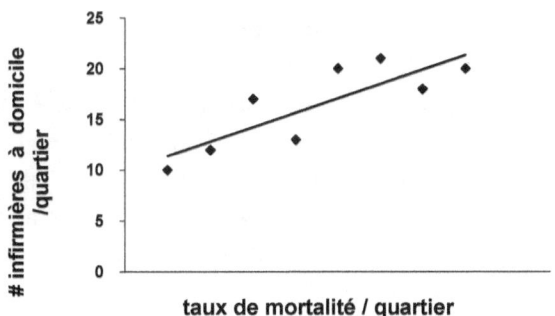

Pour démontrer une association causale, il faut démontrer :

1. Que la cause précède l'effet;
2. Qu'une manipulation de la cause engendre un effet de façon constante;
3. Que si la cause (par exemple un médicament) peut comporter différentes doses, l'effet devrait être plus important lorsque la dose augmente;
4. Qu'il existe une explication théorique plausible pour le phénomène.

9.10.3 Pente de la droite de régression

L'interprétation de la droite de régression dépend du domaine scientifique et du degré d'avancement des connaissances. La relation entre le poids et la taille d'une personne est (partiellement) linéaire et positive. On l'interprète en disant qu'une personne plus grande est en général plus lourde. On ne pourrait pas dire qu'une personne qui perdrait du poids devrait diminuer de taille ! Dans d'autres domaines, l'interprétation se fait différemment. L'interprétation peut facilement être fautive si elle n'est pas basée sur des fondements théoriques solides.

9.10.4 Observations extrêmes

Il est primordial d'examiner les données avant de faire une analyse de régression. Les valeurs isolées et éloignées (souvent l'indice d'un problème et non d'un révélation) peuvent fausser les résultats. À la figure 9.13, la corrélation entre x et y est pratiquement nulle (graphique de droite) lorsqu'on ne considère pas la donnée extrême (graphique de gauche). S'il existe des données extrêmes, il faut s'assurer que ce ne sont pas des erreurs (fautes de frappe dans la saisie de données, erreur de mesure pendant l'expérimentation, etc.).

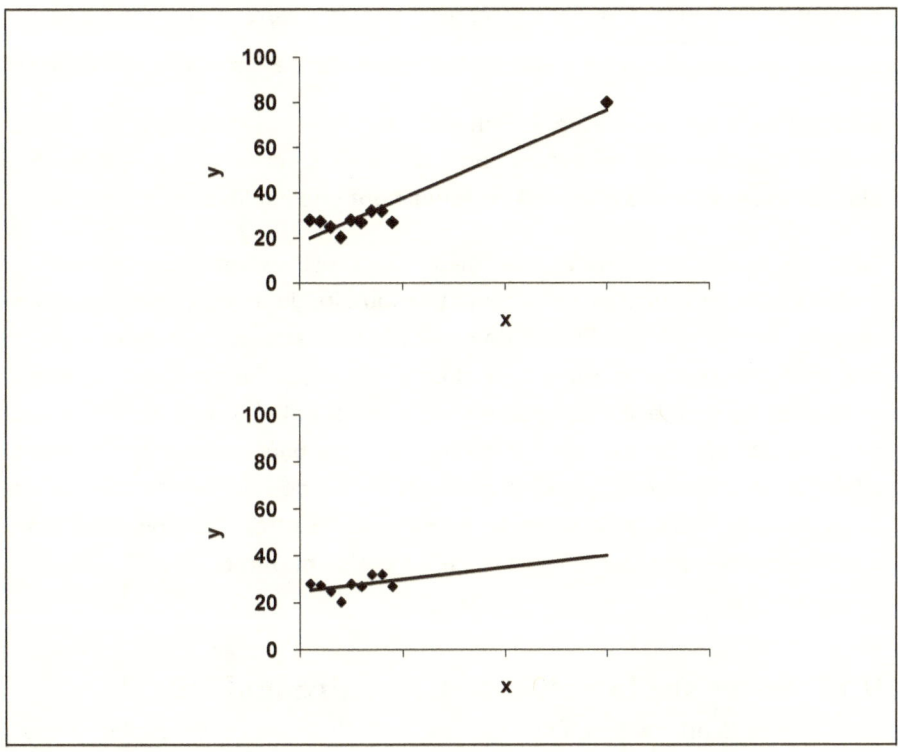

9.11 Le coefficient de corrélation intraclasse

L'expression « corrélation intraclasse » a initialement été introduite en génétique dans le contexte de l'étude de la similarité des enfants d'une même famille. Restons dans ce contexte et supposons qu'on veuille savoir si l'intelligence Y_{ij} entre frères et sœurs (individus i) d'une même famille (j) est « corrélée ». Le coefficient de corrélation intraclasse ρ_{IC} est alors défini par :

FORMULE 9.20

$$\rho_{CI} = \frac{Cov\left(Y_{ij} Y_{i'j}\right)}{Var Y_{ij}}$$

288

où $i \neq i^{'}$. La formule du coefficient de corrélation intraclasse a la même structure que la formule générale de la corrélation (1) puisque $s_{Y_{ij}} = s_{Y_{i^{'}j}} = \sqrt{Var(Y_{ij})}$, il s'agit bien d'une « corrélation ». Elle est appelée « intraclasse » car elle mesure le lien entre les unités (membres) d'une même « classe » (groupe ou famille dans notre exemple). **En effet, plus ρ_{IC} est élevée, plus les frères et sœurs d'une même famille ont une intelligence semblable.**

Dans un contexte d'ANOVA, ce même lien est exprimé en termes de composantes de variances, un découpage tributaire du modèle retenu. Le plus souvent, on utilise le coefficient de corrélation intraclasse pour déterminer si des évaluateurs qui mesurent la même chose obtiennent des résultats identiques ou encore si un instrument de mesure, utilisé à répétition, donnera des résultats identiques. On fait référence à ces phénomènes par le terme « fidélité de la mesure ». Il existe plusieurs façons de calculer des coefficients de corrélation intraclasse selon le nombre de facettes dont on veut tenir compte pour décomposer la variance de la variable mesurée.

9.12 Notes sur la régression linéaire multiple

Dans plusieurs études biomédicales, l'objectif n'est pas de déterminer l'effet d'une variable indépendante sur une variable dépendante, mais plutôt de comprendre l'effet de plusieurs variables indépendantes sur cette variable dépendante. Les postulats de la régression simple s'appliquent aussi à la régression multiple (voir section 9.2.1).

Dans le processus de détermination de l'utilité de la régression dans la relation entre multiples variables, les chercheurs emploient la stratégie suivante :

1. On assume que la relation est linéaire.

2. On détermine si les postulats sont vrais.

3. On détermine, avec les données échantillonnales, le modèle le plus approprié.

4. On évalue l'équation pour se donner une idée de la *force* de la relation et de *l'utilité* de l'équation dans la prédiction et l'estimation.

5. Si les données semblent se conformer au modèle linéaire, on utilise l'équation pour prédire et estimer; si non, on change d'approche.

Comme dans la régression simple, lorsqu'on utilisera l'équation de régression pour **prédire**, on prédira des valeurs individuelles de y probables (à un niveau de certitude prédéterminé) étant donné certaines valeurs de x. Lorsqu'on utilisera l'équation de régression pour **estimer**, on estimera la moyenne probable (à un niveau de certitude prédéterminé) de la sous-population des valeurs de y étant donné certaines valeurs de x.

Comme les détails de ce type d'analyses ne font pas partie intégrante de ce livre, nous ne ferons qu'un survol rapide de résultats types issus de régression linéaire multiple. Le tableau 9.6 décrit les 10 premiers sujets d'une étude dans laquelle on regardait l'effet de deux variables numériques (V1 et V2) et d'une variable nominale (I1 codée « Oui/Non ») sur une variable numérique Y. Pour la variable V2, les données négatives correspondent à des données manquantes. La dernière ligne du tableau indique la taille de l'échantillon pour chacune des variables. Le tableau 9.7 donne les statistiques descriptives pour les variables numériques. La première chose à remarquer est que le nombre de sujets pour toutes les variables est le même: n = 717. La raison est qu'en général, les analyses de régression multiple n'utilisent que les sujets pour lesquels il n'y a aucune donnée manquante. Il y avait 261 des 978 sujets qui n'avaient pas de données pour la variable V2 et ces sujets ont donc été éliminés de l'analyse. En ce qui concerne la variable I1, comme c'est une variable codée « 0(Non)/1(Oui) », il y avait 93 % des sujets pour qui la valeur était « Oui ».

Sujet		V1	V2	I1	Y
1		64	32	Oui	7.80
2		62	-2	Oui	3.12
3		50	2	Oui	3.34
4		60	4	Oui	3.57
5		72	-1	Non	2.11
6		55	-1	Non	1.79
7		54	33	Oui	7.63
8		53	3	Oui	4.88
9		48	11	Oui	8.59
10		79	12	Oui	6.96
...		...	...	...	...
Total	N	978	717	978	978

TABLEAU 9.7: STATISTIQUES DESCRIPTIVES DES VARIABLES NUMÉRIQUES DE LA RÉGRESSION MULTIPLE

	Moyenne	Écart type	N
Y	5.8278	1.55344	717
V1	61.52	8.536	717
V2	15.27	12.370	717

Sans faire appel au modèle de régression (qui serait très important si on voulait comprendre les mécanismes derrière l'analyse), le tableau 9.8, tiré des résultats d'une analyse utilisant le logiciel SPSS 17.0, donne le tableau des coefficients de régression pour chacune des variables du modèle. Pour chacune des variables de la régression, ce tableau présente le coefficient (aussi appelé b), l'erreur type de ce coefficient, le coefficient standardisé (aussi appelé Beta), le coefficient « t », c'est-à-dire que lorsqu'on divise le coefficient de régression par son erreur type, on obtient une valeur de la, la statistique de test. À cette valeur de t est associé un degré de signification, inséré à la dernière colonne du tableau. Il y a un coefficient de régression dans la rangée intitulée *Constant*. Il s'agit simplement de la constante de l'équation de régression (aussi appelée b_0).

	Unstandardized Coefficients		Standardized Coefficients	T	Sig.
	b	Std. Error	Beta		
(Constant)	2.114	.342		6.176	.000
Variable 2	.068	.004	.543	18.659	.000
Indicateur 1	1.318	.183	.210	7.224	.000
Variable 1	.023	.005	.129	4.508	.000

À partir des résultats du tableau 9.8, on peut conclure que chacune des trois variables indépendantes est significativement associée à la variable dépendante. Si on voulait utiliser ces coefficients de régression pour prédire des valeurs de y, il faudrait utiliser l'équation du modèle, dont nous avons subtilement évité de discuter jusqu'à présent. L'équation 9.20 permettrait de calculer les valeurs prédites de y pour chacun des sujets de l'étude.

FORMULE 9.20

$$y_p = b_0 + b_1 x_1 + b_2 x_2 + \ldots + b_k x_k$$

On a vu dans la régression simple qu'il existait un coefficient de corrélation et que ce coefficient indiquait de façon standardisée la force de l'association entre les variables indépendante et dépendante. En régression multiple, ce coefficient de corrélation (r) est appelé le coefficient de corrélation multiple (R). Il indique la force de l'association entre la variable dépendante et l'ensemble des variables indépendantes. Mis au carré (R^2), on obtient le coefficient de détermination multiple, un indicateur du pourcentage de la variation de la variable dépendante qui est expliqué par l'ensemble des variables indépendantes. Dans l'analyse des données précédentes, le coefficient de détermination multiple était de $R^2 = 0{,}436$, ce qui veut dire que le coefficient de corrélation multiple était de R = 0,660.

Il est fréquent d'utiliser un tableau d'ANOVA pour déterminer l'utilité des variables indépendantes dans l'explication de la variable dépendante. Le tableau 9.9 donne un exemple d'un tel tableau. Comme dans tous les tableaux d'ANOVA, la variation totale (*Total Sum of Squares* ou SST) est divisée en une composante expliquée par le modèle (ici *Regression Sum of Squares* ou SSR) et une composante résiduelle ou non expliquée (ici *Residual Sum of Squares* ou SSE). Cette variation est divisée par ses degrés de libertés (df) et le résultat correspond à une somme des carrés moyens (*Mean Sum of Squares* ou MS). Lorsqu'on divise MSR par MSE, on obtient une statistique F et le degré de signification qui lui est associé. Dans cet exemple, la statistique F est de 183,648, ce qui indique que l'ensemble des variables indépendantes dans ce modèle est significatif dans l'explication de la variable dépendante. Si on divise SSR par SST, on obtient R^2.

TABLEAU 9.9: TABLE D'**ANOVA** DE LA RÉGRESSION MULTIPLE (N = 717, TIRÉ DE **SPSS**)

	Sum of Squares	df	Mean Square	F	Sig.
Regression	753.148	3	251.049	183.648	.000
Residual	974.679	713	1.367		
Total	1727.826	716			

9.13 Exemples

Exemple 1 : Relation existant entre le nombre d'années d'expérience et le nombre de sujets vus par année.

Admettons qu'on veuille déterminer la relation qui existe entre le nombre d'années d'expérience d'un clinicien et le nombre de patients vus dans sa pratique par année.

1. Nature des variables : La variable dépendante : est nombre de sujets vus par année par clinicien. La variable indépendante : est nombre d'années d'expérience. Le tableau 9.6 donne les données brutes de cette étude. Le tableau 9.7 donne les statistiques descriptives pour cet échantillon. La figure 9.14 donne une idée de la relation entre ces deux variables.
2. Postulats : Voir postulats de la régression linéaire simple section 9.2.1
3. Hypothèses statistiques :

$$H_0 : \beta_1 = 0$$
$$H_1 : \beta_1 \neq 0$$

TABLEAU 9.6 : DONNÉES BRUTES

Années d'exp.	Nombre de patients vus
7	100
12	213
10	191
18	295
14	280
25	446
30	600
25	470
18	395
10	150
4	75
6	107

TABLEAU 9.7 : STATISTIQUES DESCRIPTIVES

Variable	Moyenne	Écart-type	N
Nb patients vus	276,83	168,70	12
Années d'expérience	14,92	8,36	12

4. Statistique et distribution :

On peut utiliser deux statistiques pour tester cette hypothèse : b_1 peut suivre une distribution normale avec une moyenne β_1 et une erreur type σ_{b_1}. Une fois standardisée, cette distribution suivra une distribution t avec (n-2)dl. On peut aussi décomposer la variation en ses différentes composantes et calculer deux variances (MSR et MSE) dont le ratio (VR = MSR/MSE) suivra une distribution F avec 1 degré de liberté au numérateur et (n-2)degrés de liberté au dénominateur. Ici, tel que précédemment, n est le nombre de couples (x,y) dans les données.

Le tableau 9.8 donne le coefficient de corrélation et le coefficient de détermination calculé entre les deux variables. Il arrive que certains logiciels, lorsqu'ils calculent le coefficient de détermination, donnent un coefficient de détermination ajusté (tableau 9.8). Le coefficient de détermination ajusté prend en considération le nombre de paramètres de la régression et le nombre de sujets de l'étude.

Par exemple, si on a seulement deux points dans un graphique de points et qu'on ajuste une droite de régression simple (deux coefficient de régressions, b_0 et b_1) entre ces deux points, la droite ajustera parfaitement les données et le coefficient de détermination sera de 1. Cependant, il est peu probable que si on ajoutait un autre point dans ce graphique, il tomberait exactement sur cette droite de régression. Il est donc peu probable que le coefficient de détermination réel soit effectivement de 1. L'ajustement sert à mettre en relation le nombre de points et le nombre de coefficients de régression pour que le coefficient de détermination ne soit pas trop biaisé par cette situation artificielle. Disons pour l'instant que ce coefficient de détermination est utile en régression multiple mais moins en régression simple.

5. Règle décisionnelle (α = 0,05) : Si on utilise l'approche par la distribution t, les valeurs limites délimitant la zone de non-rejet seront

±2,2281. Si on utilise l'approche par la décomposition de la variation, la valeur limite du ratio de variance sera 4,96.

6. Test statistique : Le tableau 9.9 donne les résultats de l'analyse de variance pour le test sur la pente alors que le tableau 9.10 donne les résultats du test de t sur la pente. Notez que la valeur de t calculée, lorsque mise au carré, donne la valeur de F calculée.

FIGURE 9.14 : GRAPHIQUE DE POINTS ENTRE LE NOMBRE D'ANNÉES D'EXPÉRIENCE ET LE NOMBRE DE PATIENTS VUS PAR ANNÉE

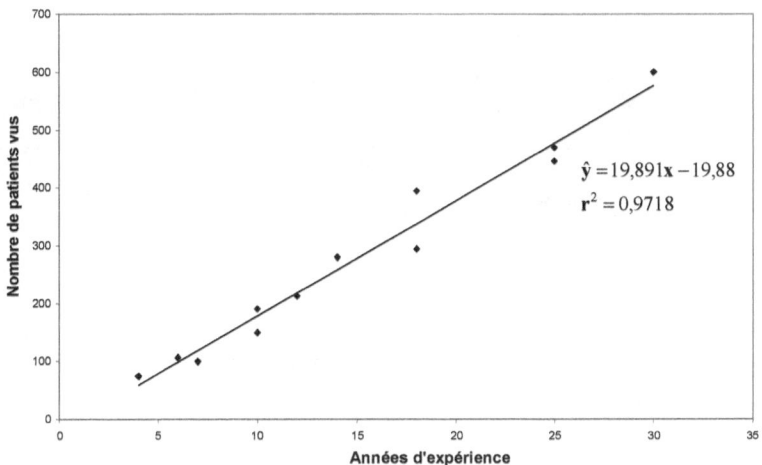

TABLEAU 9.8 : UTILITÉ DE LA RÉGRESSION (TIRÉ DE SPSS)

Variable	R	r^2	Adj r^2
Années d'expérience	0,986	0,972	0.969

7. Décision statistique : Selon les tableaux 9.9 et 9.10, on rejette H_0.
8. Conclusion et degré de signification : On conclut que la pente de régression est différente de 0. On conclut aussi que la relation linéaire

296

entre le nombre d'années d'expérience et le nombre annuel de patients pour ces professionnels de la santé sont significativement associés. P < 0.001. La figure 9.15 donne les intervalles de prédiction et de confiance pour le nombre de cas annuels selon le nombre d'années d'expérience.

TABLEAU 9.9 : ANOVA (TIRÉ DE SPSS)

	SS	df	MS	F	Sig.
Régression	304235,734	1	304235,734	345,176	0,000
Résiduel	8813,932	10	881,393		
Total	313049,667	11			

TABLEAU 9.10 : COEFFICIENTS DE LA RÉGRESSION (TIRÉ DE SPSS)

	B	Std Error	Beta	T	Sig.
Constante (b_0)	-19,880	18,125		-1,097	0,298
Années d'expérience (b_1)	19,891	1,071	0,986	18,579	0,000

Exemple 2 : Relation existant entre la satisfaction face au traitement et la qualité de vie.

1. Nature des variables : Ici, la variable dépendante est la qualité de vie (QOL) et la variable indépendante est la satisfaction face au traitement (SAT). Le tableau 9.11 donne les données brutes pour cette étude alors que le tableau 9.12 donne les statistiques descriptives. La figure 9.16 donne une idée de la relation entre les deux variables.

2. Postulats : voir les postulats de la régression linéaire simple à la section 9.2.1.

297

FIGURE 9.15: INTERVALLES DE PRÉDICTION ET DE CONFIANCE À 95 % ENTRE LE NOMBRE D'ANNÉES D'EXPÉRIENCE ET LE NOMBRE ANNUEL DE CAS.

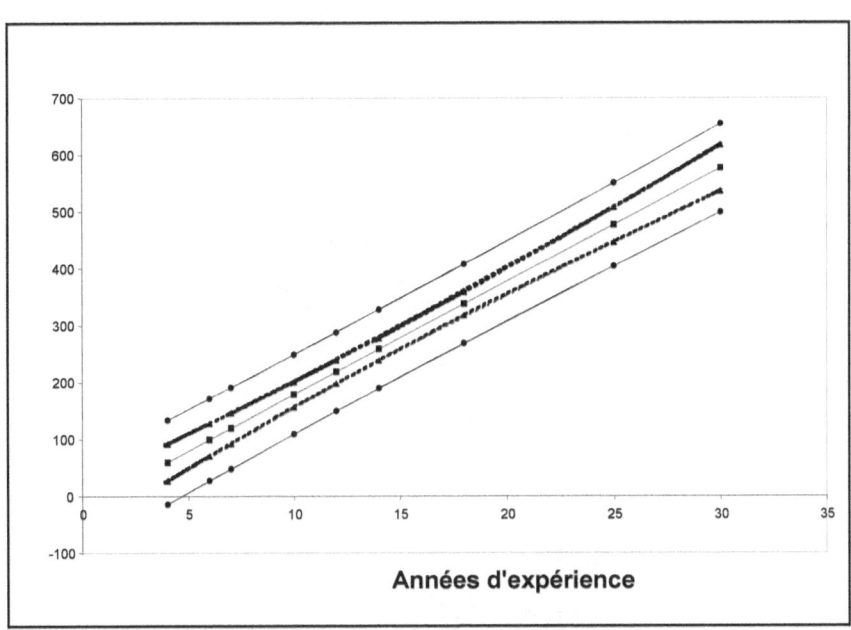

Années d'expérience

3. Hypothèses :

$H_0 : \beta_1 = 0$

$H_1 : \beta_1 \neq 0$

TABLEAU 9.11 : DONNÉES BRUTES

SAT	QOL	SAT	QOL	SAT	QOL
16,70	68,50	16,60	48,90	16,50	41,30
16,80	45,20	16,00	38,40	16,30	51,70
18,20	91,30	18,30	87,90	18,10	89,60
16,30	47,80	17,10	72,80	19,10	82,70
17,30	46,90	17,40	88,40	16,00	52,30
18,20	66,10	15,80	42,90		
15,90	49,50	17,80	52,50		
17,20	52,00	18,40	85,70		

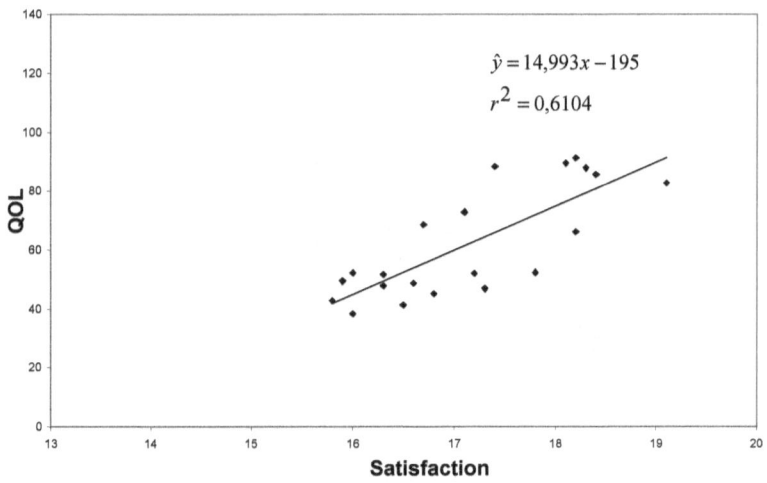

TABLEAU 9.12 : DESCRIPTIVES (TIRÉ DE SPSS)

Variable	Mean	Std Dev.	n
Qualité de vie	62,019	18,620	21
Satisfaction	17,143	0,970	21

Le tableau 9.13 donne le coefficient de corrélation et le coefficient de détermination calculé entre les deux variables. Ici aussi, on donne le coefficient de détermination ajusté (tableau 9.13). Répétons que le coefficient de détermination ajusté prend en considération le nombre de paramètres de la régression et le nombre de sujets de l'étude.

TABLEAU 9.13 : UTILITÉ DE LA RÉGRESSION (TIRÉ DE SPSS)

Variable	R	r^2	Adj. r^2
Satisfaction	0,781	0,610	0,590

4. Statistique et distribution : On peut utiliser deux statistiques pour tester cette hypothèse. b_1 peut suivre une distribution normale avec une moyenne β_1 et une erreur type σ_{b_1}. Une fois standardisée, cette distribution suivra une distribution t avec (n-2)dl. On peut aussi décomposer la variation en ses différentes composantes et calculer deux variances (MSR et MSE) dont le ratio (VR = MSR/MSE) suivra une distribution F avec 1 degré de liberté au numérateur et (n-2) degrés de liberté au dénominateur.

5. Règle décisionnelle (α = 0,05) : Si on utilise l'approche par la distribution t, les valeurs limites délimitant la zone de non-rejet seront ±2,0930. Si on utilise l'approche par la décomposition de la variation, la valeur limite du ratio de variance sera 4,38.

6. Calcul du test : Le tableau 9.14 donne les résultats de l'analyse de variances et le tableau 9.15 donne les résultats du test de t.

TABLEAU 9.14 : ANOVA (TIRÉ DE **SPSS**)

	SS	Df	MS	F	Sig.
Regression	4232,915	1	4232,915	29,772	0,000
Residual	2701,417	19	142,180		
Total	6934,332	20			

TABLEAU 9.15 : COEFFICIENTS DE RÉGRESSION (TIRÉ DE **SPSS**)

	B	Std Error	Beta	T	Sig.
Constant (b_0)	-194,998	47,176		-4,133	0,001
Satisfaction (b_1)	14,993	2,748	0,781	5,456	0,000

7. Décision statistique : On rejette H_0.

8. Conclusion et degré de signification : On conclut qu'il y a une relation linéaire significative entre la satisfaction au traitement et la qualité de vie. P < 0,001. La figure 9.17 donne une idée des intervalles de confiance et de prédiction pour la relation entre ces deux variables.

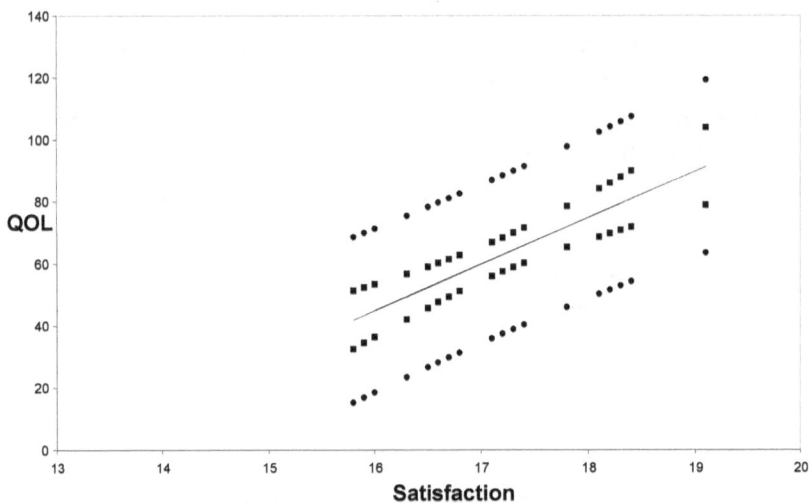

Exemple 3 : Relation existant entre le stress et la tension artérielle diastolique.

1. Nature des variables : La variable dépendante dans cette étude est la tension artérielle diastolique alors que la variable indépendante est le niveau de stress. Le tableau 9.16 donne les 10 premières données brutes des 113 sujets de cette étude alors que le tableau 9.17 donne les statistiques descriptives. La figure 9.18 donne une idée de la relation entre les deux variables.

2. Postulats : voir postulats de la régression linéaire simple section 9.2.1.

3. Hypothèses :

$$H_0 : \beta_1 = 0$$

$$H_1 : \beta_1 \neq 0$$

TABLEAU 9.16 : DONNÉES BRUTES (N = 113)

STRESS	TAD
9,0	39,6
3,8	51,7
8,1	74,0
18,9	122,8
34,5	88,9
21,9	97,0
16,7	79,0
60,5	85,8
24,4	90,8
29,6	82,6
...	...

TABLEAU 9.17 : STATISTIQUES DESCRIPTIVES (TIRÉ DE SPSS)

Variable	Mean	Std Dev.	n
Tension artérielle diastolique	81,628	19,364	113
Score de stress	15,793	10,235	113

Le tableau 9.18 donne les coefficients de corrélation, de détermination et de détermination ajusté.

TABLEAU 9.18 : UTILITÉ DE LA RÉGRESSION (TIRÉ DE SPSS)

Variable	R	r^2	Adj. r^2
Stress	0,425	0,181	0,173

4. Statistique et distribution : On peut utiliser deux statistiques pour tester cette hypothèse. b_1 peut suivre une distribution normale avec une moyenne β_1 et une erreur type σ_{b_1}. Une fois standardisée, cette distribution suivra une distribution t avec (n-2)dl. On peut aussi décomposer la variation en ses différentes composantes et calculer deux variances (MSR et MSE) dont le ratio (VR = MSR/MSE) suivra une distribution F avec 1dl au numérateur et (n-2)dl au dénominateur.

FIGURE 9.18: DIAGRAMME DE POINTS, DROITE ET ÉQUATION DE RÉGRESSION ET COEFFICIENTS DE DÉTERMINATION ENTRE LE NIVEAU DE STRESS ET LA TENSION ARTÉRIELLE DIASTOLIQUE.

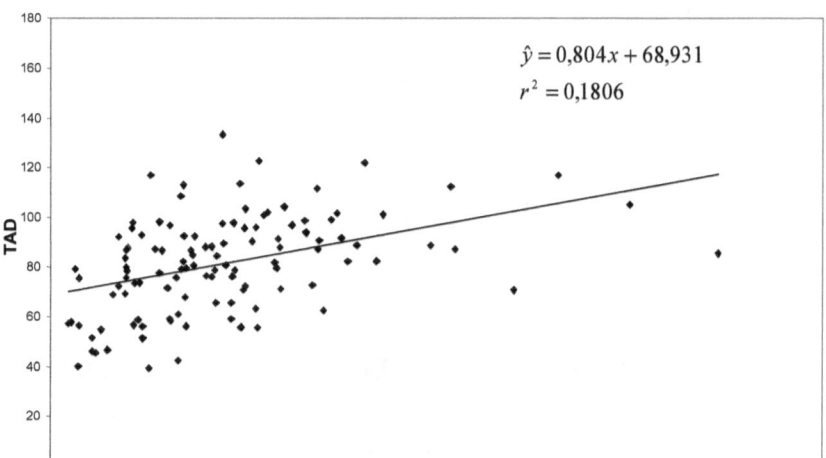

Relation TAD / Stress

$$\hat{y} = 0,804x + 68,931$$
$$r^2 = 0,1806$$

5. Règle décisionnelle (α = 0,05) : Si on utilise l'approche par la distribution t, les valeurs limites délimitant la zone de non-rejet seront (environ) ±1,96. Si on utilise l'approche par la décomposition de la variation, la valeur limite du ratio de variance sera (environ) 3,84

303

6. Calcul du test : Le tableau 9.19 donne les résultats de l'analyse de variance et le tableau 9.20 donne les résultats du test sur la pente de la régression par une approche de test de t.

TABLEAU 9.19 : ANOVA

	SS	Df	MS	F	Sig.
Regression	7584,040	1	7584,040	24,464	0,000
Residual	34411,229	111	310,011		
Total	41995,269	112			

TABLEAU 9.20 : COEFFICIENTS DE RÉGRESSION

	B	Std Error	Beta	T	Sig.
Constant (b_0)	68,931	3,055		22,562	0,000
Stress (b_1)	0,804	0,163	0,425	4,946	0,000

7. Décision statistique : On rejette H_0.
8. Conclusion et degré de signification : On conclut qu'il existe une relation linéaire significative entre le stress et la tension artérielle diastolique. $P < 0.001$.

9.14 Exercices

1. Pourquoi appelle-t-on l'équation de régression l'équation des moindres carrés ?
2. Pourquoi est-il dangereux d'utiliser l'équation de régression pour prédire des valeurs de y en dehors de l'étendue échantillonnale de la variable indépendante ?
3. Dans une étude sur l'effet d'une composante nutritionnelle sur le niveau de lipides plasmatiques, on a obtenu les résultats suivants chez 15 animaux :

Composante	Niveau de Lipides	Composante	Niveau de lipides
18	40	**41**	55
21	35	**28**	42
28	50	**21**	48
35	45	**30**	43
47	70	**46**	59
33	54	**44**	58
40	52	**38**	57
		19	30

3.1 Calculez l'équation de régression.

3.2 Quelle est la valeur du coefficient de détermination ?

3.3 Testez $\beta_1 = 0$ par la statistique F au seuil $\alpha = 0,05$.

3.4 Déterminez le coefficient de corrélation.

4. Dans une étude sur la relation entre le poids et le niveau de glucose sanguin, un échantillon de 16 sujets adultes a donné les résultats suivants :

$$\bar{x} = 77,36\text{kg} \qquad \bar{y} = 101,31\text{mg}/100\text{ml}$$

$$\sum_{i=1}^{n} x_i = 1237,80 \qquad \sum_{i=1}^{n} y_i = 1621,00$$

$$\sum_{i=1}^{n} x_i^2 = 97178,60 \qquad \sum_{i=1}^{n} y_i^2 = 165801,00$$

$$\text{Étendue}(x) = 59 - 95 \qquad \text{Étendue}(y) = 79 - 121$$

$$\sum_{i=1}^{n} x_i y_i = 126128,10$$

4.1 Calculez l'équation de régression.

4.2 Testez $\beta_1 = 0$ par une ANOVA ($\alpha = 0.05$).

4.3 Peut-on prédire le niveau de glucose sanguin pour un homme de 95 kg par un intervalle de prédiction à 95 % ?

5. Dans une étude sur la relation qui existe entre le nombre d'années d'expérience des cliniciens et le nombre de cas menés à terme par année chez des spécialistes, nous avons obtenu les résultats suivants :

Sujet	Années d'expérience	Nb de cas
1	7	100
2	12	213
3	10	191
4	18	295
5	14	280
6	25	446
7	30	600
8	25	470
9	18	395
10	10	150
11	4	75
12	6	107

Faites les étapes du test d'hypothèses ($\alpha = 0,05$) pour la régression et déterminez s'il existe une relation entre ces deux variables.

Chapitre 10 : Les données catégorielles

10.1 Présentation du chapitre

Dans les chapitres 5 à 9, nous avons fait beaucoup de tests d'hypothèses avec des variables dépendantes ayant une échelle numérique. Nous assumions que les échantillons sur lesquels nous faisions nos tests venaient d'une population où les valeurs étaient normalement distribuées. Nous avons vu que des tests d'hypothèses pouvaient aussi se faire sur des proportions calculées à partir de variables dépendantes catégorielles. Des postulats nous assuraient encore une fois que la distribution d'échantillonnage de « p » suivait une distribution normale. D'autres approches peuvent être utilisées lorsque les variables sont catégorielles.

10.2. La distribution chi-carré (χ^2)

La figure 10.1 illustre les deux différentes formes de la distribution chi-carré ou chi-deux (χ^2). La forme de la distribution χ^2 varie en fonction du nombre de degrés de liberté (dl). On peut remarquer que la forme de la distribution pour dl = 1 et dl = 2 est très différente de la forme générale pour dl >2. Plus les dl augmentent, plus la distribution devient symétrique.

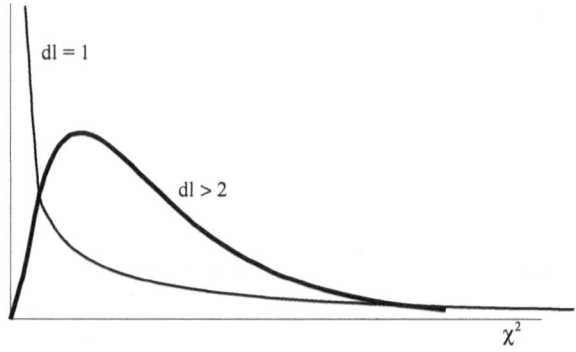

On peut aussi voir que le χ^2 peut prendre toutes les valeurs entre 0 et l'infini. Il ne prend pas de valeurs négatives puisqu'il est le résultat de la somme de valeurs au carré. La moyenne de la distribution est égale au nombre de degrés de liberté alors que la variance est égale à deux fois le nombre de degrés de liberté. Une table de probabilité relative à cette distribution est fournie en annexe. On utilisera cette distribution standardisée pour tester des hypothèses avec des variables dépendantes se présentant sous forme de fréquences, c'est-à-dire des variables catégorielles. Ces tests d'hypothèses prendront la forme de tests d'ajustement, tests d'indépendance ou tests d'homogénéité.

L'utilisation de la statistique χ^2 est appropriée avec des variables catégorielles (par exemple: statut matrimonial, sexe, etc.). Cependant, on peut aussi l'utiliser avec des variables continues, groupées ou non. Les données brutes qu'on utilisera dans le calcul du chi-carré seront les **fréquences observées** et les **fréquences attendues**. La fréquence observée correspond au nombre de sujets (ou d'objets) de notre échantillon tombant dans la $i^{ème}$ catégorie. La fréquence attendue correspond au nombre de sujets (ou d'objets) de notre échantillon qu'on s'attendrait à voir dans la $i^{ème}$ catégorie si l'hypothèse nulle est vraie. La statistique utilisée dans ce chapitre sera celle décrite à l'équation 10.1.

FORMULE 10.1

$$X^2_{calc} = \sum_{i=1}^{n} \left[\frac{(O_i - E_i)^2}{E_i} \right]$$

Dans cette équation, O_i représente la fréquence observée pour la $i^{ème}$ catégorie de la variable dépendante et E_i représente la fréquence attendue (*expected frequency*) de la $i^{ème}$ catégorie, si H_0 est vraie. La quantité X^2_{calc} mesure la façon dont les fréquences observées se rapprochent des fréquences attendues sous H_0. Comme on pourra le constater, lorsque les fréquences observées se rapprochent des fréquences attendues, le numérateur de la formule se rapprochera de 0 et la valeur de X^2_{calc} sera petite. Lorsque les fréquences observées seront loin des fréquences attendues sous H_0, le numérateur de la formule sera plus grand et la valeur de X^2_{calc} sera grande (trahissant un grand « désaccord » entre les fréquences attendues sous l'hypothèse nulle et les fréquences observées dans notre échantillon). Seules des valeurs de X^2_{calc} suffisamment grandes nous ferons rejeter l'hypothèse nulle, c'est-à-dire se trouveront dans la zone de rejet de la distribution chi-carré appropriées (cf. table de probabilités des valeurs χ^2 fournie en annexe).

10.3 Le test d'ajustement

On peut vouloir déterminer si, par exemple, la distribution de fréquences d'une variable obtenue dans un échantillon est compatible avec une distribution populationnelle normale (remarquez qu'on veut souvent vérifier le postulat de normalité de la distribution d'une variable). Par exemple, on veut vérifier si le ratio d'occupation des lits des hôpitaux est une variable distribuée normalement. On prend un échantillon de 250 hôpitaux et, dans chacun de ceux-ci, on calcule le ratio d'occupation des lits (nombre de lits patients résidents divisé par le nombre de lits théoriquement disponibles). Pour vérifier la normalité de la distribution, regroupons la variable d'intérêt en catégories mutuellement exclusives et inscrivons la fréquence des observations dans chacune des catégories. Les résultats sont compilés au tableau 10.1.

Ratio d'occupation (%)	Nombre d'hôpitaux
0,00 - 39,9	16
40,0 - 49,9	18
50,0 - 59,9	22
60,0 - 69,9	51
70,0 - 79,9	62
80,0 - 89,9	55
90,0 - 99,9	22
100,0 - 109,9	4
Total	250

On utilisera nos connaissances de la distribution normale pour calculer les fréquences attendues dans chacune des catégories si on a effectivement une distribution normale.

1. Nature des variables : La variable dépendante est le ratio d'occupation. C'est une variable continue. Nous ne connaissons pas la variable indépendante mais on n'en a pas besoin. Tout ce qui nous intéresse, c'est de vérifier la normalité de la distribution de la variable dépendante.

2. Postulats : On doit postuler que l'échantillon disponible pour tester la normalité est un échantillon aléatoire simple.

3. Hypothèses statistiques :

    H_0: Dans la population échantillonnée, le ratio d'occupation des lits est normalement distribué.

    H_1: La variable, dans la population échantillonnée, n'est pas normalement distribuée.

4. Choix de la statistique : La statistique choisie est celle de l'équation 10.1.

$$X_{calc}^2 = \sum_{i=1}^{n} \left[\frac{(O_i - E_i)^2}{E_i} \right]$$

5. Distribution de la statistique : Lorsque l'hypothèse nulle est vraie, X^2 suit une distribution χ^2 avec (n - 3) degrés de liberté, n étant égal au nombre de groupes qu'on utilisera dans le test. (Le nombre de degrés de liberté diffère selon la distribution qu'on veut tester). Avec la distribution normale, on perd trois degrés de liberté (reliés aux nombres de paramètres estimés et aux contraintes de l'échantillon). Dans notre exemple, la statistique suivra une distribution χ^2 avec 6dl.

6. Règle décisionnelle : On choisit un seuil α = 0,05. La valeur à partir de laquelle on rejettera l'hypothèse nulle est 12,592.

7. Calcul du test : Pour calculer les fréquences attendues dans chaque catégorie, on aurait besoin de la moyenne et de l'écart type de la population. Comme ces valeurs sont inconnues, on utilisera les valeurs échantillonnales suivantes :

$$\overline{x} = 69,91$$
$$s = 19,02$$

La prochaine étape consistera à calculer la valeur des fréquences attendues dans chaque intervalle (catégorie) si l'hypothèse nulle de normalité est vraie. Par exemple, si le ratio d'occupation est normalement distribué, quelle serait la fréquence des observations (le nombre d'hôpitaux) dans la catégorie de 40,0 à 49,9? Ou encore, quelle est la probabilité d'observer une valeur entre 40,0 et 49,9? On transforme la variable en variable normale standardisée.

La valeur de z correspondant à 40,0 est donnée par :

z = $\frac{40,0 - 69,91}{19,02}$ = -1,57

La valeur de z correspondant à 50,0 est donnée par :

$$z = \frac{50,0 - 69,91}{19,02} = -1,05$$

Dans la table de probabilités z, on trouve que $P(z < -1,57) = 0,0582$ et que $P(z < -1,05) = 0,1469$. On peut calculer que $P(-1,57 < z < -1,05) = 0,1469 - 0,0582 = 0,0887$. Cette probabilité correspond à la fréquence relative attendue dans l'intervalle de 40,0 à 49,9 sous l'hypothèse nulle (si le ratio suit une distribution normale dans la population). On multiplie cette probabilité par le nombre d'hôpitaux dans notre échantillon et on trouve que la fréquence absolue attendue du nombre d'hôpitaux (pour un échantillon de taille 250) dans la catégorie de 40,0 à 49,9 est de 22,18.

Le calcul pour chacun des intervalles a été fait et compilé au tableau 10.2.

TABLEAU 10.6 : COMPILATION DES FRÉQUENCES ATTENDUES SOUS L'HYPOTHÈSE NULLE

Catégorie	Valeur de z à la borne supérieure	Fréquence relative attendue	Fréquence absolue attendue
< 40,0	- 1,57	0,0582	14,55
40,0 - 49,9	- 1,05	0,0887	22,18
50,0 - 59,9	- 0,52	0,1546	38,65
60,0 - 69,9	0,00	0,1985	49,62
70,0 - 79,9	0,53	0,2019	50,48
80,0 - 89,9	1,06	0,1535	38,38
90,0 - 99,9	1,58	0,0875	21,88
100,0 - 109,9	2,11	0,0397	9,92
≥ 110	∞	0,0174	4,35
Total		1,0000	250,00

La prochaine étape sera de comparer les fréquences observées dans l'échantillon aux fréquences attendues sous H_0. S'il y a une grande différence entre ces valeurs, on aura tendance à croire que l'échantillon ne provient pas d'une population présentant une distribution normale. Le tableau 10.3 donne les fréquences observées et les fréquences attendues pour les différentes catégories. À partir des données calculées dans ce tableau, on découvre que la valeur de la statistique X^2 calculée est de 25,854.

TABLEAU 10.7 : FRÉQUENCES OBSERVÉES ET ATTENDUES POUR L'EXEMPLE DU RATIO D'OCCUPATION DES LITS D'HÔPITAUX

Catégorie	Fréquences observées	Fréquences attendues	$(O_i - E_i)^2/E_i$
< 40,0	16	14,55	0,145
40,0 - 49,9	18	22,18	0,788
50,0 - 59,9	22	38,65	7,173
60,0 - 69,9	51	49,62	0,038
70,0 - 79,9	62	50,48	2,629
80,0 - 89,9	55	38,38	7,197
90,0 - 99,9	22	21,88	0,001
100,0 - 109,9	4	9,92	3,533
≥ 110	0	4,35	4,350
Total	250	250,00	25,854

8. Décision statistique : La valeur du χ^2 au seuil de signification $\alpha = 0,05$ avec 6 degrés de liberté (n - 3 = 6) est de 12,592. La valeur du X^2 calculée est de 25,854. On doit rejeter H_0.

9. Conclusion et degré de signification : On conclut que dans la population, le ratio d'occupation des lits n'est pas distribué normalement, $p < 0,005$.

10.4 Le test d'indépendance

Une utilisation plus fréquente de la distribution du chi-carré est de tester l'hypothèse nulle que deux variables sont **indépendantes**. On dit que les variables « indépendante et dépendante » sont **indépendantes (ou ne sont pas associées l'une à l'autre)** si la distribution d'un des critères est la même, peu importe la distribution d'un autre critère. Dans l'exemple suivant, on veut savoir si la sévérité d'une maladie est indépendante du groupe sanguin. Le tableau de contingence 10.4 classifie 1500 sujets selon la sévérité de leur condition et leur groupe sanguin.

TABLEAU 10.4 : TABLEAU DE CONTINGENCE DE LA SÉVÉRITÉ D'UNE MALADIE EN FONCTION DU GROUPE SANGUIN

Sévérité de la condition	Groupe sanguin				
	A	B	AB	O	Total
Légère	543	211	90	476	1320
Modérée	44	22	8	31	105
Sévère	28	9	7	31	75
Total	615	242	105	538	1500

Les fréquences apparaissant dans ce tableau sont des fréquences observées dans l'échantillon (O_i). On peut calculer des fréquences attendues, si les variables (sévérité de la condition et groupe sanguin) sont indépendantes (E_i). Nous avons vu, dans le chapitre sur les probabilités (chapitre 3, section 3.3.2), que **lorsque des variables sont indépendantes**, la probabilité conjointe de ces variables est égale au produit des probabilités marginales de ces variables.

$$P(AB) = P(A) * P(B), \text{ si A et B sont indépendants}$$

On peut démontrer que la fréquence attendue dans chacune des cellules (E_i) sous H_0, est égale à la multiplication des fréquences marginales divisée par le nombre total d'observations. Par exemple, dans le tableau 10.4, la fréquence attendue de sujets ayant une condition sévère et un groupe sanguin A est :

E(sévère, A)   = n(sévère) * n(A) / n_t
                 = (75) (615) / (1500)
                 =   30,75

Ainsi, la fréquence attendue des sujets ayant une condition sévère et un groupe sanguin A, **si les deux événements sont indépendants**, est de 30,75. Dans le tableau de contingence 10.5, on a placé les fréquences observées (O_i) dans chaque cellule et les fréquences attendues (E_i) entre parenthèses à côté des fréquences observées.

TABLEAU 10.5 : FRÉQUENCES OBSERVÉES ET ATTENDUES

Sévérité de la condition	Groupe sanguin				
	A	B	AB	O	Total
Légère	543 (541,20)	211 (212,96)	90 (92,40)	476 (473,44)	1320
Modérée	44 (43,05)	22 (16,94)	8 (7,35)	31 (37,66)	105
Sévère	28 (30,75)	9 (12,10)	7 (5,25)	31 (26,90)	75
Total	615	242	105	538	1500

Maintenant, on peut passer au test d'hypothèses sur l'indépendance des variables.

1. Nature des variables : Les deux variables sont toutes deux catégorielles (l'une à 3 et l'autre à 4 catégories ou niveaux).
2. Postulats : On assume que l'échantillon analysé est un échantillon aléatoire tiré d'une population d'intérêt.
3. Hypothèses statistiques

    H_0: La sévérité de la maladie et le groupe sanguin sont indépendants

    H_1: Les deux variables ne sont pas indépendantes

4. Choix de la statistique : On utilisera la statistique χ^2

$$X_{calc}^2 = \sum_{i=1}^{n}\left[\frac{(O_i - E_i)^2}{E_i}\right]$$

5. Distribution de la statistique : Lorsque H_0 est vraie, la statistique X^2 suit approximativement une distribution χ^2 avec $(r - 1)(c - 1)$ degrés de liberté, r et c correspondant respectivement au nombre de rangées et au nombre de colonnes du tableau de contingence. Ici, comme le tableau a 3 rangées et 4 colonnes, la statistique suivra une distribution χ^2 avec $(3 - 1)(4 - 1) = 6$dl.

6. Règle décisionnelle : Choisissons $\alpha = 0,05$. La valeur du χ^2 à partir de laquelle on rejettera H_0 est donc 12,592.

7. Calcul du test :

$$X_{calc}^2 = \frac{(543-541,2)^2}{541,2} + \frac{(211-212,96)^2}{212,96} + ... + \frac{(31-26,9)^2}{26,9}$$
$$= 0,005987 + 0,018039 + ... + 0,624807$$
$$= 5,12$$

8. Décision statistique : Comme le X^2 calculé est inférieur à la valeur du χ^2 au seuil de signification, on ne peut rejeter H_0.

9. Conclusion et degré de signification : On conclut qu'il n'existe pas d'évidence statistique avec cet échantillon pour dire que les variables ne sont pas indépendantes, ou encore, les deux variables ne sont probablement pas associées, $p > 0,10$.

10.5 Test d'indépendance pour tableaux 2X2

Lorsque les deux variables comparées sont dichotomées, le tableau de contingence est un tableau 2X2 et le nombre de degrés de liberté est $(r - 1)(c - 1) = 1$. **Dans ces cas particuliers**, le calcul du test d'indépendance se simplifie. Illustrons ceci par un exemple. Un chercheur a tiré un échantillon aléatoire de

317

500 enfants d'écoles primaires du Québec. Il les a classifiés selon leur statut nutritionnel (inadéquat ou adéquat) et leur performance scolaire (faible ou satisfaisant). Les données sont rapportées au tableau 10.6.

TABLEAU 10.6 : DONNÉES BRUTES SUR LE STATUT NUTRITIONNEL VS PERFORMANCE SCOLAIRE

Performance	Statut nutritionnel		
	Inadéquat	Adéquat	Total
Faible	105	15	120
Satisfaisant	80	300	380
Total	185	315	500

1. Nature des variables : Les deux variables sont dichotomées.
2. Postulats : L'échantillon est un échantillon aléatoire.
3. Hypothèses :

   H_0: Le statut nutritionnel et la performance scolaire sont indépendants.

   H_1: Les deux variables ne sont pas indépendantes.

4. Choix de la statistique : La statistique utilisée est toujours la même :

$$X^2_{calc} = \sum_{i=1}^{n} \left[\frac{(O_i - E_i)^2}{E_i} \right]$$

5. Distribution de la statistique : Lorsque H_0 est vraie, la statistique X^2 calculée suit approximativement une distribution χ^2 avec 1dl.
6. Règle décisionnelle : Prenons un seuil $\alpha = 0,05$. Ainsi, on rejette H_0 pour toute valeur du test supérieure à 3,841.
7. Calcul du test : Lorsque le test d'indépendance se fait sur des données dichotomées, le **calcul se simplifie**. La statistique de l'équation 10.1 est équivalente à l'expression donnée à la formule 10.2.

FORMULE 10.2
$$X_{calc}^2 = \frac{n(ad - bc)^2}{(a + c)(b + d)(a + b)(c + d)}$$

Où a, b, c et d correspondent aux valeurs illustrées au tableau 10.7.

TABLEAU 10.7 : TABLEAU DE CONTINGENCE TYPE 2X2

Second Critère	Premier critère 1	2	Total
1	a	b	a + b
2	c	d	c + d
Total	a + c	b + d	n_T

Dans notre exemple, le calcul du test est le suivant :

$$X_{calc}^2 = \frac{500(105 * 300 - 15 * 80)^2}{185 * 315 * 120 * 380} = 172,746$$

8. Décision statistique : Comme la valeur de X^2 calculée est supérieure à la valeur du χ^2 au seuil de signification, on doit rejeter H$_0$.

9. Conclusion et degré de signification : On peut conclure qu'au seuil de signification α = 0,05, les deux variables (statut nutritionnel et performance scolaire) ne sont pas indépendantes, p < 0,005.

10.6 Test d'homogénéité

Une caractéristique des exemples vus dans la section sur le test d'indépendance est que l'échantillon provenait d'une seule population. Le nombre d'observations tombant dans chacune des cellules était déterminé après le prélèvement de l'échantillon. Il en résulte que les totaux marginaux étaient aléatoires. On peut vouloir tirer des échantillons aléatoires de différentes populations et les comparer. Dans ce cas, les totaux de colonnes (ou de rangées) sont fixés. Lorsque les totaux marginaux ne sont pas contrôlés, on sait que le test du χ^2 nous amène à un test d'indépendance. Cependant, lorsque le chercheur exerce un contrôle sur un des ensembles de totaux marginaux, la procédure constitue un test d'homogénéité. Les deux situations diffèrent par le mode d'échantillonnage mais aussi par l'hypothèse nulle qu'on pourra tester.

Le test d'indépendance vise à déterminer si les deux critères de classification sont indépendants l'un de l'autre. Le test d'homogénéité s'intéresse à savoir si les populations échantillonnées sont homogènes quant à un certain critère de classification. Dans ce cas, l'hypothèse nulle sera que les populations sont homogènes quant à une variable (ou encore que les échantillons sont tirés de populations identiques quant à un critère). Conceptuellement, les tests diffèrent. Cependant, **la procédure mathématique reste identique**.

Par exemple, un chercheur est intéressé au profil d'utilisation de drogues par des jeunes. Il sélectionne quatre échantillons aléatoires indépendants d'étudiants: 150 du secondaire V, 135 du CÉGEP, 125 de première ou deuxième année universitaire et 100 de troisième ou quatrième année universitaire. Chacun des sujets est interviewé pour connaître dans quel groupe il se situe quant à l'utilisation de drogues douces : non-utilisateur, expérimentation, utilisateur occasionnel ou utilisateur régulier.

Comme on peut le constater, le chercheur a fixé les totaux marginaux pour la variable « niveau d'éducation ». Ce qui nous permet de poser la question : « Est-ce que les populations échantillonnées sont homogènes quant à l'utilisation de drogues ? » Les résultats qu'il a obtenus sont compilés au tableau 10.8.

1. Nature des variables : Les deux critères sont des variables catégorielles.
2. Postulats : On assume que les quatre échantillons sont des échantillons aléatoires de leur population respective.

Fréquence d'utilisation de drogues douces					
Niveau	Non-Utilisateur	Expérimen-tation	Occasi-onnel	Régu-lier	Total
Secondaire V	20	37	50	43	150
CÉGEP	10	47	58	20	135
Université 1,2	6	50	45	24	125
Université 3,4	5	40	22	33	100
Total	41	174	175	120	510

3. Hypothèses statistiques :

    H_0: Les quatre populations sont homogènes quant à la fréquence d'utilisation de drogues douces.

    H_1: Au moins une des populations diffère des autres quant au profil d'utilisation de drogues.

4. Choix de la statistique : Nous utiliserons la même statistique :

$$X_{calc}^2 = \sum_{i=1}^{n}\left[\frac{(O_i - E_i)^2}{E_i}\right]$$

5. Distribution de la statistique : Lorsque H_0 est vraie, la statistique X^2 suit approximativement une distribution χ^2 avec $(r-1)(c-1)$ degrés de liberté. Ici, la statistique suivra une distribution χ^2 avec $(4-1)(4-1) = 9$dl.

6. Règle décisionnelle : Prenons $\alpha = 0,05$. Ainsi, pour toute valeur de X^2 calculée supérieure à 16,919, on doit rejeter H_0.

7. Calcul du test : Le calcul du test se fait exactement de la même façon que pour le test d'indépendance. Il nous faut donc calculer les fréquences attendues dans chacune des cellules (E_i) avant de procéder

au test. Le tableau 10.9 illustre les résultats (les fréquences attendues sont entre parenthèses).

TABLEAU 10.9 : FRÉQUENCES OBSERVÉES ET ATTENDUES

Fréquence d'utilisation de drogues douces					
Niveau	Non-Utilisateur	Expéri-mentation	Occasi-onnel	Régu-lier	Total
Secondaire V	20 (12,06)	37 (51,18)	50 (51,47)	43 (35,29)	150
CÉGEP	10 (10,85)	47 (46,06)	58 (46,32)	20 (31,76)	135
Université 1,2	6 (10,05)	50 (42,65)	45 (42,89)	24 (29,41)	125
Université 3,4	5 (8,04)	40 (34,12)	22 (34,31)	33 (23,53)	100
Total	41	174	175	120	510

De ces données, on peut calculer le test :

$$X^2_{calc} = \frac{(20-12,06)^2}{12,06} + \frac{(37-51,18)^2}{51,18} + ... + \frac{(33-23,53)^2}{23,53}$$
$$= 32,66$$

8. Décision statistique : Comme la valeur du X^2 calculée est supérieure au χ^2 au seuil de signification de 0,05, on rejette H_0.

9. Conclusion et degré de signification : On conclut que les populations ne sont pas homogènes quant au profil d'utilisation de drogues, $p < 0,005$.

10.7 Exemple du chapitre

Cet exemple est tiré de la publication de 1986 (Lalande N.M., 1986), étude exploratoire dans laquelle 131 enfants ont été examinés afin d'étudier l'effet du bruit quotidien sur le fœtus. Les mères des enfants examinés avaient, durant leur grossesse, travaillé dans des conditions de bruit variant entre 65 et 95 dBA-8h. La norme maximale québécoise d'exposition au bruit quotidien est de 90dBA-8h.

Une des variables dépendantes étudiée est le seuil d'audition (à une fréquence de 4000Hz) des enfants. Si ce seuil est supérieur à 10 dB, on considère que l'enfant souffre de baisse de l'ouïe. Le tableau 10.10 met en relation la perte d'audition des enfants et le niveau de bruit environnemental des mères pendant leur grossesse. Le tableau des fréquences attendues prendrait l'allure du tableau 10.11

TABLEAU 10.10 : FRÉQUENCES OBSERVÉES DU NOMBRE DE PERTE D'OUIE DES ENFANTS EN FONCTION DU NIVEAU DE BRUIT PENDANT LA GROSSESSE (N = 131).

		Baisse d'ouïe		
		Présence	Absence	Total
Niveau de bruit	65-75 dB	2	32	**34**
	75-85 dB	3	40	**43**
	85-95 dB	13	41	**54**
	Total	**18**	**113**	**131**

TABLEAU 10.11 : FRÉQUENCES ATTENDUES DU NOMBRE DE PERTE D'OUIE DES ENFANTS EN FONCTION DU NIVEAU DE BRUIT PENDANT LA GROSSESSE (N = 131).

		Baisse d'ouïe		
		Présence	Absence	Total
Niveau de bruit	65-75 dB	4,7	29,3	**34**
	75-85 dB	5,9	37,1	**43**
	85-95 dB	7,4	46,6	**54**
	Total	**18**	**113**	**131**

Et les données des cellules individuelles du X^2 sont celles du tableau 10.12.

TABLEAU 10.12 : VALEURS DE CELLULES INDIVIDUELLES ET VALEUR CALCULÉE DU X^2.

| | | Baisse d'ouïe | | |
		Présence	Absence	Total
Niveau de bruit	65-75 dB	1,55	0,25	
	75-85 dB	1,43	0,23	
	85-95 dB	4,24	0,67	
	Total			8,36

La valeur du X^2 calculé est de 8,36. Cette valeur fait partie d'une distribution χ^2 avec deux degrés de liberté. Au seuil de signification de 0,05, on devrait rejeter l'hypothèse nulle (les deux variables sont indépendantes) pour toute valeur calculée supérieure ou égale à 5,991. On peut donc conclure qu'au seuil de signification de 0,05, il y a une relation statistiquement significative entre ces deux variables et que le degré de signification de cette affirmation est inférieur à 0,005.

Comme la norme québécoise est de 90 dB, les chercheurs ont tenté de vérifier s'il était possible que la relation mise en évidence avec les données puisse se trouver au niveau de l'intervalle entre 85 et 95dB. Ils ont utilisé le tableau 10.13 (un sous-ensemble de leurs sujets) pour faire un second test d'indépendance entre les variables. Les fréquences attendues se retrouvent au tableau 10.14.

TABLEAU 10.13 : FRÉQUENCES OBSERVÉES DU NOMBRE DE PERTE D'OUIE DES ENFANTS EN FONCTION DU NIVEAU DE BRUIT PENDANT LA GROSSESSE (N = 54).

| | | Baisse d'ouïe | | |
		Présence	Absence	Total
Niveau de bruit	85-90 dB	9	35	44
	90-95 dB	4	6	10
	Total	13	41	54

		Baisse d'ouïe		
		Présence	Absence	Total
Niveau de bruit	85-90 dB	10,6	33,4	**44**
	90-95 dB	2,4	7,6	**10**
	Total	**13**	**41**	**54**

Et les données individuelles et totales du X^2 se retrouvent au tableau 10.15

TABLEAU 10.15 : VALEURS DE CELLULES INDIVIDUELLES ET VALEUR CALCULÉE DU X^2.

		Baisse d'ouïe		
		Présence	Absence	Total
Niveau de bruit	85-90 dB	0,24	0,08	
	90-95 dB	1,07	0,34	
	Total			**1,72**

La valeur du X^2 calculé est de 1,72. Cette valeur fait partie d'une distribution χ^2 avec un degré de liberté. Au seuil de signification de 0,05, on devrait rejeter l'hypothèse nulle (les deux variables sont indépendantes) pour toute valeur calculée supérieure ou égale à 3,841. On ne peut donc pas conclure qu'il y a une relation statistiquement significative entre ces deux variables. Le degré de signification du test est supérieur à 0,10. La conclusion de cette étude est que la norme québécoise maximale de bruit quotidien n'est pas assez sévère pour les femmes enceintes. Les chercheurs suggèrent la nécessité de produire de nouvelles normes pour ne pas nuire à l'ouïe des enfants.

10.8 Exercices

1. Le tableau de contingence suivant classifie un échantillon de 250 médecins québécois selon leur spécialité et leur région de pratique. Peut-on conclure, selon ces données, que les

deux variables sont indépendantes au seuil de signification de 0,01 ?

Spécialité					
	A	B	C	D	Total
Nord	20	18	12	17	67
Sud	6	22	15	13	56
Est	4	6	14	11	35
Ouest	10	19	23	40	92
Total	40	65	64	81	250

2. Un total de 350 adultes participant à un sondage devait répondre à la question : « Suivez-vous un régime? » Les réponses par sexe sont présentées dans le tableau qui suit. Est-ce que ces données suggèrent (au seuil α de 0,05) que le fait de suivre un régime dépend du sexe ?

Sexe				
		Masculin	Féminin	Total
Suivez-vous un régime?	Oui	14	25	39
	Non	159	152	311
	Total	173	177	350

3. Le tableau suivant illustre les données sur le nombre d'enfants sans carie de six communautés ayant différents niveaux de fluor dans l'eau potable. On a choisi un échantillon de 125 enfants dans chacune des six communautés et fait un examen de dépistage. Est-ce que ces données sont compatibles avec l'hypothèse que les six populations échantillonnées sont homogènes quant à la proportion d'enfants sans carie? (prenez $\alpha=0,05$)

Communauté	Caries absentes	Caries présentes	Taille de l'échantillon
A	38	87	125
B	8	117	125
C	30	95	125
D	44	81	125
E	64	61	125
F	32	93	125
Total	216	534	750

4. Dans une étude sur l'effet de la pollution de l'air, on a sélectionné deux échantillons aléatoires de 200 ménages provenant de deux communautés distinctes. On demandait à un individu par ménage de rapporter si au moins une personne chez lui était ennuyée par la pollution de l'air. Les réponses sont présentées dans le tableau qui suit. Peut-on conclure, au seuil de signification de 0,05, que les communautés diffèrent quant à la variable dépendante ?

	Personne ennuyée par la pollution		
Communauté	Oui	Non	Total
I	43	157	200
II	81	119	200
Total	124	276	400

5. Expliquez les différences entre le test d'indépendance et le test d'homogénéité.

6. Une étude sur 190 grossesses donne les résultats présentés au tableau qui suit en ce qui concerne la relation entre l'hypertension de la mère et une certaine complication *per-partum*. Est-ce que ces données mettent en évidence (à un

seuil α de 0,01) que les deux conditions ne sont pas indépendantes ?

Complication	Hypertension de la mère		
	Oui	Non	Total
Présence	23	55	78
Absence	12	100	112
Total	35	155	190

Bibliographie

Lalande N.M., H. R. (1986). Is occupational noise exposure during pregnancy a risk factor of damage to the auditory system of the fetus? *Am J Industrial Med*, *10*, 427-435.

Chapitre 11 : Données de longévité – Analyse de survie

11.1 Introduction

L'analyse de survie concerne l'analyse des données qui décrivent un laps de temps précédant un événement particulier. Par exemple, on peut se questionner sur la durée de rémission de patients ayant été traités pour une leucémie particulière et comment cette durée de rémission varie dans le temps. Dans la documentation anglophone, on parle de *Survival Analysis* ou encore de *Analysis of Failure* , selon l'objectif principal de l'étude. Les deux termes font référence au même type d'analyse.

11.2 Définition

Commençons par définir le type d'analyses et de données de l'analyse de survie. En général, l'analyse de survie consiste en un ensemble de procédures ayant comme variable dépendante « le temps entre le début du suivi et la survenue de l'événement X ».

Par **temps**, on entend le nombre d'années, de mois, de jours, de minutes, etc. entre le début du suivi et la survenue de l'événement (ou la fin du suivi, selon lequel arrive en premier). On y réfère souvent par l'expression « **temps de survie** ». L'**événement** peut indiquer un décès, un retour au travail, une rechute, ou n'importe quel événement d'intérêt pour le chercheur. Dans certains cas, l'événement peut être positif (comme une rémission, un retour au travail, etc.), dans d'autres, il est négatif (décès, une rechute, un bris mécanique, etc.). Pour les besoins de ce chapitre, nous ne considérerons que les cas dans lesquels nous n'avons qu'un seul événement par sujet.

Dans la plupart des analyses de survie, on doit considérer une caractéristique particulière des données : la censure. Sommairement, une donnée est **censurée** lorsque le chercheur ne connait pas la durée de survie exacte du sujet. Il y a trois raisons courantes pour lesquelles une donnée serait considérée censurée : l'événement ne survient pas avant la fin de l'étude, un sujet ne finit pas l'étude pour des raisons inconnues ou un sujet se retire de l'étude avant la fin.

La figure 11.1 illustre l'idée de censure. Dans cet exemple, le premier sujet commence l'étude au début et est suivi pendant huit semaines avant de présenter l'événement. Sa durée de survie est donc huit semaines et la donnée n'est pas censurée. Le deuxième sujet est suivi depuis le début de l'étude jusqu'à la fin de l'étude, c'est-à-dire 16 semaines. Sa durée de survie exacte est donc censurée et on peut seulement affirmer qu'elle est supérieure à 16 semaines. Le troisième sujet est recruté à la quatrième semaine de l'étude et se retire de l'étude à la 12ème semaine. Son temps de survie est donc censuré, d'au moins huit semaines. Le quatrième sujet est recruté à la sixième semaine de l'étude et est suivi jusqu'à la fin de l'étude sans développer l'événement. Sa durée de survie est donc censurée et d'au moins 10 semaines. Le cinquième sujet est recruté à la quatrième semaine de l'étude et est perdu pendant le suivi. Les dernières données sont recueillies à la 14ème semaine. Sa durée de survie est donc censurée, d'au moins 10 semaines. Finalement, le sixième sujet est recruté à la huitième semaine de l'étude et présente l'événement à la 14ème semaine de l'étude. Sa durée de survie est donc de six semaines et n'est pas censurée. Ajouter les différents types de censure

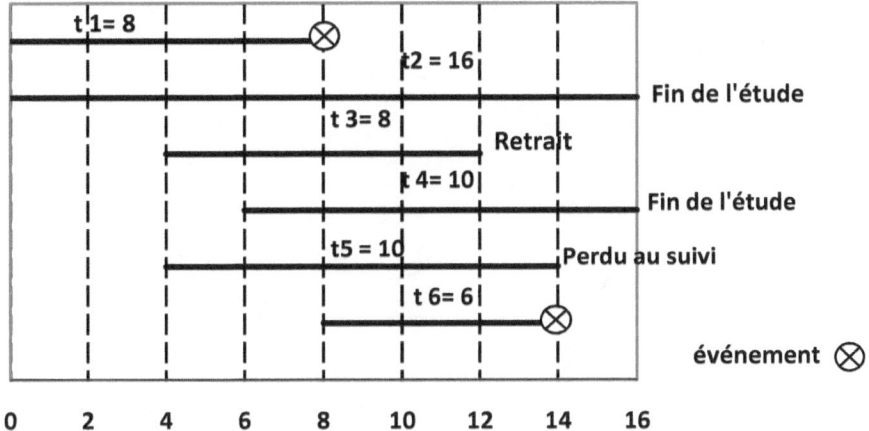

11.3 Distributions importantes

En analyse de survie, deux distributions sont très importantes : la **fonction de survie** et la **fonction de risque**. La fonction de survie, dénotée S(t), donne la probabilité qu'un « sujet » ait un temps de survie supérieur à une certaine valeur de t. Cette distribution est centrale à l'analyse de survie et donne une information cruciale tirée des données de survie. En théorie (figure 11.2), la fonction de survie démontre les caractéristiques suivantes :

1. Le temps varie de 0 à l'infini;
2. La probabilité de survie consiste en une courbe lisse;
3. Les probabilités diminuent toujours dans le temps (jamais d'augmentation);
4. Au début, t = 0 et S(0) = 1, c'est-à-dire qu'au début de l'étude, comme aucun des sujets n'a subi l'événement, la probabilité de survivre plus de 0 unité de temps est de 100 %;
5. Lorsque t = ∞, S(∞) = 0, c'est-à-dire si l'étude continuait à l'infini, comme tous les sujets auraient subi l'événement, la probabilité qu'un sujet subisse l'événement est de 0 %.

FIGURE 11.2 : FONCTION DE SURVIE (THÉORIQUE)

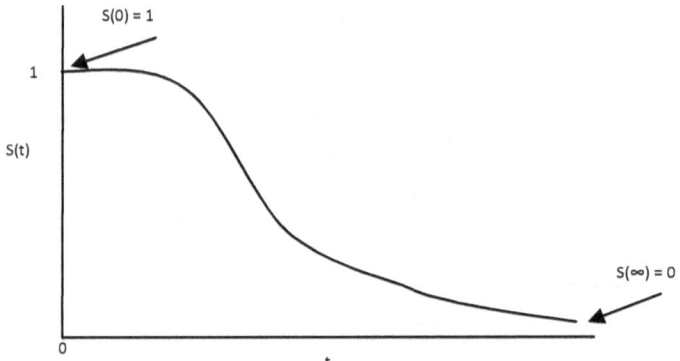

Remarquez que ces caractéristiques concernent une distribution théorique. En réalité, la distribution de survie ressemble à un escalier comme à la figure 11.3.

La fonction de risque est dénotée h(t). Elle donne le « potentiel » instantané (par unité de temps) de démontrer ou de subir l'événement. Dans l'équation qui définit la fonction de risque, on peut comprendre que le risque est calculé par :

> La probabilité conditionnelle de développer ou d'arriver à l'événement X dans un laps de temps allant de t à t + Δt étant donné que l'événement n'est pas survenu au temps t.

Tout comme la fonction de survie, la fonction de risque peut être tracée sur un graphique mais, par opposition, le risque peut commencer à n'importe quel niveau et augmenter, diminuer ou même rester constant en fonction du temps. Les caractéristiques de la distribution sont :

1. Le risque est toujours positif;
2. Il n'a pas de limite maximum.

FIGURE 11.3 : FONCTION DE SURVIE (EN PRATIQUE)

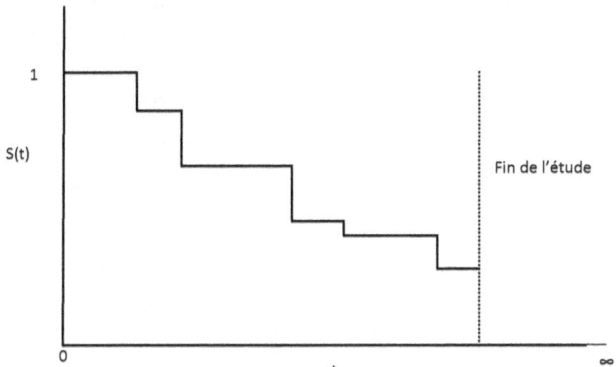

Il existe une infinité de fonctions de risque mais certains modèles sont utilisés pour approximer des phénomènes naturels. Par exemple, la figure 11.4 montre le graphique de la fonction de risque constant. Dans ce modèle, peu importe le temps t, le risque **instantané** reste le même tout au long de l'étude. Par exemple, le risque de développer une hépatite dans une population d'infirmières pendant une période d'un mois. Peu importe à quel moment dans ce mois, si une infirmière n'a pas encore développé une hépatite, elle a une probabilité X de développer la maladie au temps t. Pour des raisons que nous verrons plus loin, lorsque la fonction de risque est constante, on dit que le modèle de survie est exponentiel.

FIGURE 11.4 : FONCTION DE RISQUE CONSTANT (MODÈLE DE SURVIE EXPONENTIEL)

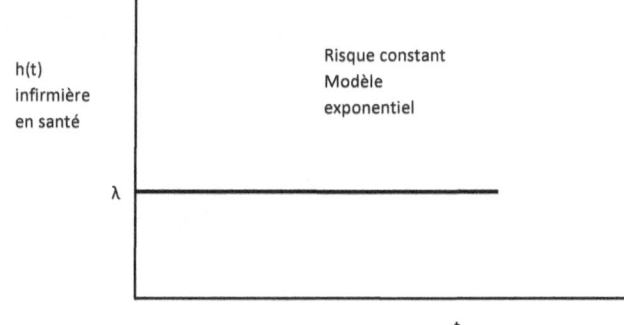

La figure 11.5 montre le graphique d'un deuxième type de fonction de risque. Dans ce modèle, à mesure que le temps avance, le risque augmente. Par exemple, le risque de décéder chez des patients avec des cancers ne répondant pas au traitement prendrait probablement cette allure. Ce type de modèle est appelé le modèle Weibull croissant.

FIGURE 11.5 : FONCTION DE RISQUE WEIBULL CROISSANT

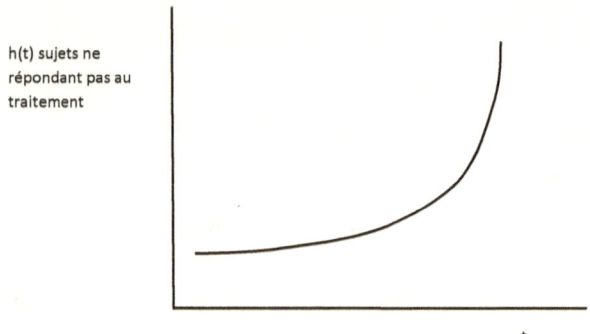

La figure 11.6 montre le graphique d'un troisième type de fonction de risque. Dans ce modèle, à mesure que le temps avance, le risque diminue. Par exemple, le risque de décéder chez des patients qui récupèrent après une chirurgie prendrait probablement cette forme. Juste après la chirurgie, le risque de décès est élevé mais, à mesure que le temps passe, ce risque diminue. Ce type de modèle est appelé le modèle Weibull décroissant.

FIGURE 11.6 : FONCTION DE RISQUE WEIBULL DÉCROISSANT

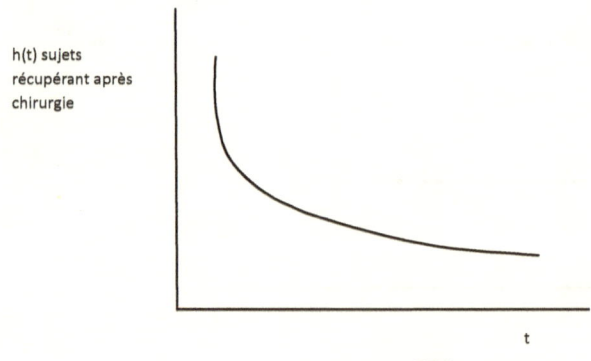

Des deux distributions décrites ici (fonction de survie et fonction de risque), la fonction de survie est certainement plus intuitivement compréhensible. La fonction de survie est essentiellement « opposée » à la fonction de risque en ce sens que la fonction de survie met l'accent sur la survie, alors que la fonction de risque met l'accent sur l'échec potentiel étant donné la survie jusqu'à un point donné. Cependant, la fonction de risque est importante en modélisation parce qu'elle nous permet de d'identifier à quel modèle nos données s'avoisinent pour ensuite permettre les analyses statistiques les plus appropriées.

11.4 Objectifs de l'analyse de survie

Le premier objectif de l'analyse de survie est d'estimer et d'interpréter les fonctions de survie et de risque. Le deuxième objectif est de comparer ces fonctions entre des groupes (par exemple, la survie pour un groupe traitement et un groupe placébo). Le troisième objectif est de déterminer si certaines variables explicatives ont une association avec la survie. On abordera ces trois objectifs dans les sections qui suivent.

11.5 Estimation et interprétation des courbes de survie

Les données de survie doivent au minimum contenir les informations suivantes pour chacun des sujets : un identificateur, le temps pendant lequel le sujet a été observé, et si l'événement d'intérêt est survenu (c'est-à-dire si le sujet est censuré ou non). En ce qui concerne cette dernière variable, qu'on dénotera δ, on prend habituellement la codification 0/1, 0 représentant un sujet censuré et 1 indiquant que le sujet a fait l'expérience de l'événement. Le tableau 11.1 donne un exemple de données minimales de survie.

TABLEAU 11.1 : ORGANISATION DES DONNÉES DE SURVIE

Identificateur	Temps	Censure
1	t_1	δ_1
2	t_2	δ_2
...	...	...
...	...	...
n	t_n	δ_n

On peut modifier ce tableau afin que les données de temps de survie soient ordonnées du plus petit temps au plus grand. C'est à partir de ce tableau de données ordonnées qu'on dérivera les courbes de survie **Kaplan-Meier**. Le tableau 11.2 donne un exemple type de ce tableau dans lequel la première colonne indique le temps de survie (t_j), la deuxième colonne indique le nombre de sujets qui ont fait l'expérience de l'événement à ce temps de survie (m_j), la troisième colonne indique le nombre de sujets qui ont été censurés dans l'intervalle de temps entre t_j et t_{j+1} (q_j). La dernière colonne donne la taille de l'échantillon à risque (R_{tj}), c'est-à-dire le nombre de sujets qui ont survécu jusqu'au début de la période t_j. On pourrait dériver un graphique de survie à partir des données de cette quatrième colonne.

TABLEAU 11.2 : DONNÉES DE SURVIE ORDONNÉES

Temps de survie ordonnés t_j	Nombre d'événements m_j	Nombre de censures Entre t_j et t_{j+1} q_j	Échantillon à risque R_{tj}
$t_0 = 0$	$m_0 = 0$	q_0	R_{t0}
t_1	m_1	q_1	R_{t1}
t_2	m_2	q_2	R_{t2}
...	...	...	...
t_k	m_k	q_k	R_{tk}

Pour calculer les probabilités de survie, on utilise l'échantillon à risque au début de la période. On inclut les sujets censurés jusqu'au moment de censure plutôt que de perdre toute l'information sur ces sujets. Pour le calcul de ces probabilités, on utilise la méthode de Kaplan-Meier, aussi dénotée KM.

Prenons un exemple fictif dans lequel on s'intéresse au temps de rémission (c'est-à-dire avant l'apparition de nouveaux symptômes) après un certain traitement, chez des sujets atteints de leucémie. Les deux groupes comparés (groupe traitement expérimental et groupe traitement palliatif) comprennent tous deux 21 sujets au départ.

TABLEAU 11.3 : DONNÉES DE MOMENT DE RECHUTE POUR DEUX GROUPES DE SUJETS AVEC LEUCÉMIE

Identificateur	Groupe 1		Groupe 2	
	Temps	Événement /Censure*	Temps	Événement /Censure*
1	5	1	1	1
2	5	1	1	1
3	5	1	1	1
4	8	1	2	1
5	11	1	2	1
6	13	1	3	1
7	16	1	3	1
8	23	1	3	1
9	23	1	5	1
10	5	0	5	1
11	10	0	8	1
12	10	0	8	1
13	11	0	9	1
14	18	0	9	1
15	18	0	10	1
16	20	0	10	1
17	26	0	11	1
18	33	0	11	1
19	33	0	12	1
20	34	0	16	1
21	35	0	23	1

* 1 : Rechute   0 : Censure

Le tableau 11.3 donne les données brutes des sujets, en ordre de censure et de temps de survie (nombre de semaines avant une réapparition des symptômes). La question d'intérêt principale de cette étude est de calculer et d'interpréter les courbes de survie. La première observation est que seulement 9 des 21 sujets du groupe 1 ont fait l'expérience d'une rechute alors que tous les sujets du groupe 2 ont fait une rechute pendant la durée de l'étude. Si on ignore les données censurées, le temps moyen de survie pour le groupe 1 est de 12,11 semaines alors que dans le groupe 2, le temps de survie moyen est de 7,28 semaines. Il semble donc, sans avoir fait de test, que la durée de survie montre une tendance à être plus longue dans le groupe 1 par rapport au groupe 2, mais on n'a toujours pas d'informations sur la survie à différents moments de suivi et, de plus, on a perdu l'information sur tous les sujets censurés.

Les tableaux 11.4 A et B résument les temps de survie pour chacun des deux groupes. C'est à partir de ces informations qu'on tracera les courbes KM.

TABLEAU 11.4A : DONNÉES DE SURVIE ORDONNÉES POUR GROUPE 1

Temps de survie ordonnés t_j	Nombre de rechute m_j	Nombre de censures Entre t_j et t_{j+1} q_j	Échantillon à risque R_{t_j}
0	0	0	21
5	3	1	21
8	1	2	17
11	1	1	14
13	1	0	12
16	1	3	11
23	2	0	7

Prenons d'abord les données du groupe 2. Comme il n'y a pas de données censurées, le calcul des probabilités de survie est très simple. La probabilité de survivre plus longtemps que 0 semaine est toujours de 1. La probabilité de survie de plus d'une semaine (semaine à laquelle les premiers sujets du groupe

2 ont eu une rechute) est de 18/21 (ou 85,7 %), puisque trois sujets ont vécu une rechute dans la première semaine. La probabilité de survivre ou de ne pas montrer de symptômes plus de deux semaines est de 16/21 (76,2 %), puisque 5 des 21 sujets ont développé des symptômes dans les deux premières semaines de suivi. Les probabilités de survie pour le deuxième groupe sont données au tableau 11.4B.

TABLEAU 11.4B : DONNÉES DE SURVIE ORDONNÉES POUR GROUPE 2

Temps de survie ordonnés t_j	Nombre de rechute m_j	Nombre de censures Entre t_j et t_{j+1} q_j	Échantillon à risque R_{tj}	Probabilité de survie $S(t_j)$
0	0	0	21	1
1	3	0	21	18/21 = 0,86
2	2	0	18	16/21 = 0,76
3	3	0	16	13/21 = 0,62
5	2	0	13	11/21 = 0,52
8	2	0	11	9/21 = 0,43
9	2	0	9	7/21 = 0,33
10	2	0	7	5/21 = 0,24
11	2	0	5	3/21 = 0,14
12	1	0	3	2/21 = 0,10
16	1	0	2	1/21 = 0,05
23	1	0	1	0/21 = 0,00
+ 23	-	-	-	-

Rappelons que, comme le deuxième échantillon n'avait pas de données censurées, la colonne du tableau 11.4B intitulée « q_j » ne contient que des 0. S'il y avait eu des données censurées, comme au tableau 11.4A, on utiliserait une formule alternative pour calculer les probabilités de survie, l'approche Kaplan-Meier (KM). Remarquez qu'on peut appliquer l'approche KM même s'il n'y a pas de données censurées mais on obtiendra le même résultat. Par exemple, prenons la probabilité de survivre plus de trois semaines sans récidive

340

dans le groupe 2 (pas de données censurées). La formule de KM nous dit que cette probabilité est égale au produit des probabilités conditionnelles à chaque temps de survie. Donc, la probabilité de survivre plus de trois semaines dans le deuxième échantillon, est donné par 1 multiplié par la probabilité conditionnelle de survivre plus d'une semaine, étant donné qu'on a survécu jusqu'à une semaine multiplié par la probabilité conditionnelle de survivre plus de deux semaines, étant donné qu'on a survécu jusqu'à deux semaines, finalement multiplié par la probabilité de survivre plus de trois semaines étant donné qu'on a survécu jusqu'à trois semaines. On obtiendra donc la formule 11.1 qui donne le même résultat qu'au tableau 11.4B.

FORMULE 11.1

$$S(3) = 1 \times \frac{18}{21} \times \frac{16}{18} \times \frac{13}{16} = \frac{13}{21} = 0,619$$

TABLEAU 11.5 : DONNÉES DE SURVIE ORDONNÉES POUR GROUPE 1

Temps de survie ordonnés t_j	Nombre de rechute m_j	Nombre de censures Entre t_j et t_{j+1} q_j	Échantillon à risque R_{t_j}	Probabilité de survie $S(t_j)$
0	0	0	21	1
5	3	1	21	$1 \times \frac{18}{21} = 0,86$
8	1	2	17	$0,86 \times \frac{16}{17} = 0,81$
11	1	1	14	$0,81 \times \frac{13}{14} = 0,75$
13	1	0	12	$0,75 \times \frac{11}{12} = 0,69$
16	1	3	11	$0,69 \times \frac{10}{11} = 0,63$
23	2	0	7	$0,63 \times \frac{5}{7} = 0,45$

Considérons maintenant le cas avec des données censurées tel qu'indiqué dans l'échantillon 1. Le tableau 11.5 donne les probabilités telles que calculées par la formule KM. Le graphique 11.7 montre les courbes de survie dans les deux groupes.

Figure 11.7 : Courbes de survie KM pour les deux groupes

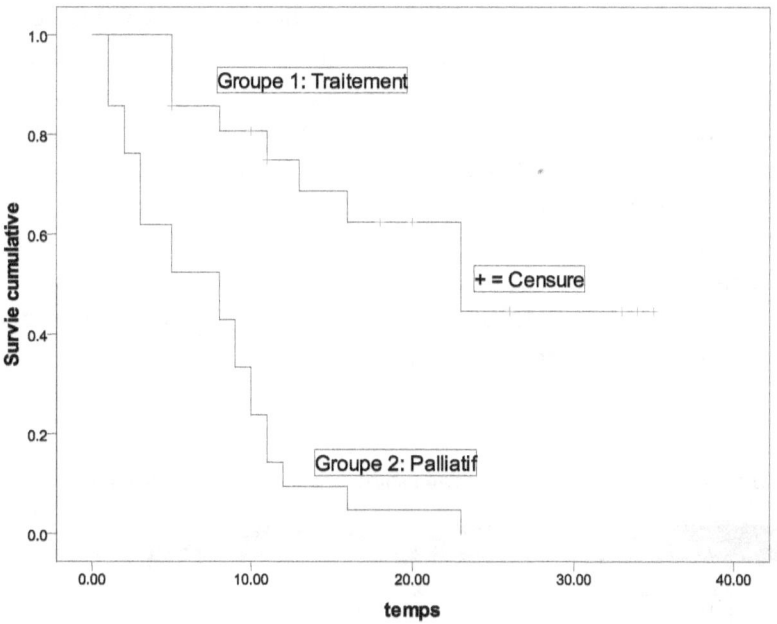

Il semble, selon le graphique 11.7, que la survie du groupe 1 soit meilleure que celle du groupe 2. De plus, comme les courbes semblent s'éloigner à mesure que le temps passe, il semble que le pronostic de survie soit meilleur le plus longtemps on survit sans rechute Cette impression doit maintenant être testée pour savoir si elle est due simplement au hasard ou bien s'il existe une différence réelle entre les deux traitements. Pour ce faire, on fera appel à un test logrank.

11.6   Tester l'égalité de deux courbes de survie : le test Logrank

Cette section décrit comment tester si deux courbes de survie KM sont statistiquement différentes. Le test logrank est un test de chi-carré qui, comme dans le cas des tests chi-carré vus précédemment, utilise la relation entre les fréquences observées et les fréquences attendues sous une certaine hypothèse nulle. Dans ce cas, l'hypothèse nulle est l'hypothèse que les courbes sont de survie KM sont équivalentes Pour illustrer ce test, référons-nous aux données des sujets souffrant de leucémie. Le tableau 11.6 donne les temps de récidive ordonnés, le nombre de récidives (m_j) à chaque temps et la taille de l'échantillon à risque (r_{tj}) au début de la période. Dans ce tableau, on peut voir que 2 des 18 sujets à risque ont fait une récidive à la deuxième semaine de suivi dans le groupe 1 et aucun des 21 sujets à risque n'a fait de récidive pendant cette même semaine. De même, aucun des trois sujets à risque n'a fait de récidive pendant la 13e semaine de suivi dans le groupe 1 alors que 1 des 12 sujets à risque du groupe 2 a fait une récidive.

TABLEAU 11.6 : DONNÉES DE RÉCIDIVES POUR LES DEUX GROUPES DE SUJETS LEUCÉMIQUES (N = 42)

t_j	$m1_j$	$m2_j$	$r1_{tj}$	$r2_{tj}$
0	0	0	21	21
1	3	0	21	21
2	2	0	18	21
3	3	0	16	21
5	2	3	13	21
8	2	1	11	17
9	2	0	9	17
10	2	0	7	17
11	2	1	5	14
12	1	0	3	13
13	0	1	3	12
16	1	1	2	11
23	1	2	1	7

On peut ajouter à cette table les fréquences attendues sous H_0 pour chacun de ces groupes à chacun des temps. L'équation pour calculer les fréquences attendues pour le groupe 1 est donnée à la formule 11.2 alors que celle pour le groupe 2 est donnée à la formule 11.3.

FORMULE 11.2

$$e_{1j} = \left(\frac{r_{1j}}{r_{1j} + r_{2j}} \right) \times \left(m_{1j} + m_{2j} \right)$$

FORMULE 11.3

$$e_{2j} = \left(\frac{r_{2j}}{r_{1j} + r_{2j}} \right) \times \left(m_{1j} + m_{2j} \right)$$

Au tableau 11.7, on rapporte les fréquences attendues sous H_0 à chaque intervalle de temps et ce, pour chacun des deux groupes ($e1_j$ et $e2_j$). On rapporte aussi la différence entre les fréquences observées et attendues à chaque intervalle de temps pour chacun des deux groupes ($m1_j - e1_j$ et $m2_j - e2_j$).

Comme on peut le constater au tableau 11.7, la somme des différences entre les fréquences attendues et observées dans les deux groupes est numériquement la même avec un signe différent. Le choix du groupe référence pour faire le test est arbitraire. Quand on compare deux groupes, on calcule la statistique logrank à partir de la différence totale entre les fréquences observées et les fréquences attendues pour l'ensemble des moments de récidives (t_j). Dans ce cas (deux groupes), on obtient la statistique en divisant le carré de la somme des différences entre fréquences observées et fréquences attendues par la variance estimée de cette somme de différences (formule 11.4).

t_j	$m1_j$	$m2_j$	$r1_{tj}$	$r2_{tj}$	$e1_j$	$e2_j$	$m1_j - e1_j$	$m2_j - e2_j$
1	3	0	21	21	1,5	1,5	1,5	-1,5
2	2	0	18	21	0,9	1,1	1,1	-1,1
3	3	0	16	21	1,3	1,7	1,7	-1,7
5	2	3	13	21	1,9	3,1	0,1	-0,1
8	2	1	11	17	1,2	1,8	0,8	-0,8
9	2	0	9	17	0,7	1,3	1,3	-1,3
10	2	0	7	17	0,6	1,4	1,4	-1,4
11	2	1	5	14	0,8	2,2	1,2	-1,2
12	1	0	3	13	0,2	0,8	0,8	-0,8
13	0	1	3	12	0,2	0,8	-0,2	0,2
16	1	1	2	11	0,3	1,7	0,7	-0,7
23	1	2	1	7	0,4	2,6	0,6	-0,6
Total	21	9			10	20	11	-11

FORMULE **11.4**

$$\log rank = \frac{(O_2 - E_2)^2}{Var(O_2 - E_2)}$$

L'expression pour calculer la variance estimée est donnée à la formule 11.5. Dans cette expression, « r_{ij} » représente l'échantillon à risque, « m_{ij} » représente le nombre de récidives à chaque moment du suivi. Dans l'exemple avec deux groupes, la variance estimée est la même pour l'un ou l'autre des groupes.

FORMULE **11.5**

$$Var(O_i - E_i) = \sum_j \frac{r_{1j} r_{2j} (m_{1j} + m_{2j})(r_{1j} + r_{2j} - m_{1j} - m_{2j})}{(n_{1j} + n_{2j})^2 (r_{1j} + r_{2j} - 1)}$$

L'hypothèse nulle testée est l'hypothèse de non-différence entre les courbes de survie. Sous l'hypothèse nulle, la statistique logrank suit approximativement une distribution chi-carré avec 1 degré de liberté. La plupart des logiciels statistiques calculent cette statistique. La figure 11.8 donne un tableau résultats du test logrank issu du logiciel SPSS. On peut voir que l'hypothèse nulle est rejetée et on conclut que les courbes de survie sont significativement différentes.

FIGURE **11.8** : TABLEAU DE RÉSULTATS DU LOGRANK (TIRÉ DE **SPSS**)

Overall Comparisons			
	Chi-Square	Df	Sig.
Log Rank (Mantel-Cox)	21.362	1	.000

Il existe un test logrank pour plusieurs groupes mais la description reste au-delà des objectifs de ce livre.

11.7 Tester l'association entre des variables indépendantes et le temps de survie : Modèle de risques proportionnels de Cox

Dans cette section, on abordera brièvement un modèle très courant pour tester l'hypothèse que certaines variables sont associées au temps de survie. Il existe plusieurs raisons pour lesquelles le modèle de Cox est très fréquemment utilisé pour tester l'association entre les variables indépendantes potentielles et le temps de survie. Tout d'abord, c'est un modèle non paramétrique; il ne nécessite donc pas de supposition quand à la forme du modèle de risque (exponentiel, Weibull, etc.). C'est un modèle robuste qui s'applique à presque toutes les situations et qui donne des résultats qui sont proches du modèle réel. Si on connaît la forme de distribution du modèle de risque, il est toujours préférable de l'utiliser mais le modèle de Cox est une solution prudente quand on ne connaît pas la distribution (paramétrique) du risque. Dans les prochaines pages, un exemple dans lequel les données des sujets leucémiques en rémission seront utilisées, illustrera le modèle de Cox sans entrer dans les détails.

Le tableau 11.8 donne les données brutes des temps de rémission, la survenue d'une rechute et les valeurs d'une variable numérique (disons variable 1) qu'on croit être associée avec le temps de survie pour les deux groupes de traitement. Pour cet exemple, la principale question est de comparer les courbes de survie en considérant la variable 1.

Aux tableaux 11.9A, B et C, on donne les résultats issus de trois modèles. Le premier modèle ne considère que la variable groupe et détermine, comme à la section précédente avec la méthode de Kaplan-Meier, si les groupes ont des courbes de survie différentes. Le deuxième modèle considère le groupe mais aussi la variable indépendante, variable 1. Le troisième modèle est un modèle incluant les deux variables précédentes ainsi que leur interaction. Ces trois tableaux sont issus de SPSS (PASW 17.0.3) mais peuvent être obtenus à l'aide d'autres logiciels. Regardons chacun des modèles afin de les interpréter correctement.

La première remarque est que l'interaction entre l'appartenance au groupe et la variable 1 est calculée par un simple produit des deux variables. La variable groupe est codée « 0 » pour le traitement novateur et « 1 » pour le traitement palliatif. Ainsi, la valeur de l'interaction sera « 0 » pour tous les sujets du groupe 0 et prendra la valeur de la variable 1 pour tous les sujets du groupe 1. Le terme d'interaction permettra de déterminer si l'effet de la variable 1 est le même pour les deux groupes, si effet il y a.

Dans chacun des tableaux 11.9, la première colonne correspond au nom de la variable indépendante considérée (le groupe, la variable 1 ou l'interaction). La deuxième colonne correspond au coefficient associé à la variable indépendante, la troisième colonne, l'erreur type associée à ce coefficient. Chacun des coefficients estimés est associé à une statistique Wald (quatrième colonne) qui se calcule en faisant le rapport entre le coefficient et son erreur type. À la statistique de Wald est associé un certain nombre de degrés de liberté (cinquième colonne) et un degré de signification (sixième colonne). La septième colonne donne le ratio de risque pour l'effet de chacune des variables, ajusté pour les autres variables du modèle. Finalement, les deux dernières colonnes donnent les limites inférieure et supérieure d'un intervalle de confiance à 95 % pour ce ratio de risque. À l'exception du ratio de risque et de son intervalle de confiance, ce tableau ressemble à un tableau d'ANOVA et l'interprétation est tout à fait semblable.

Commençons par le troisième modèle (tableau 11.9C). Ce modèle inclut l'interaction mais le coefficient associé à l'interaction (-0,176) n'est pas statistiquement significatif (p = 0,471). Ce test correspond au calcul d'une statistique χ^2 (la statistique de Wald) en divisant le coefficient par son erreur type (($-0,176 / 0,244)^2$ = 0,520) et, en présumant que cette statistique suit approximativement une distribution chi-carrée, on détermine le niveau de signification de cette valeur de χ^2_{1dl}. Le deuxième modèle (tableau 11.9B) inclut les deux variables indépendantes, le groupe (qui représente le traitement reçu par le sujet) et la variable 1, la variable potentiellement confondante ou au moins explicative. Il y a trois objectifs qu'on peut considérer à partir de ce modèle : 1) le test de signification de l'effet du traitement, ajusté pour la variable confondante, 2) une estimation de l'effet du traitement, ajusté pour la variable confondante et 3) un intervalle de confiance autour de cette estimation de l'effet du traitement.

La première remarque lorsqu'on regarde le tableau 11.9B est de voir que les deux coefficients, celui associé à la variable 1 et celui associé à la variable de groupe, sont tous les deux significatifs (p < 0,001 et p = 0,001 respectivement). On conclut donc que les deux variables ont une association statistiquement significative avec la durée de la rémission. Ainsi, le traitement, même ajusté pour la variable confondante, a un effet sur la survie. Un estimé ponctuel de cet effet se trouve dans la colonne intitulée Exp(B), c'est-à-dire 4,108. Cette valeur est une estimation du ratio de risque et se calcule par « e » élevé à la puissance 1,413, le coefficient de régression du groupe. Le risque de faire une rechute est 4,108 fois plus élevé pour le groupe ayant un traitement palliatif comparativement au groupe traitement. On voit aussi au tableau 11.9B que l'intervalle de confiance autour de ce ratio de risque s'étend entre 1,771 et 9,531. On remarque que l'intervalle de confiance à 95 % n'inclut pas le 1 (ce qui voudrait dire que le risque est le même dans les deux groupes), observation qui ne surprend pas puisque le test de Wald teste l'hypothèse nulle que ce ratio est égal à 1 et qu'on a déjà rejeté cette hypothèse nulle.

TABLEAU 11.8: DONNÉES BRUTES DE SUJETS LEUCÉMIQUES EN RÉMISSION (N = 42)

	Groupe					
	Traitement novateur			Traitement palliatif		
	Temps de rémission	rechute	Variable 1	Temps de rémission	rechute	Variable 1
1	5.00	Oui	4.62	1.00	Oui	5.62
2	5.00	Oui	8.12	1.00	Oui	10.00
3	5.00	Oui	6.56	1.00	Oui	9.82
4	8.00	Oui	8.86	2.00	Oui	8.96
5	11.00	Oui	5.92	2.00	Oui	8.02
6	13.00	Oui	5.76	3.00	Oui	8.72
7	16.00	Oui	4.20	3.00	Oui	4.84
8	23.00	Oui	4.64	3.00	Oui	6.98
9	23.00	Oui	5.14	5.00	Oui	7.94
10	5.00	Non	6.40	5.00	Oui	7.04
11	10.00	Non	5.60	8.00	Oui	6.15
12	10.00	Non	5.42	8.00	Oui	4.60
13	11.00	Non	5.24	9.00	Oui	6.50
14	18.00	Non	4.32	9.00	Oui	6.95
15	18.00	Non	4.10	10.00	Oui	4.20
16	20.00	Non	4.02	10.00	Oui	3.00
17	26.00	Non	3.56	11.00	Oui	6.13
18	33.00	Non	4.40	11.00	Oui	4.61
19	33.00	Non	5.06	12.00	Oui	5.90
20	34.00	Non	2.94	16.00	Oui	5.54
21	35.00	Non	2.90	23.00	Oui	3.90

TABLEAU 11.9A: MODÈLE DE PRÉDICTION 1: GROUPE SEULEMENT (N = 42, TIRÉ DE SPSS)

	B	SE	Wald	df	Sig.	Exp(B)	95.0 % CI for Exp(B)	
							Lower	Upper
Groupe	1.686	.417	16.381	1	.000	5.399	2.386	12.215

TABLEAU 11.9B: MODÈLE DE PRÉDICTION 2: GROUPE ET VARIABLE INDÉPENDANTE SEULEMENT (N = 42)

	B	SE	Wald	df	Sig.	Exp(B)	95.0 % CI for Exp(B)	
							Lower	Upper
Groupe	1.413	.429	10.826	1	.001	4.108	1.771	9.531
Variable 1	.759	.163	21.589	1	.000	2.136	1.551	2.942

TABLEAU 11.9C: MODÈLE DE PRÉDICTION 3: GROUPE, VARIABLE INDÉPENDANTE ET INTERACTION (N = 42)

	B	SE	Wald	Df	Sig.	Exp(B)	95.0 % CI for Exp(B)	
							Lower	Upper
Groupe	2.475	1.547	2.557	1	.110	11.876	.572	246.494
Variable 1	.864	.215	16.114	1	.000	2.372	1.556	3.616
Groupe* variable 1	-.176	.244	.520	1	.471	.838	.519	1.353

Le modèle 1 (tableau 11.9A) ne contient que l'effet de groupe, la variable principale d'intérêt dans cette étude. On voit dans ce modèle que le coefficient de régression est significatif et que le ratio de risque est légèrement plus élevé que dans le modèle 2 (5,399 vs 4,108). Cependant, comme on a déterminé que la variable 1 était significative, il est préférable d'utiliser le modèle 2 qui donne l'effet de traitement lorsqu'on contrôle l'effet de la variable 1. L'estimation de l'effet de traitement est plus informative et plus précise dans le deuxième modèle, comme le démontre l'étendue de l'intervalle de confiance (une étendue de 9,83 unités dans le premier modèle et une étendue de 7,76 dans le deuxième modèle). C'est d'ailleurs une des raisons pour lesquelles on contrôle certaines variables confondantes, afin de rendre l'estimation de l'effet de traitement plus précise. En plus des tableaux obtenus dans les analyses précédentes, on peut obtenir les courbes de survie ajustées selon le modèle de Cox. Ces courbes de survie ajustées sont mathématiquement différentes des courbes de KM mais ont la même apparence (figure 11.9).

FIGURE 11.9: COURBES DE SURVIE AJUSTÉE POUR VARIABLE 1, MODÈLE DE COX (N = 42)

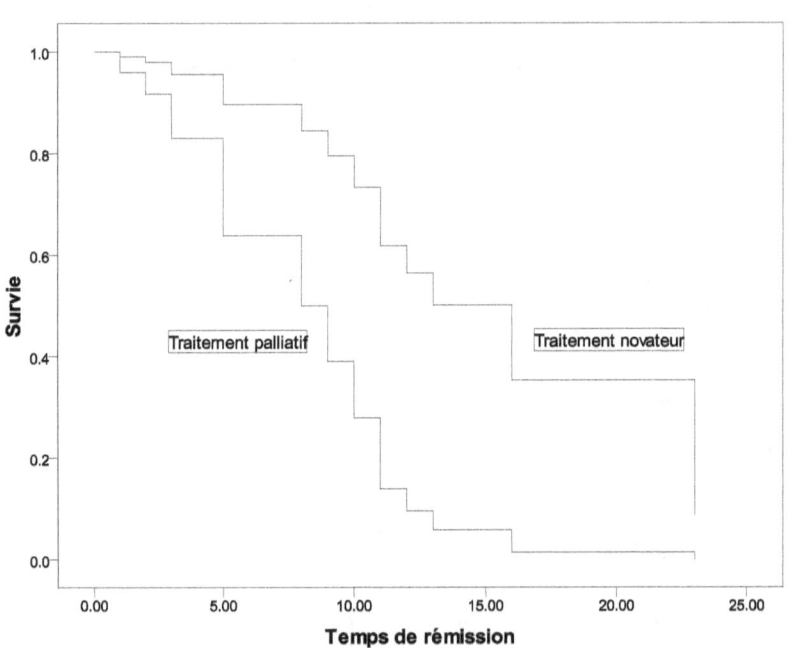